de-Jahrbuch 2022 · Elektromaschinen und Antriebe

de-Jahrbuch 2022

Elektromaschinen und Antriebe

Herausgegeben von Peter Behrends

Hüthig · München/Heidelberg

Bibliografische Information der Deutschen Bibliothek
Die Deutsche Bibliothek verzeichnet diese Publikation in der Deutschen Nationalbibliografie; detaillierte bibliografische Daten sind im Internet über https://portal.dnb.de/ abrufbar.

Möchten Sie Ihre Meinung zu diesem Buch abgeben?
Dann schicken Sie eine E-Mail an das Lektorat
im Hüthig Verlag:
buchservice@huethig.de
Herausgeber, Autoren und Verlag freuen sich über Ihre Rückmeldung.

ISSN 1438-8707
ISBN 978-3-8101-0559-2

Printed in Germany
Titelbild, Layout, Satz: schwesinger, galeo:design
Titelfotos: Rechts: Laser-Ausrichtungsmessgerät Fluke 830
der Firma Fluke Deutschland GmbH
Links: shutterstock 1173210910, Mr.B-king
Druck- und Bindearbeiten: Westermann Druck Zwickau GmbH

Resilienz – die inneren Ressourcen zum Umgang mit Hektik im Alltag

Das Schlagwort in Zeiten von Corona ist nicht Elektromobilität, digitale Transformation oder Industrie 4.0, es heißt RESILIENZ. Gemeint ist damit die psychische Widerstandskraft oder innere Stärke mit der man immer neue Herausforderungen im Berufsleben und im tagtäglichen Miteinander meistert. Der „moderne" Arbeitsalltag fordert den meisten Menschen sehr viel ab. Homeoffice oder Büro, Kurzarbeit oder Überstunden – es wird von Mitarbeiterinnen und Mitarbeitern ein immer höheres Maß an Flexibilität erwartet, um schnell auf neue und unter Umständen außergewöhnliche Situationen zu reagieren und somit bei der Arbeit noch besser zu funktionieren.

Krisenbedingte notwendige Anpassungen von betrieblichen Abläufen können die einzelnen Mitarbeitenden in der Regel nicht beeinflussen. Ungewissheit und Zukunftsängste können aber auf Dauer sehr belastend sein und bei Menschen mit niedriger Resilienz zu psychischen Problemen führen. Es stellt sich die Frage, wie man seine persönliche Resilienz stärken kann und welche Vorteile das für den persönlichen Berufsalltag hat.

Anpassungsfähigkeit und Resilienz werden die Zukunft unseres Lebens, in der Komplexität zur Normalität und Planbarkeit undenkbar wird, maßgeblich beeinflussen.

Ausschließlich auf betriebswirtschaftliche Leistungskennzahlen zu bauen, wird am Ende nicht zum unternehmerischen Erfolg führen. Der basiert eher auf der Fähigkeit des anhaltenden Lernens und den individuellen Charakteren und Bedürfnissen jedes Einzelnen. Wer schon eine hohe psychische Widerstandskraft hat oder sie fördert, schafft es im Arbeitsalltag dauerhaft erfolgreicher zu sein.

Wie in den letzten Jahren soll Ihnen auch das Jahrbuch 2022 wieder neue Perspektiven und Anregungen für die alltäglichen Aufgaben geben und beim Lesen eventuell auch ein wenig Entspannung und Ablenkung vom hektischen Alltag bringen.

Ich wünsche allen Lesern viel Erfolg im beruflichen und im privaten Umfeld.

Haben Sie viel Spaß beim Lesen und bleiben Sie gesund.

Peter Behrends
Herausgeber

Dipl.-Ing. Peter Behrends hat das Handwerk des Elektromaschinenbauers von der Pike auf gelernt. Nach dem Studium der Elektrotechnik/Energietechnik startete er seine Berufstätigkeit zunächst bei der AEG. Heute arbeitet er als Dozent am Bundestechnologiezentrum für Elektro- und Informationstechnik e.V. in Oldenburg in Präsenz und seit 2000 auch online als Tele-Coach. Zu seinen Aufgaben gehört die Wissensvermittlung rund um die elektrische Maschine und die redaktionelle Bearbeitung der Zeitschrift *ema.*

Des Weiteren wirkt er an mehreren Fachbüchern für die Meisterausbildung und Ausbildungsmedien für die Erst- und Aufstiegsfortbildung mit.

Inhaltsverzeichnis

Inhaltsübersicht de-Jahrbuch 2022
Elektrotechnik für Handwerk und Industrie

- Wichtige Vorschriften, Regeln, Normen und Gesetze,
- Elektrotechnik,
- Prüftechnik,
- Gebäudetechnik,
- Industrietechnik,
- Stromversorgungssysteme,
- Informationstechnik
- Formeln, Tabellen und Schaltzeichen.

Mehr Infos unter
www.elektro.net/shop

Herausgegeben von *Peter Behrends, Dirk Maske* und *Reinhard Soboll*.
2021 (48. Jahrgang).
312 Seiten.
EUR 29,80, Abopreis EUR 26,80 (D).
ISBN Printausgabe 978-3-8101-0557-8
ISBN E-Book 978-3-8101-0558-5

Januar						
Mo		3	10	17	24	31
Di		4	11	18	25	
Mi		5	12	19	26	
Do		6	13	20	27	
Fr		7	14	21	28	
Sa	1	8	15	22	29	
So	**2**	**9**	**16**	**23**	**30**	

Februar					
Mo		7	14	21	28
Di	1	8	15	22	
Mi	2	9	16	23	
Do	3	10	17	24	
Fr	4	11	18	25	
Sa	5	12	19	26	
So	**6**	**13**	**20**	**27**	

März					
Mo		7	14	21	28
Di	1	8	15	22	29
Mi	2	9	16	23	30
Do	3	10	17	24	31
Fr	4	11	18	25	
Sa	5	12	19	26	
So	**6**	**13**	**20**	**27**	

April					
Mo		4	11	18	25
Di		5	12	19	26
Mi		6	13	20	27
Do		7	14	21	28
Fr	1	8	15	22	29
Sa	2	9	16	23	30
So	**3**	**10**	**17**	**24**	

Mai						
Mo		2	9	16	23	30
Di		3	10	17	24	31
Mi		4	11	18	25	
Do		5	12	19	26	
Fr		6	13	20	27	
Sa		7	14	21	28	
So	**1**	**8**	**15**	**22**	**29**	

Juni					
Mo		6	13	20	27
Di		7	14	21	28
Mi	1	8	15	22	29
Do	2	9	16	23	30
Fr	3	10	17	24	
Sa	4	11	18	25	
So	**5**	**12**	**19**	**26**	

Juli					
Mo		4	11	18	25
Di		5	12	19	26
Mi		6	13	20	27
Do		7	14	21	28
Fr	1	8	15	22	29
Sa	2	9	16	23	30
So	**3**	**10**	**17**	**24**	**31**

August					
Mo	1	8	15	22	29
Di	2	9	16	23	30
Mi	3	10	17	24	31
Do	4	11	18	25	
Fr	5	12	19	26	
Sa	6	13	20	27	
So	**7**	**14**	**21**	**28**	

September					
Mo		5	12	19	26
Di		6	13	20	27
Mi		7	14	21	28
Do	1	8	15	22	29
Fr	2	9	16	23	30
Sa	3	10	17	24	
So	**4**	**11**	**18**	**25**	

Oktober						
Mo		3	10	17	24	31
Di		4	11	18	25	
Mi		5	12	19	26	
Do		6	13	20	27	
Fr		7	14	21	28	
Sa	1	8	15	22	29	
So	**2**	**9**	**16**	**23**	**30**	

November					
Mo		7	14	21	28
Di	1	8	15	22	29
Mi	2	9	16	23	30
Do	3	10	17	24	
Fr	4	11	18	25	
Sa	5	12	19	26	
So	**6**	**13**	**20**	**27**	

Dezember					
Mo		5	12	19	26
Di		6	13	20	27
Mi		7	14	21	28
Do	1	8	15	22	29
Fr	2	9	16	23	30
Sa	3	10	17	24	31
So	**4**	**11**	**18**	**25**	

Karfreitag 15. April · Ostern 17./18. April · Maifeiertag 1. Mai
Christi Himmelfahrt 26. Mai · Pfingsten 5./6. Juni
Fronleichnam 16. Juni · Tag der Deutschen Einheit 3. Oktober

Januar

Mo		2	9	16	23	30
Di		3	10	17	24	31
Mi		4	11	18	25	
Do		5	12	19	26	
Fr		6	13	20	27	
Sa		7	14	21	28	
So	**1**	**8**	**15**	**22**	**29**	

Februar

Mo		6	13	20	27
Di		7	14	21	28
Mi	1	8	15	22	
Do	2	9	16	23	
Fr	3	10	17	24	
Sa	4	11	18	25	
So	**5**	**12**	**19**	**26**	

März

Mo		6	13	20	27
Di		7	14	21	28
Mi	1	8	15	22	29
Do	2	9	16	23	30
Fr	3	10	17	24	31
Sa	4	11	18	25	
So	**5**	**12**	**19**	**26**	

April

Mo		3	10	17	24
Di		4	11	18	25
Mi		5	12	19	26
Do		6	13	20	27
Fr		7	14	21	28
Sa	1	8	15	22	29
So	**2**	**9**	**16**	**23**	**30**

Mai

Mo	1	8	15	22	29
Di	2	9	16	23	30
Mi	3	10	17	24	31
Do	4	11	18	25	
Fr	5	12	19	26	
Sa	6	13	20	27	
So	**7**	**14**	**21**	**28**	

Juni

Mo		5	12	19	26
Di		6	13	20	27
Mi		7	14	21	28
Do	1	8	15	22	29
Fr	2	9	16	23	30
Sa	3	10	17	24	
So	**4**	**11**	**18**	**25**	

Juli

Mo		3	10	17	24	31
Di		4	11	18	25	
Mi		5	12	19	26	
Do		6	13	20	27	
Fr		7	14	21	28	
Sa	1	8	15	22	29	
So	**2**	**9**	**16**	**23**	**30**	

August

Mo		7	14	21	28
Di	1	8	15	22	29
Mi	2	9	16	23	30
Do	3	10	17	24	31
Fr	4	11	18	25	
Sa	5	12	19	26	
So	**6**	**13**	**20**	**27**	

September

Mo		4	11	18	25
Di		5	12	19	26
Mi		6	13	20	27
Do		7	14	21	28
Fr	1	8	15	22	29
Sa	2	9	16	23	30
So	**3**	**10**	**17**	**24**	

Oktober

Mo		2	9	16	23	30
Di		3	10	17	24	31
Mi		4	11	18	25	
Do		5	12	19	26	
Fr		6	13	20	27	
Sa		7	14	21	28	
So	**1**	**8**	**15**	**22**	**29**	

November

Mo		6	13	20	27
Di		7	14	21	28
Mi	1	8	15	22	29
Do	2	9	16	23	30
Fr	3	10	17	24	
Sa	4	11	18	25	
So	**5**	**12**	**19**	**26**	

Dezember

Mo		4	11	18	25
Di		5	12	19	26
Mi		6	13	20	27
Do		7	14	21	28
Fr	1	8	15	22	29
Sa	2	9	16	23	30
So	**3**	**10**	**17**	**24**	**31**

Karfreitag 7. April · Ostern 9./10. April · Maifeiertag 1. Mai
Christi Himmelfahrt 18. Mai · Pfingsten 28./29. Mai
Fronleichnam 08. Juni · Tag der Deutschen Einheit 3. Oktober

© galeo

Überblick über wesentliche, geänderte bzw. neu erschienene Regelwerke des Arbeitsschutzes und der Betriebssicherheit

Bezeichnung	Titel	Kurzinformation	Ausgabedatum	Ersatz für
TRBS 3151: Änderungen	Technische Regeln für Betriebssicherheit – Technische Regeln für Gefahrstoffe – Gefährliche explosionsfähige Atmosphäre – Beurteilung der Explosionsgefährdung	Das Dokument enthält eine Änderung für die TRBS 3151/TRGS 751 Vermeidung von Brand-, Explosions- und Druckgefährdungen an Tankstellen und Gasfüllanlagen zur Befüllung von Landfahrzeugen	2020-09	Änderung
DGUV Information 203-077	Thermische Gefährdung durch Störlichtbögen	Diese DGUV Information ist eine Handlungsanleitung für die Bewertung der möglichen thermischen Gefährdung durch Störlichtbögen bei elektrotechnischen Arbeiten in elektrischen Anlagen. Mit ihr soll dem Unternehmer eine Unterstützung für die Auswahl der notwendigen persönlichen Schutzausrüstung gegen die thermischen Auswirkungen eines Störlichtbogens (PSAgS, bestehend aus zum Beispiel Schutzkleidung, Kopf- und Gesichtsschutz, Handschutz) zur Verfügung gestellt werden.	2020-09	DGUV Information 203-077: 2012-10
TRGS 720	Technische Regeln für Gefahrstoffe – Gefährliche explosionsfähige Gemische – Allgemeines	Diese Technische Regel gilt für die Beurteilung der Explosionsgefährdungen durch Stoffe, die gefährliche explosionsfähige Atmosphäre bilden können, und für die Auswahl und Durchführung geeigneter Schutzmaßnahmen.	2020-06	TRGS 720: 2006-03
DGUV Regel 109-002	Arbeitsplatzlüftung – Lufttechnische Maßnahmen	Diese DGUV Regel fasst die wichtigsten allgemeinen Forderungen zum Thema Arbeitsplatzlüftung zusammen und gibt darüber hinaus Unternehmerinnen und Unternehmern sowie verantwortlichen Personen Hinweise und Beispiele dazu, wie Anlagen zur Arbeitsplatzlüftung konzipiert, gebaut und betrieben werden können.	2020-04	DGUV Regel 109-002: 2004-01
DGUV Information 203-071	Wiederkehrende Prüfungen elektrischer Anlagen und Betriebsmittel – Organisation durch den Unternehmer	Diese DGUV Information gibt dem Unternehmer Hinweise zur Organisation wiederkehrender Prüfungen ortsveränderlicher und transportabler elektrischer Betriebsmittel, elektrischer Anlagen und ortsfester Betriebsmittel, die sich im Eigentum des Unternehmens befinden, angemietet oder geliehen sind.	2020-01	DGUV Information 203-071: 2012-02

Teil 1/2

Bezeichnung	Titel	Kurzinformation	Ausgabe-datum	Ersatz für
DGUV Information 208-015	Fahrzeughebebühnen	Diese DGUV Information gibt erläuternde Hinweise zum sicheren Umgang mit Fahrzeughebebühnen.	2020-01	DGUV Information 208-015 (2008-02)
DGUV Information 208-019	Sicherer Umgang mit fahrbaren Hubarbeitsbühnen	Diese DGUV Information erläutert wichtige Hinweise, um mit fahrbaren Hubarbeitsbühnen sicher umzugehen.	2020-01	DGUV Information 208-019 (2013-01)

Teil 2/2

EMV – Gesetzliche Grundlagen und Grenzwerte

Alwin Burgholte

Der zunehmende Einsatz elektrischer und elektronischer Geräte und Anlagen – sowohl im beruflichen als auch privaten Umfeld – führt im gesamten Frequenzbereich zu einer erhöhten elektromagnetischen Beeinflussung der Umwelt. Umgangssprachlich bezeichnet man diese Einwirkung auch als Elektrosmog. Die Elektromagnetische Verträglichkeit – kurz EMV – beschreibt die Fähigkeit eines technischen Geräts, andere Geräte nicht durch ungewollte elektrische oder elektromagnetische Effekte zu stören oder zu beeinflussen. Die EMVU (Umwelt) beschreibt ausschließlich biologische Auswirkungen.

In diesem Beitrag geht es um die rechtlichen Grundlagen zur Beurteilung elektrischer, magnetischer und elektromagnetischer Felder. International und auch speziell für Deutschland sind Grenzwerte für den Arbeitsschutz und den Schutz der allgemeinen Bevölkerung in Bezug auf Vorsorgemaßnahmen und verschiedene Anwendungsfelder und Gerätearten definiert. Das Gesetz zum Schutz vor nichtionisierender Strahlung bei der Anwendung am Menschen (NiSG) soll die schädlichen Wirkungen begrenzen, die durch den Betrieb von Anlagen zur medizinischen Anwendung in der Heil- und Zahnheilkunde und nichtionisierender Strahlung außerhalb der Medizin verursacht werden können, soweit die Anlagen gewerblichen Zwecken dienen. Die europäische Richtlinie 2014/53/EU regelt die Harmonisierung der Rechtsvorschriften über die Bereitstellung von Funkanlagen. Die Richtlinie 2013/35/EU enthält die Mindestvorschriften zum Schutz von Sicherheit und Gesundheit der Arbeitnehmer vor der Gefährdung durch physikalische Einwirkungen elektromagnetischer Felder. Weitere Verordnungen und berufsgenossenschaftliche Vorschriften spezialisieren sich auf den besonderen Schutz der Arbeitnehmer am Arbeitsplatz.

Richtlinie 2013/35/EU des europäischen Parlaments

Die EU-Richtlinie 2013/35/EU, zuletzt geändert am 13. Mai 2015, fordert Mindestvorschriften zum Schutz von Sicherheit und Gesundheit der Arbeitnehmer vor der Gefährdung durch physikalische Einwirkungen (Immissionsschutz elektromagnetische Felder). Sie hebt die ursprüngliche Richtlinie 2004/40/EG auf. Die Richtlinie 2013/35/EU verpflichtet die Arbeitgeber, eine Bewertung der durch elektrische, magnetische und elektromagnetische Felder am Arbeitsplatz entstehenden Risiken vorzunehmen und bei Bedarf angemessene Maßnahmen zur Beseitigung oder Minimierung solcher Risiken zu ergreifen. Explizit fordert die Richtlinie im Rahmen der Expositionsermittlung und Risikobewertung im Artikel 4, Absatz

5d die besondere Berücksichtigung von Arbeitnehmern, die aktive (Herzschrittmacher, Defibrillatoren) oder passive Körperhilfsmittel (implantierte medizinische Geräte) tragen oder medizinische Geräte am Körper (Insulinpumpen) verwenden. Artikel 5 (4) der Richtlinie 2013/35/EU führt aus, dass Maßnahmen zur Vermeidung oder Verringerung von Risiken ggf. an die Erfordernisse der Arbeitnehmer, die ein aktives oder passives implantiertes *„medizinisches Gerät tragen (...) oder ein am Körper getragenes medizinisches Gerät verwenden"*, anzupassen sind.

Die Richtlinie nennt im Anhang A 2 Expositionsgrenzwerte unter 1 Hz. Das sind Grenzwerte nach **Tabelle 1** für statische Magnetfelder, die nicht durch das Körpergewebe beeinflusst werden.

Die Expositionsgrenzwerte für sensorische Wirkungen sind die Grenzwerte für normale Arbeitsbedingungen und beziehen sich auf Schwindelgefühle und andere physiologische Symptome aufgrund einer Störung des Gleichgewichtsorgans, wie sie hauptsächlich dann auftreten, wenn sich Personen in einem statischen magnetischen Feld bewegen. Die Expositionsgrenzwerte für gesundheitliche Wirkungen unter kontrollierten Arbeitsbedingungen gelten befristet während der Arbeitszeit, wenn dies aus praxis- oder verfahrensbedingten Gründen gerechtfertigt ist, sofern Vorsorgemaßnahmen wie eine Kontrolle der Bewegungen und eine Unterrichtung der Arbeitnehmer festgelegt wurden.

Tabelle 2 nennt Auslöseschwellen gegenüber elektrischen Feldern (*E*) von 1 Hz bis zu 10 MHz und **Tabelle 3** nennt Auslöseschwellen gegenüber magnetischen Feldern (*B*) von 1 Hz bis zu 10 MHz, nach Anhang II der EMVU-Richtlinie 2013/35/EU.

	Expositionsgrenzwerte	
	für sensorische Wirkungen	für gesundheitliche Wirkungen
normale Arbeitsbedingungen	2 T	
lokale Exposition von Gliedmaßen	8 T	
kontrollierte Arbeitsbedingungen		8 T

Tabelle 1 Expositionsgrenzwerte für externe magnetische Flussdichte (B) bis 1 Hz (Auszug aus der EMVU-Richtlinie 2013/35/EU über Mindestvorschriften zum Schutz von Sicherheit und Gesundheit vor der Gefährdung durch elektromagnetische Felder)

Frequenzbereich *f*	niedrige Auslöseschwelle für die elektrische Feldstärke *E* in Vm^{-1} (RMS)	hohe Auslöseschwelle für die elektrische Feldstärke *E* in Vm^{-1} (RMS)
1 Hz ... 25 Hz	$2{,}0 \cdot 10^4$	$2{,}0 \cdot 10^4$
25 Hz ... 50 Hz	$5{,}0 \cdot 10^5/f$	$2{,}0 \cdot 10^4$
50 Hz ... 1,64 kHz	$5{,}0 \cdot 10^5/f$	$1{,}0 \cdot 10^6/f$
1,64 kHz ... 3 kHz	$5{,}0 \cdot 10^5/f$	$6{,}1 \cdot 10^2$
3 kHz ... 10 MHz	$1{,}7 \cdot 10^2$	$6{,}1 \cdot 10^2$

Tabelle 2 Auslöseschwellen gegenüber elektrischen Feldern (E) von 1 Hz bis 10 MHz (Auszug aus der EMVU-Richtlinie 2013/35/EU Anhang II, Tabelle B1)

Die Richtlinie definiert die Expositionsgrenzwerte als Effektivwerte (RMS). Die biologischen Wirkungen niederfrequenter elektrischer und magnetischer Felder sind aber schwellenabhängig und somit mit den Spitzenwerten verknüpft, was bei der Beurteilung für den Schutz der Gesundheit und der Sicherheit am Arbeitsplatz zu beachten ist.

Tabelle 4 nennt Expositionsgrenzwerte für gesundheitliche Wirkungen bei Frequenzen von 100 kHz bis 6 GHz nach Anhang III der EMVU-Richtlinie 2013/35/EU. Die Grenzwerte nennen die absorbierte Energie und Leistung aufgrund der Exposition gegenüber elektrischen und magnetischen Feldern, die je Masseneinheit des Körpergewebes zulässig wäre.

Tabelle 5 nennt Expositionsgrenzwerte für sensorische Wirkungen bei Exposition gegenüber elektromagnetischen Feldern von 0,3 GHz bis 6 GHz zur Unterbindung von Höreffekten, die durch die Exposition des Kopfes gegenüber gepulsten Mikrowellen bedingt sind.

Frequenzbereich f	niedrige Auslöseschwelle für die magnetische Flussdichte B in µT (RMS)	hohe Auslöseschwelle für die magnetische Flussdichte B in µT (RMS)	magnetische Flussdichte in µT (RMS): Auslöseschwelle für die Exposition von Gliedmaßen gegenüber einem lokalen Magnetfeld
1 Hz … 8 Hz	$2{,}0 \cdot 10^5/f^2$	$3{,}0 \cdot 10^5/f$	$9{,}0 \cdot 10^5/f$
8 Hz … 25 Hz	$2{,}5 \cdot 10^4/f$	$3{,}0 \cdot 10^5/f$	$9{,}0 \cdot 10^5/f$
25 Hz … 300 Hz	$1{,}0 \cdot 10^3$	$3{,}0 \cdot 10^5/f$	$9{,}0 \cdot 10^5/f$
300 Hz … 3 kHz	$3{,}0 \cdot 10^5/f$	$3{,}0 \cdot 10^5/f$	$9{,}0 \cdot 10^5/f$
3 kHz … 10 MHz	$1{,}0 \cdot 10^2$	$1{,}0 \cdot 10^2$	$3{,}0 \cdot 10^2$

Tabelle 3 Auslöseschwellen gegenüber magnetischen Feldern (B) von 1 Hz bis 10 MHz (Auszug aus der EMVU-Richtlinie 2013/35/EU Anhang II, Tabelle B2)

Expositionsgrenzwerte für gesundheitliche Wirkungen	gemittelter SAR-Wert in W/kg über 6 min
Expositionsgrenzwert für Ganzkörper-Wärmebelastung, ausgedrückt als gemittelte SAR im Körper	0,4
Expositionsgrenzwert für die lokale Wärmebelastung in Kopf und Rumpf, ausgedrückt als lokale SAR im Körper	10
Expositionsgrenzwert für die lokale Wärmebelastung in Gliedmaßen, ausgedrückt als lokale SAR in Gliedmaßen	20

Tabelle 4 Über 6 min gemittelte SAR-Werte gegenüber elektrischen und magnetischen Feldern im Frequenzbereich von 100 kHz bis 6 GHz (Auszug aus der EMVU-Richtlinie 2013/35/EU Anhang III)

Frequenzbereich f in GHz	Expositionsgrenzwerte für gesundheitliche Wirkungen in mJ/kg
3 … 6	10

Tabelle 5 Expositionsgrenzwert für sensorische Wirkungen gegenüber elektromagnetischen Feldern von 0,3 GHz bis 6 GHz (die zu mittelnde Gewebemasse für lokale SA beträgt 10 g) (Auszug aus der EMVU-Richtlinie 2013/35/EU Anhang III über Mindestvorschriften zum Schutz von Sicherheit und Gesundheit vor der Gefährdung durch elektromagnetische Felder)

Tabelle 6 nennt Expositionsgrenzwerte für gesundheitliche Wirkungen bei Exposition gegenüber elektromagnetischen Feldern von 6 GHz bis 300 GHz.

Frequenzbereich *f* in GHz	Expositionsgrenzwerte für gesundheitliche Wirkungen in W/m²
6 … 300	50

Tabelle 6 Expositionsgrenzwert für sensorische Wirkungen gegenüber elektromagnetischen Feldern von 6 GHz bis 300 GHz (die zu mittelnde Gewebemasse für lokale SA beträgt 10 g) (Auszug aus der EMVU-Richtlinie 2013/35/EU Anhang III über Mindestvorschriften zum Schutz von Sicherheit und Gesundheit vor der Gefährdung durch elektromagnetische Felder)

Im Weiteren sind in der EU-Richtlinie Auslöseschwellen definiert. Bei den Expositionsgrenzwerten handelt es sich um Basiswerte, bei deren Einhaltung gewährleistet ist, dass Beschäftigte, die elektromagnetischen Feldern ausgesetzt sind, gegen alle bekannten Auswirkungen geschützt sind. Die möglichen Beeinflussungen finden dabei innerhalb des Körpers statt, sind also nicht direkt messbar. Es werden deshalb Referenzwerte oder Auslösewerte unter Annahme entsprechender Sicherheitsfaktoren abgeleitet. Es handelt sich dabei um sogenannte Ersatzparameter, die bei einer Beeinflussung überschritten werden dürfen, wenn nachgewiesen werden kann, dass die Expositionsgrenzwerte nicht überschritten werden.

Bild 1 zeigt ein erweitertes Konzept unter Nutzung von unteren und oberen Auslöseniveaus, sodass für den Arbeitgeber eine größere Flexibilität beim Nachweis der nicht gefährlichen Beeinflussung von Mitarbeitern besteht.

Überwiegend werden an allen Arbeitsplätzen Beeinflussungsgrößen von unter 90 % der unteren Auslöseschwelle ermittelt. Bei diesem Nachweis sind dann keine weiteren Untersuchungen oder Schutzmaßnahmen erforderlich.

Bundesimmissionsschutzverordnung

Aufgrund der 26. Verordnung zur Durchführung des Bundesimmissionsschutzgesetzes (Verordnung über elektromagnetische Felder (26. BImSchV, zuletzt geändert am 26.07.2016) und des Bundes-Immissionsschutzgesetzes in der Fassung der Bekanntmachung vom 17. Mai 2013 (geändert am 30.11.2016) werden in beiden Veröffentlichungen im § 1 verbindlich Schutz- und Vorsorgemaßnahmen für die allgemeine Öffentlichkeit und deren Nachbarschaft gegen elektromagnetische Felder gefordert. Diese verbindlichen Schutz- und Vorsorgeanforderungen wurden auf der Grundlage der übereinstimmenden Grenzwertempfehlungen der Deutschen Strahlenschutzkommission (SSK), des internationalen Strahlenschutzverbundes (IR-PA) und der internationalen Kommission zum Schutz vor nichtionisierender Strahlung (ICNIRP) festgelegt und bilden ein wichtiges Fundament des deutschen Umweltrechts. Die Verordnung gilt allgemein für die Errichtung

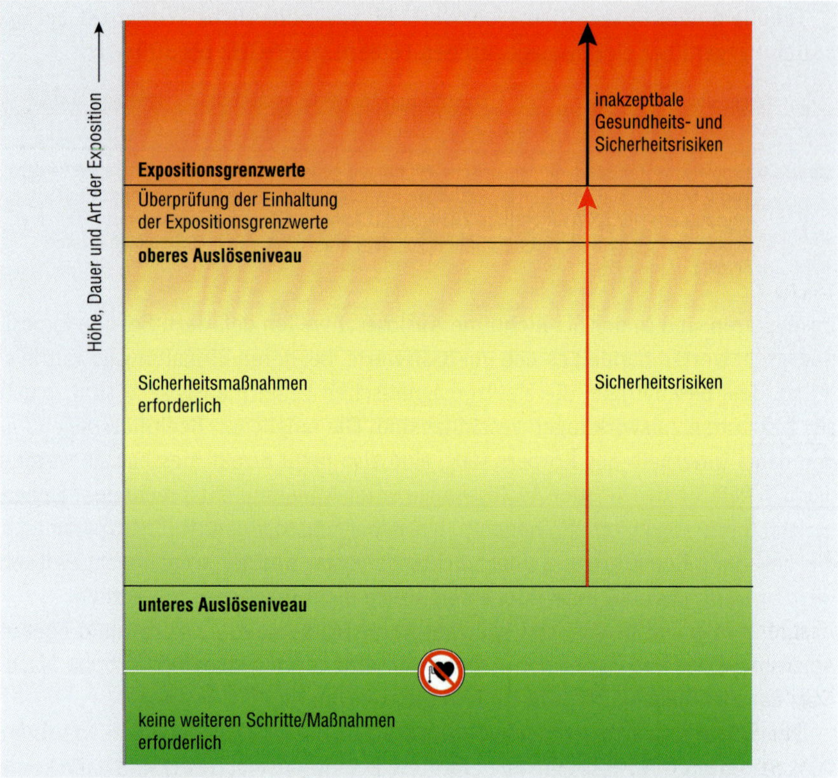

Bild 1: Schematische Beziehung zwischen Expositionsgrenzwerten und dem oberen bzw. unterem Auslöseniveau

und den Betrieb von Anlagen mit höheren Spannungen. Der § 4 der 26. BImSchV beschreibt die Anforderungen zur Vorsorge und der § 5 die erforderlichen Messgeräte und Berechnungsverfahren für die Ermittlung der elektrischen und magnetischen Felder.

Betroffen sind Hoch- und Niederfrequenzanlagen mit $U \geq 1.000$ V sowie Gleichstromanlagen mit $U \geq 2.000$ V. Die **Tabellen 7** und **8** listen die im Anhang 1a und 1b genannten zulässigen Grenzwerte auf, die nicht nur zum vorübergehenden Aufenthalt von Personen bestimmt sind. In Tabelle 8 sind die zulässigen Grenzwerte als Effektivwerte aufgelistet.

Das Einhalten der Grenzwerte kann aber nicht garantieren, dass Personen durch die Beeinflussung elektromagnetischer Felder keinerlei Wirkung empfinden. Verstöße gegen die Vorgaben werden als Ordnungswidrigkeit mit Geldbußen bestraft. Nicht anzuwenden ist die 26. BImSchV bei Sendefunkanlagen des Bun-

Frequenzbereich *f* in Hz	elektrische Feldstärke *E* in kV/m	magnetische Flussdichte *B* in µT
0 (für $U > 2.000$ V)	–	500
1 … 8 (für alle *f* mit $U > 1.000$ V)	5	$40.000/f^2$
8 … 25	5	$5.000/f$
25 … 50	5	200
50 … 400	$250/f$	200
400 … 3.000	$250/f$	$80.000/f$
3.000 … 10.000.000	0,083	27

Tabelle 7 Grenzwerte niederfrequenter Felder (Anhang 1a der 26. BImSchV)

Frequenzbereich *f* in Hz	Grenzwerte, quadratisch gemittelt über 6 min (Effektivwerte)	
	elektrische Feldstärke in V/m	magnetische Flussdichte in A/m
0,1 … 1	87	$0,73/f$
1 … 10	$87/\sqrt{f}$	$0,73/f$
10 … 400	28	0,073
400 … 2.000	$1,375/\sqrt{f}$	$0,0037/\sqrt{f}$
2.000 … 300.000	61	0,16

Tabelle 8 Grenzwerte hochfrequenter Felder – Die Mittelung über 6 min entspricht der thermischen Körperzeitkonstanten (Anhang 1b der 26. BImSchV).

desgrenzschutzes, der Polizei und der Bundeswehr, der Wasser- und Schifffahrtsverwaltung sowie bei ortsfesten Anlagen, beispielsweise Sender für Mobiltelefone, Schiffsradar oder Sende- und Amateurfunkanlagen.

Für Niederfrequenzanlagen sind u. a. jedoch nur Grenzwerte für Freifeldleitungen und Erdkabel, Elektroumspannanlagen einschließlich der Schaltanlagen mit einer Frequenz von 16 2/3 Hz und von 50 Hz bis maximal 9 kHz und einer Spannung von 1.000 V oder mehr festgelegt. Der Frequenzbereich von 30 kHz bis 100 kHz wird als Übergang zur Hochfrequenz angesehen. Die genannten Grenzwerte gelten in Gebäuden oder auf Grundstücken, die nicht nur zum vorübergehenden Aufenthalt von Menschen bestimmt sind.

Für Spannungen unter 1.000 V und Frequenzen über 50 Hz sowie für Arbeitsstätten und Arbeitsplätze nennt die 26. BImSchV keine Grenzwerte. In allen diesen Fällen müssen die gemessenen Werte nach den allgemein anerkannten Regeln der Technik, den DIN-VDE-Normen oder den Berufsgenossenschaftlichen DGUV Regeln 103-013 (identisch mit BGR B11) bzw. DGUV Regel 103-014 (identisch mit BGV B11) bewertet werden.

Der Länderausschuss für Immissionsschutz (LAI) veröffentlichte in seiner 128. Sitzung im September 2014 Hinweise für die Umsetzung der 26. BImSchV. Danach sind die Mindestabstände zu Stromversorgungseinrichtungen (**Tabelle 9**) einzuhalten.

Stromversorgungseinrichtung		Bereich	Mindestabstand in m
Freileitung	380 kV	Breite des jeweils an den ruhenden äußeren Leitern angrenzenden Streifens	20
	220 kV		15
	110 kV		10
	unter 110 kV		5
Erdkabel		Bereich im Radius um das Kabel	1
Bahnoberleitung		Breite der jeweils zu beiden Seiten an das elektrifizierte Gleis angrenzenden Streifen, von Gleismitte	10
Umspannanlage		angrenzende Streifen	5
Ortsnetzstation, Netzstation		angrenzende Streifen	1

Tabelle 9 Mindestabstände zu Stromversorgungseinrichtungen nach LAI-Hinweisen

Nach § 3 Absatz 1 bleiben kurzzeitige Überschreitungen der Grenzwerte um nicht mehr als 100 % mit einer Dauer von nicht mehr als 5 % eines Beurteilungszeitraumes von einem Tag und kleinräumige Überschreitungen um nicht mehr als 100 % außerhalb von Gebäuden außer Betracht. Für Anlagen, die nach dem 22.08.2013 errichtet wurden, ist generell eine Grenzwertüberschreitung unzulässig.

Mit der Verwaltungsvorschrift des Bundesrates BR-Drs. 547/15 von November 2015 wurde die 26. BImSchV durch eine „Minimierungspflicht" für Stromleitungen, Umspann- und Schaltanlagen erweitert. **Bild 2** zeigt Beispiele zur Ermittlung der Bezugspunkte. So können jetzt Mindestabstände entsprechend der **Tabellen 10** und **11** gefordert werden, wenn kein maßgeblicher „Minimierungsort" verfügbar ist.

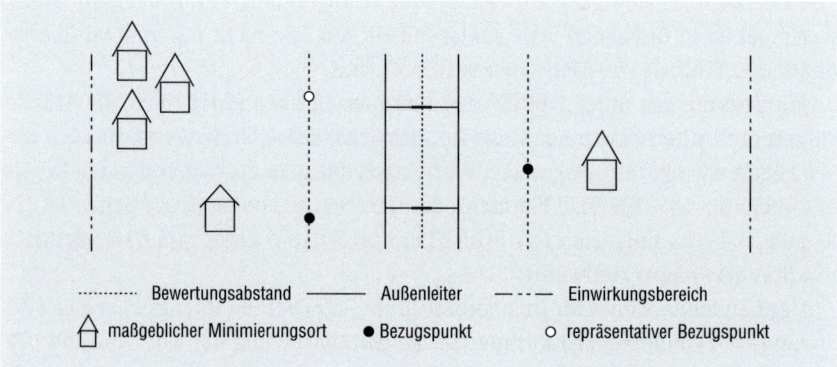

Bild 2: Beispiel für die Ermittlung von Bezugspunkten für Grenzwertüberschreitung nach BR-Drs. 547/15

Nennspannung in kV	Abstand in m
≥ 380	400
220 … 380	300
110 … 220	200
< 110	100

Tabelle 10 Einwirkungsbereich von Freileitungen einschließlich Bahnstromfernleitungen nach BR-Drs. 547/15

Nennspannung in kV	Abstand in m
≥ 500	400
300 … 500	300
< 300	200

Tabelle 11 Einwirkungsbereich von Gleichstromanlagen nach BR-Drs. 547/15

Grenzwerte für Hochfrequenzanlagen

Die Verordnung 26. BImSchV gilt für alle ortsfesten Anlagen, die im Frequenzbereich von 9 kHz bis 300 GHz elektromagnetische Felder erzeugen:

„Nach § 2 Absatz (1) der 26. BImSchV sind zum Schutz vor schädlichen Umwelteinwirkungen Hochfrequenzanlagen mit einer äquivalenten isotropen Strahlungsleistung (EIRP) von 10 W oder mehr so zu errichten und zu betreiben, dass in ihrem Einwirkungsbereich an Orten, die zum dauerhaften oder vorübergehenden Aufenthalt von Menschen bestimmt sind, bei höchster betrieblicher Anlagenauslastung

1. *die in Anhang 1a und 1b bestimmten Grenzwerte für den jeweiligen Frequenzbereich unter Berücksichtigung von Immissionen durch andere ortsfeste Hochfrequenzanlagen sowie Niederfrequenzanlagen gemäß Anhang 2 nicht überschritten werden und*
2. *bei gepulsten elektromagnetischen Feldern zusätzlich die in Anhang 3 festgelegten Kriterien eingehalten werden. Das Gleiche gilt für eine Hochfrequenzanlage mit einer äquivalenten isotropen Strahlungsleistung (EIRP) von weniger als 10 Watt, wenn diese an einem Standort gemäß § 2 Nummer 3 der Verordnung über das Nachweisverfahren zur Begrenzung elektromagnetischer Felder vom 20. August 2002 (BGBl. I S. 3366), die zuletzt durch Artikel 3 Absatz 20 des Gesetzes vom 7. Juli 2005 (BGBl. I S. 1970) geändert worden ist, in der jeweils geltenden Fassung, mit einer äquivalenten isotropen Strahlungsleistung (equivalent isotropically radiated power = EIRP) der dort vorhandenen Hochfrequenzanlagen (Gesamtstrahlungsleistung) von 10 W oder mehr errichtet wird oder wenn durch diese die Gesamtstrahlungsleistung von 10 W erreicht oder überschritten wird. Satz 2 gilt nicht für Hochfrequenz-*

anlagen, die eine äquivalente isotrope Strahlungsleistung (EIRP) von 100 mW oder weniger aufweisen."

Nach §2 Absatz 2 bleiben kurzzeitige Überschreitungen aufgrund einer vorübergehenden Gefahr für die öffentliche Sicherheit und Ordnung oder zum Schutz der Sicherheit des Staates außer Betracht.

Die Bund-/Länder-Arbeitsgemeinschaft für Immissionsschutz hat am 17. und 18. September 2014 Hinweise zur Durchführung der Verordnung über elektromagnetische Felder (26. BImSchV) beschlossen und veröffentlicht. Die Hinweise sollen den Vollzugsbehörden Erläuterungen und Empfehlungen mit dem Ziel geben, einen bundesweit einheitlichen Vollzug der 26. BImSchV zu erreichen. Dabei wurden Aussagen aus der amtlichen Begründung zum Verordnungsentwurf (BT-Drucksache 17/12372) und aus den Ausführungen des Bundesrates (BR-Drucksache 209/13) aufgenommen, soweit sie für die nachfolgenden Durchführungshinweise von Bedeutung sind.

Der Einwirkungsbereich einer Hochfrequenzanlage beschreibt den Bereich, in dem die Anlage einen signifikanten, von der Hintergrundbelastung abhebenden, Immissionsbeitrag verursacht, unabhängig davon, ob die Immissionen tatsächlich schädliche Umwelteinwirkungen auslösen. Für die Ermittlung des maßgeblichen Einwirkungsortes und für die Berücksichtigung der Vorbelastung im Einwirkungsbereich reicht es aus, den 10-fachen Sicherheitsabstand des von der Bundesnetzagentur (BNetzA) festgelegten systembezogenen Sicherheitsabstandes zu verwenden.

Bei der Prüfung, ob die zutreffenden Grenzwerte eingehalten sind, ist die Vorbelastung durch alle anderen Hochfrequenzanlagen einzubeziehen. Für Hochfrequenzanlagen im Frequenzbereich von 9 kHz bis 10 MHz ist auch die Exposition durch Niederfrequenzanlagen einzubeziehen.

Für Hochfrequenzanlagen, die gepulste elektromagnetische Felder erzeugen, (z.B. Radaranlagen) sind zusätzlich die Regelungen zur Einhaltung von Spitzenwerten zu berücksichtigen.

Tabelle 12 listet die zulässigen kleinräumigen und kurzzeitigen Grenzwertüberschreitungen in Abhängigkeit des Errichtungszeitpunktes einer Anlage auf.

Zeitpunkt der Errichtung oder der wesentlichen Änderung	Zulässigkeit kurzzeitiger und kleinräumiger Überschreitungen an Orten des nicht nur vorübergehenden Aufenthalts
vor dem 01.01.1997 errichtet	In den genannten Grenzen zulässig bis zu einer wesentlichen Änderung
zwischen dem 01.01.1997 und dem 22.08.2013 errichtet oder in diesem Zeitraum oder danach geändert	In der Nähe von Wohnungen, Krankenhäusern, Schulen, Kindergärten, Kinderhorten, Spielplätzen oder ähnlichen Einrichtungen unzulässig
nach dem 22.08.2013 errichtet	generell unzulässig (außer § 8 trifft zu)

Tabelle 12 Zulässige Grenzwertüberschreitungen in Abhängigkeit des Errichtungszeitpunktes einer Anlage, Hinweise zur Durchführung der Verordnung über elektromagnetische Felder (26. BImSchV)

DIN-VDE 0848 – DIN EN 50357

In Deutschland befasste sich das 1974 gegründete DIN-DKE-Komitee K 764 „Sicherheit in elektromagnetischen Feldern“ mit der Erarbeitung von Regelungen und Schutzvorschriften zum Schutz des Menschen vor negativen Wirkungen elektrischer, magnetischer und elektromagnetischer Felder. Diese Regeln haben ihren Niederschlag in der Standardreihe DIN-VDE 0848, Teil 1 bis 4, Sicherheit in elektromagnetischen Feldern gefunden. Aufgrund des Stillhalteabkommens mit der europäischen Normungsorganisation (CENELEC, Comité Européen de Normalisation Électrotechnique) ist eine Verabschiedung der revidierten Entwürfe nicht mehr möglich.

Der Entwurf der Norm wurde zurückgezogen. Solange keine gesetzlichen Festlegungen entgegenstehen, können aber empfohlene Grenzwerte in Verordnungen oder Unfallverhütungsvorschriften der Berufsgenossenschaften und des Berufsgenossenschaftlichen Instituts für Arbeitssicherheit eingebunden werden. Folgerichtig wird die Begutachtung der niederfrequenten Felder an Arbeitsplätzen durch die Berufsgenossenschaftlichen Vorschriften und Regeln für Sicherheit und Gesundheit bei der Arbeit definiert.

Berufsgenossenschaftliche Vorschriften – DGUV Regel

Die Unfallverhütungsvorschriften „Elektromagnetische Felder“ DGUV Regel 103-013, alte Bezeichnung BGR B11, und DGUV Regel 103-014, alte Bezeichnung BGV B11, sind identisch. Sie gelten nicht für Spannungen größer 1.000 V, soweit die 26. BImSchV zur Anwendung kommt.

In den BG-Regeln werden drei Expositionsbereiche unterschieden:

a) **Grenzwerte für den Expositionsbereich 1** gelten u. a. für kontrollierte Bereiche, z. B. Arbeitsstätten und Betriebsräume, in denen aufgrund der Betriebsweise oder der Aufenthaltsdauer sichergestellt ist, dass eine Exposition oberhalb der zulässigen Werte von Expositionsbereich 2 nur vorübergehend erfolgt. Diese Grenzwerte orientieren sich am Konzept zur Vermeidung von Gefährdungen unter Berücksichtigung von Sicherheitszuschlägen.

b) **Grenzwerte für erhöhte Exposition** gelten für kontrollierte Bereiche, in denen Werte des Expositionsbereichs 1 nur für einen zeitlich begrenzten Aufenthalt befugter Personen maximal für 2 h pro Tag für niederfrequente und 6 min pro Tag für hochfrequente Emissionen gestattet ist. Bereiche mit erhöhter Exposition sind zu kennzeichnen und so zu sichern, dass sich dort während des Betriebes keine unbefugten Personen aufhalten können. Die Werte des Bereichs erhöhter Exposition dürfen nicht überschritten werden. Andernfalls ist der Betriebsbereich als Gefahrenbereich auszuweisen. Diese Bereiche dürfen nur mit geeigneter Schutzausrüstung betreten werden.

c) **Grenzwerte für den Expositionsbereich 2** gelten für alle Bereiche, in denen nicht nur mit Kurzzeitexposition gerechnet werden kann, das sind
- allgemein zugängliche Bereiche, Besucherzonen,
- Büro- und Sozialräume,
- Arbeitsstätten, in denen eine EM-Feldexposition bestimmungsgemäß nicht erwartet werden kann.

Zulässige Werte für Personen mit Herzschrittmachern

Die 26. Verordnung zur Durchführung des Bundesimmissionsschutzgesetzes berücksichtigt nicht die Wirkungen elektromagnetischer Felder auf elektrisch oder elektronisch betriebene Implantate. In den Berufsgenossenschaftlichen Regeln BGR B11 ist für Personen mit Herzschrittmachern aber die Grenze des Aufenthaltsbereichs auf der Basis eines zulässigen Wertes von B = 0,7 mT festgelegt. Gemäß Anhang 3 der BGR B11 wird darüber hinaus hinsichtlich zulässiger Werte für Personen mit Herzschrittmachern auf die Festlegung der Norm DIN VDE 0848-3-1 „Sicherheit in elektrischen, magnetischen und elektromagnetischen Feldern; Teil 3-1 Schutz von Personen mit aktiven Körperhilfsmitteln im Frequenzbereich 0 Hz bis 300 GHz“ verwiesen. Diese Norm hat mit DIN VDE 0848-3-1/A1/02.2001 7 eine aktuelle Ergänzung erhalten. Demnach ist die vorgenannte Grenze von B = 0,7 mT für die direkte Beeinflussung eines Herzschrittmachers zur Verhinderung des ungewollten Ansprechens des Reedkontaktes im Herzschrittmachergerät festgelegt. Darüber hinaus ist eine frequenzabhängige Störschwelle für implantierte Herzschrittmachergeräte zu beachten. Bei der vorgegebenen Störschwelle lässt sich dann die zulässige Feldstärke bei nicht verkoppelten Strahlungsquellen berechnen.

Gemäß Anhang A obiger Vorschrift liegt die Störschwelle für implantierte unipolare Herzschrittmachergeräte bei kontinuierlichen Schwingungen und bei Schwingungspaketen bei nicht verkoppelten Strahlungsquellen für 50 Hz bei 55,4 µT (Spitzenwert). Für Frequenzen über 50 Hz bis 30 kHz sind noch keine Störschwellen festgelegt.

Verpflichtungen der Arbeitgeber

Der Unternehmer hat nach § 3 (2) dafür zu sorgen, dass in Arbeitsstätten und an Arbeitsplätzen weder unzulässige Expositionen noch unzulässige mittelbare Wirkungen durch EM-Felder auftreten und nach § 10 die Versicherten über die bei ihren Tätigkeiten auftretenden Gefahren sowie über die Maßnahmen zu ihrer Abwendung vor Beginn der Tätigkeit und danach in angemessenen Zeitabständen, mindestens jedoch einmal jährlich, zu unterweisen. Er hat ferner die Expositionsbereiche festzulegen und sicherzustellen, dass die zulässigen Werte der verschiedenen Expositionsbereiche nicht überschritten werden, und er hat die Bereiche mit erhöhter Exposition zu kennzeichnen. Dabei ist der Gefahrbereich so zu kennzeichnen und durch dauerhafte Abgrenzungen oder Schutzeinrichtungen zu sichern, dass während des Betriebes Personen nicht hineingreifen, hineingelangen oder sich darin aufhalten können. In abgeschlossenen Betriebsstätten, zu denen nur befugte Personen Zugang haben, ist eine Kennzeichnung des Gefahrbereiches ausreichend. Der Unternehmer hat geeignete persönliche Schutzausrüstungen auszuwählen und den Versicherten zur Verfügung zu stellen, die auch von den versicherten Personen benutzt werden müssen. Der Nachweis der auftretenden Exposition ist messtechnisch durch Sachkundige, die aufgrund ihrer fachlichen Ausbildung und Erfahrung ausreichende Kenntnisse auf dem Gebiet der EM-Felder haben und mit den einschlägigen staatlichen Arbeitsschutzvorschriften, Unfallverhütungsvorschriften und allgemein anerkannten Regeln der Technik (z.B. BG-Regeln, DIN EN-Normen, VDE-Bestimmungen, technische Regeln) soweit vertraut sind, dass der arbeitssichere Zustand der Anlagen, Maschinen und Geräte beurteilt werden kann, zu erbringen.

Bereiche mit kritischen Feldstärken sind mit Hinweisschildern und mit Zutrittsverbots-Schildern für Herzschrittmacher- bzw. Implantate-Träger nach **Bild 3** zu kennzeichnen.

Neben den drei Expositionsbereichen werden die zulässigen Grenzwerte nach **Tabelle 13** für unterschiedliche Frequenzbereiche definiert. Der niederfrequente Bereich reicht von 0 Hz bis 29 kHz, der Übergangsbereich von 29 kHz bis 91 kHz und der Höchstfrequenzbereich von 91 kHz bis 300 MHz.

Bereich	Frequenzbereich *f*	Grenzwerte (Effektivwerte)	
		elektrische Feldstärke in kV/m im Frequenzbereich	elektrische Feldstärke in kV/m bei 50 Hz
Expositionsbereich 2	0 Hz … 35,53 Hz	20	**6,67**
	35,53 Hz … 1 kHz	333,3/*f*	
	1 kHz … 29 kHz	0,3333	
	29 kHz … 91 kHz	333,3	
Expositionsbereich 1	0 Hz … 35,53 Hz	30	**21,32**
	35,53 Hz … 1 kHz	1.066/*f*	
	1 kHz … 91 kHz	1.066	
erhöhter Expositionsbereich Aufenthalt maximal 2h/d	0 Hz … 67,67 Hz	30	**30,00**
	67,67 Hz … 1 kHz	2.000/*f*	
	1 kHz … 48,5 kHz	2	
	48,5 kHz … 91 kHz	97/*f*	

Tabelle 13 Grenzwerte elektrischer Felder (Auszug Grenzwerte für niederfrequente elektrische Felder nach BGR B 11 identisch mit BGV B11)

Warnung vor nicht-ionisierender Strahlung nach BGV A8 W12	Warnung vor magnetischem Feld	Warnung vor elektrischem Feld
	 Achtung Magnetisches Feld  Keine magnetischen oder elektronischen Datenträger  Keine Metallteile oder Uhren mitführen	
Verbot für Personen mit Herzschrittmachern	**Verbot für Personen mit Metallimplantaten**	**Mobilfunk verboten**

Bereich erhöhter Exposition mit Aufenthaltsbeschränkung 2 h pro Arbeitsschicht	**Zutritt für Unbefugte verboten**	**Kombischilder, Elektro-Einrichtungen**
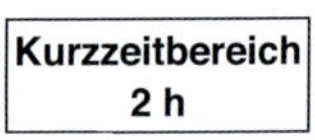		

Bild 3: Warnschilder vor elektromagnetischer Strahlung

Zur Begrenzung von Sekundäreffekten darf beim elektrischen Feld ein Wert von 30 kV/m nicht überschritten werden. **Tabelle 14** listet die geltenden Grenzwerte für niederfrequente magnetische Felder und die **Tabellen 15** und **16** für hochfrequente elektrische und magnetische Felder auf.

Die **Bilder 4** und **5** zeigen die Frequenzabhängigkeit der Grenzwerte in den verschiedenen Expositionsbereichen nach DGUV Regel 103-013 (BGR B 11).

Bereich	Frequenzbereich f	Grenzwerte (Effektivwerte)	
		magnetische Flussdichte in mT im Frequenzbereich	magnetische Flussdichte in mT bei 50 Hz
Expositionsbereich 2	0 Hz … 1 Hz	21,22	**0,4244**
	1 Hz … 1 kHz	21,22/f	
	1 kHz … 91 kHz	21,22 µT	
Expositionsbereich 1	0 Hz … 1 Hz	67,9	**1,358**
	1 Hz … 1 kHz	67,9/f	
	1 kHz … 91 kHz	67,9 µT	
erhöhter Expositionsbereich Aufenthalt maximal 2h/d	0 Hz … 1 Hz	127,3	**2,546**
	1 Hz … 1 kHz	127,3/f	
	1 kHz … 48,5 kHz	127,3 µT	
	48,5 kHz … 91 kHz	6.176 µT	

Tabelle 14 Grenzwerte der magnetischen Flussdichte (Auszug Grenzwerte für niederfrequente elektrische Felder nach BGR B 11 identisch mit BGV B11)

Bereich	Frequenzbereich f in MHz	Grenzwert (Effektivwert) magnetische Feldstärke in A/m
Expositionsbereich 2	0,091 … 0,14	16,8
	0,14 … 30	2,35/f
	30 … 400	0,073
	400 … 2.000	$3{,}64\sqrt{f}10^{-3}$
	2.000 … 300.000	0,163
Expositionsbereich 1	0,091 … 30	4,9/f
	30 … 400	0,163
	400 … 2.000	$8{,}14\sqrt{f}10^{-3}$
	2.000 … 300.000	0,364
erhöhter Expositionsbereich	0,091 … 0,2	10/f
	0,2 … 3	50
	3 … 30	150/f
	30 … 400	5
	400 … 2.000	$0{,}25\sqrt{f}10^{-3}$
	2.000 … 300.000	11,2

Tabelle 15 Grenzwerte magnetischer Felder (Auszug Grenzwerte für hochfrequente magnetische Felder nach DGUV Regel 103-013)

Bereich	Frequenzbereich *f* in MHz	Grenzwert (Effektivwert) elektrische Feldstärke in V/m	Frequenzbereich *f* in MHz	Leistungsflussdichte in W/m² Mittelwert
Expositions-bereich 2	0,091 … 0,826	333,3	0,091 … 0,826	–
	0,826 … 10	275/*f*	0,826 … 10	–
	10 … 400	27,5	10 … 400	2
	400 … 2.000	1,375 $\sqrt{f}$	400 … 2.000	*f*/200
	2.000 … 300.000	61,5	2.000 … 300.000	10
Expositions-bereich 1 Aufenthalt größer 6 min	0,091 … 0,576	1.066	0,091 … 0,576	–
	0,576 … 10	614/*f*	0,576 … 30	–
	10 … 400	61,4	30 … 400	10
	400 … 2.000	3,07 $\sqrt{f}$	400 … 2.000	*f*/40
	2.000 … 300.000	137,3	2.000 … 300.000	50
erhöhter Expositions-bereich Aufenthalt kleiner 6 min	0,091 … 0,1	2.222	0,091 … 0,576	–
	0,1 … 0,3	22.222 /*f*	0,576 … 30	–
	0,3 … 3	6.667	30 … 400	10.000
	3 … 10	20.000/*f*	400 … 2.000	25/*f*
	10 … 400	2.000	2.000 … 300.000	50.000
	400 … 2.000	100 $\sqrt{f}$		
	2.000 … 300.000	4.472		

Tabelle 16 Grenzwerte elektrischer Felder und der Leistungsflussdichte (Auszug Grenzwerte für hochfrequente elektrische Felder nach DGUV Regel 103-013)

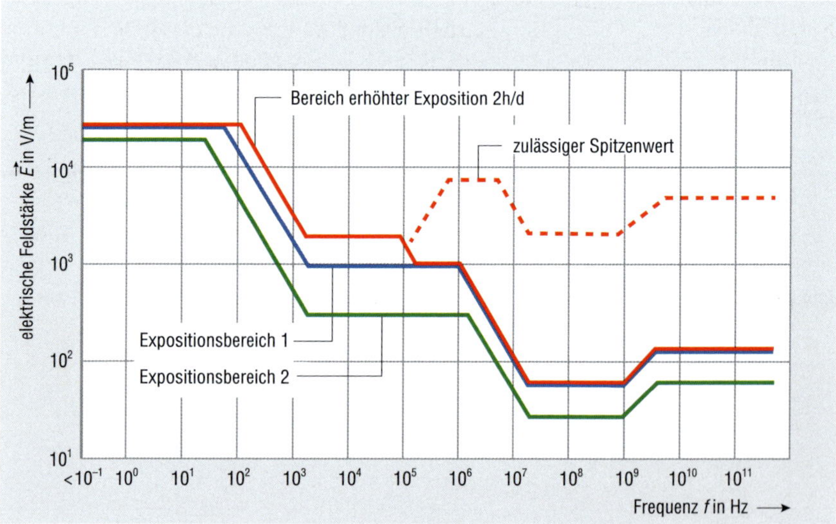

Bild 4: Vergleich der zulässigen Werte elektrischer Felder in verschiedenen Expositionsbereichen

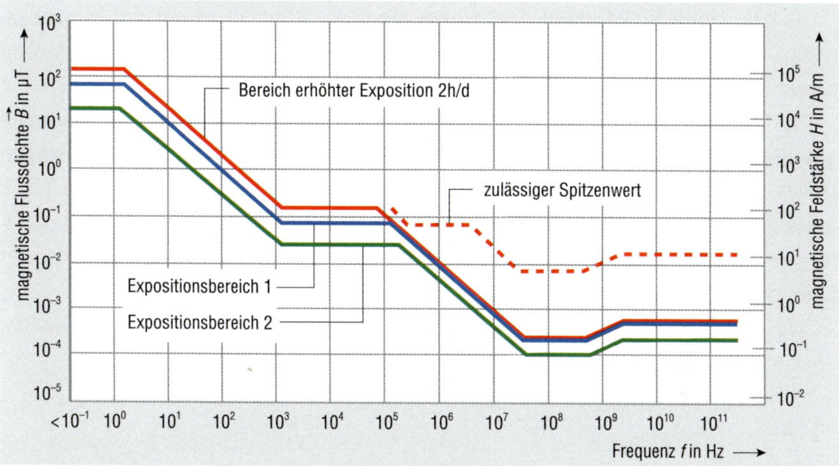

Bild 5: Vergleich der zulässigen Werte magnetischer Felder in verschiedenen Expositionsbereichen

Internationale Grenzwerte im Vergleich

Im Folgenden sind Grenzwertregelungen verschiedener Staaten und internationaler Organisationen sowie ergänzende Bestimmungen aufgeführt. Die Werte dienen dem vorsorgenden Schutz der Bevölkerung vor elektrischen, magnetischen und elektromagnetischen Feldern. Internationale Organisationen, die Weltgesundheitsorganisation (WHO), die internationale Strahlenschutzvereinigung (IRPA) und die International Commission on Nonionizing Radiation Protection (ICNIRP, deutsch Internationale Kommission für den Schutz vor nichtionisierender Strahlung), drängen auf eine Harmonisierung der Grenzwerte in der europäischen Union und in den Ländern Großbritannien, Italien, Niederlande, Russland und Schweden. In den außereuropäischen Ländern China, Kanada und USA weichen die einzuhaltenden Grenzwerte zum Teil noch erheblich voneinander ab. **Tabelle 17** listet die Grenzwertempfehlungen der ICNIRP auf.

Frequenz f	Effektivwerte		
	elektrische Feldstärke E in kV/m	magnetische Feldstärke H in A/m	magnetische Flussdichte B in T
1 Hz … 8 Hz	5	$3{,}2 \cdot 10^4/f^2$	$4 \cdot 10^{-2}/f^2$
8 Hz … 25 Hz	5	$4 \cdot 10^3/f$	$5 \cdot 10^{-3}/f$
25 Hz … 50 Hz	5	$1{,}6 \cdot 10^2$	$2 \cdot 10^{-2}$
50 Hz … 400 Hz	$2{,}5 \cdot 10^2/f$	$1{,}6 \cdot 10^2$	$2 \cdot 10^{-2}$
400 Hz … 3 kHz	$2{,}5 \cdot 10^2/f$	$6{,}4 \cdot 10^4/f$	$8 \cdot 10^{-2}/f$
3 kHz … 10 MHz	$8{,}3 \cdot 10^{-2}$	21	$2{,}7 \cdot 10^{-5}$

Tabelle 17 Grenzwertempfehlungen der ICNIRP (Allgemeinbevölkerung)

In den Ländern Russland und China sind die Abweichungen am signifikantesten, sodass dort insbesondere bei hochfrequenten Feldern größere Gefahren bestehen.

Die **Bilder 6** und **7** stellen die unterschiedlichen Grenzwertanforderungen aus EU-Richtlinie, 26. BImSchV, der berufsgenossenschaftlichen Anforderungen DGUV Regel 103- 013 (alt BGR B11), der internationalen Kommission ICNIRP und der Empfehlung des Rates vom 12.07.1999 (1999/519/EC) und § 3 BEMFV für die allgemeine Bevölkerung (veröffentlicht auf der EMVU-Internetseite der BNetzA) gegenüber.

Wesentlich niedrigere Vorsorgegrenzwerte enthält die „Verordnung zum Schutz vor nichtionisierender Strahlung“ in der Schweiz.

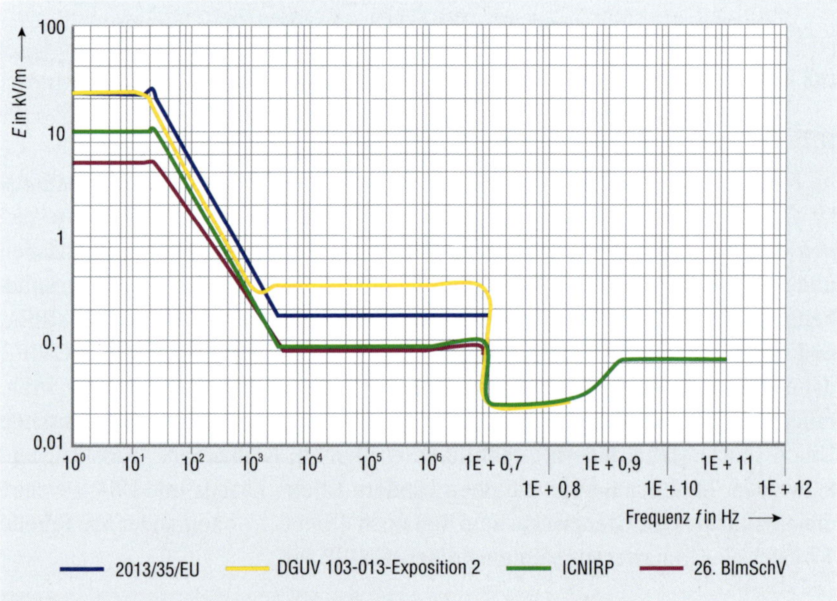

Bild 6: Vergleich der unterschiedlichen Grenzwertanforderungen für *E*-Felder

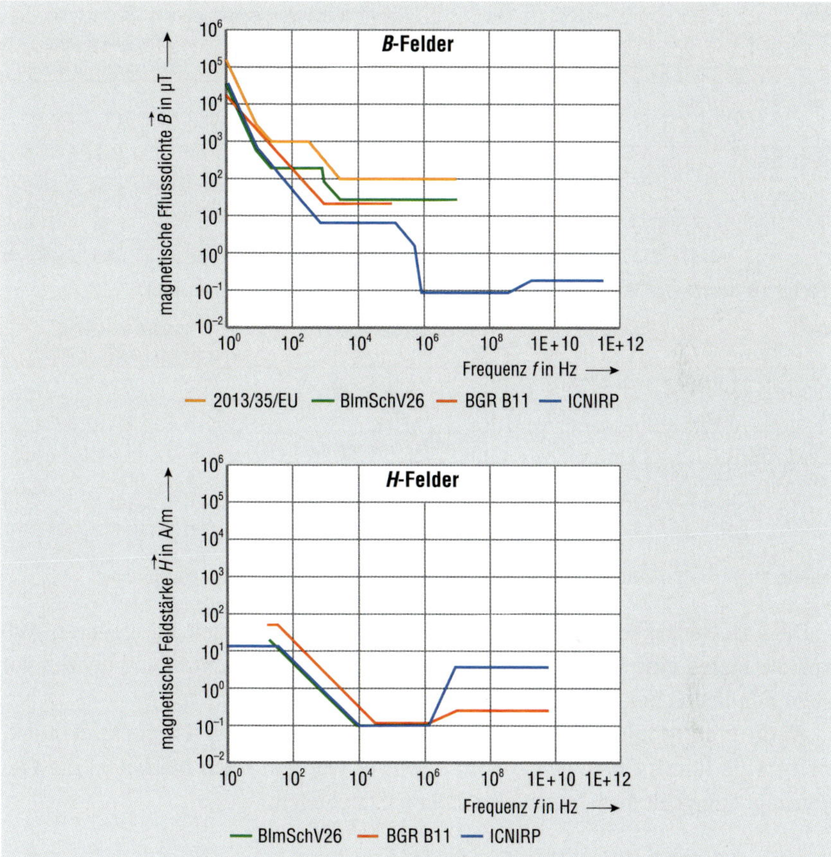

Bild 7: Vergleich der unterschiedlichen Grenzwertanforderungen für magnetische Felder

Mobilfunksender – Grenzwerte

Strahlenschutz bei Mobilfunkbasisstationen

In Deutschland sind für ortsfeste Sendeanlagen (wie Basisstationen) Grenzwerte für elektromagnetische Felder in verschiedenen Richtlinien und Verordnungen beschrieben. Für Mobilfunkbasisstationen nennt das Bundesamt für Strahlenschutz in **Tabelle 18** Grenzwerte für elektrische und magnetische Felder. Im Nahfeld sind *E*- und *H*-Felder getrennt zu messen.

Tabelle 19 nennt Mindestanforderungen für die Leistungsdichte, die nicht überschritten werden sollen.

Netz		Frequenz *f* in MHz	Grenzwerte (quadratisch gemittelt über 6 min)	
			elektrische Feldstärke Effektivwerte in V/m	magnetische Feldstärke Effektivwerte in AV/m
GSM-Netz	D-Netz	≈ 900	41	11
	E-Netz	≈ 1.800	58	0,16
UMTS-Netz		≈ 2.000	61	0,16
LTE-Netz		≈ 800	38	0,10
		≈ 1.800	58	0,16
		≈ 2.600	61	0,16

Tabelle 18 Grenzwerte Mobilfunkbasisstationen nach Bundesamt für Strahlenschutz

Netz		Frequenz *f* in MHz	maximale Sendeleistung in W	ICNIRP-Grenzwert Leistungsdichte in W/m²
GSM-Netz	D-Netz	≈ 900	20 … 50	4,5
	E-Netz	≈ 1.800	10 … 20	9
UMTS-Netz		≈ 2.000	60 (mit drei Sendern á 20 W)	10
LTE-Netz		≈ 800	2	4
		≈ 1.800	2	9
		≈ 2.600	2	13

Tabelle 19 Mindestanforderungen für die Leistungsdichte, Bundesamt für Strahlenschutz

Die LTE-Netze (Long Term Evolution) befinden sich derzeit im weiteren Aufbau. Sie bieten eine höhere Datenrate und kurze Signallaufzeiten und decken vor allem den ländlichen Bereich besser ab.

Wenn eine Mobilfunksendeanlage mehrere Dienste oder Frequenzen nutzt, müssen die Immissionen gemeinsam bewertet werden. Auch hierbei ist die Frequenzabhängigkeit der Grenzwerte zu berücksichtigen.

Strahlenschutz bei mobilen Endgeräten

Beim Mobilfunk werden hochfrequente elektromagnetische Felder genutzt, um Sprache oder Daten zu übertragen. Beim Telefonieren mit dem Handy wird ein Teil der Energie dieser Felder im Kopf aufgenommen. Führt man das Handy zum Beispiel in einer Tasche seiner Kleidung bei sich und benutzt zum Telefonieren ein Headset, wird die Energie überwiegend von dem Körperteil aufgenommen, in dessen Nähe sich das Handy befindet.

Die Verbindung zum Headset benötigt wesentlich geringere Sendeleistungen. Die mobilen Endgeräte wie Handys, Smartphones und ähnliche Produkte fallen nicht unter die Regelungen der 26. BImSchV. Der Gesundheitsschutz der Nutzerinnen und Nutzer von mobilen Endgeräten wird im Rahmen der Produktsicherheit geregelt. Um gesundheitlich relevante Wirkungen der Felder auszuschließen, soll die beim Betrieb auftretende Energie- beziehungsweise Leistungsaufnahme im

Körper festgelegte Höchstwerte nicht übersteigen. Als Maß dient die spezifische Absorptionsrate (SAR), gemessen in W/kg.

Für die maximale Exposition mit dem Grenzwert des SAR-Werts von 2 W/kg durch Mobilgeräte gilt DIN EN 50360:2013-01; VDE 0848-360:2013-01, „Produktnorm zum Nachweis der Übereinstimmung von Mobiltelefonen mit den Basisgrenzwerten hinsichtlich der Sicherheit von Personen in elektromagnetischen Feldern (300 MHz bis 3 GHz)“ sowie der dazugehörige Messstandard „Grundnorm zur Messung der spezifischen Absorptionsrate (SAR)“ DIN EN 50361 VDE 0848-361:2002-06, der seit 2007 durch den global gültigen, inhaltlich vergleichbaren Standard IEC/EN 62209-1 ersetzt wurde.

Die heutigen Handys halten diesen Grenzwert somit grundsätzlich ein und unterschreiten ihn teilweise deutlich. Die Hersteller ermitteln die SAR-Werte gemäß der europäischen Messnorm DIN EN 62209-1:2007-03; VDE 0848-209-1:2007-03 „Sicherheit von Personen in hochfrequenten Feldern von handgehaltenen und am Körper getragenen schnurlosen Kommunikationsgeräten – Körpermodelle, Messgeräte und Verfahren“. DIN EN 62209-1 beschreibt die genau festgelegten standardisierten Verfahren zur Bestimmung der spezifischen Absorptionsrate (SAR) im Anwendungsfall „Telefonieren mit dem Handy am Ohr“ von handgehaltenen Geräten, die in enger Nachbarschaft zum Ohr benutzt werden (Frequenzbereich von 300 MHz bis 3 GHz, IEC 62209-1:2005) und DIN EN 62209-2 analog den Anwendungsfall „Betrieb beim Tragen des Handys am Körper“. Daher sind die Werte des jeweiligen Anwendungsfalles in der Regel miteinander vergleichbar.

Das Bundesamt für Strahlenschutz (BfS) kontrolliert seit 2002 die SAR-Werte in regelmäßigen Abständen bei den Herstellern der auf dem deutschen Markt verfügbaren Mobiltelefone. Diese Werte werden in einer Liste zusammengestellt, die – soweit verfügbar für das jeweilige Handy – die SAR-Werte für beide Anwendungsfälle enthält (Telefonieren am Ohr, Betrieb beim Tragen am Körper).

Einschränkend muss aber darauf hingewiesen werden, dass die Messnorm EN 62209-2 unterschiedliche Messabstände zulässt. Bei der Ermittlung der SAR-Werte für diesen Anwendungsfall gehen die Hersteller davon aus, dass die von ihnen empfohlenen Handytaschen mit eingebautem Abstandshalter verwendet werden. Die Dicken der von den Herstellern verwendeten Abstandshalter sind nicht einheitlich. Daher sind auch die gewählten Messabstände bei der Ermittlung der “body worn”-Werte unterschiedlich. Um dies zu dokumentieren und eine bessere Vergleichbarkeit dieser SAR-Werte zu ermöglichen, werden die herstellerseitig genannten Messabstände in einer Liste veröffentlicht.

Der für den Betrieb beim Tragen des Handys am Körper ermittelte und angegebene SAR-Wert wird bei dem vom Hersteller üblicherweise in der Gebrauchsanweisung genannten Abstand zur Körperoberfläche beziehungsweise bei Benutzung des von ihm empfohlenen Tragezubehörs eingehalten.

Die Einhaltung dieser Standards ist eine der Voraussetzungen zur Erfüllung der Funkanlagenrichtlinie 2014/53/EU (R&TTE-Richtlinie), die in Deutschland durch das „Gesetz über Funkanlagen und Telekommunikationsendeinrichtungen" vom 31.01.2001 (BGBl. I S. 170) umgesetzt wurde. Das Gesetz wurde durch Artikel 2 Absatz 3 des Gesetzes vom 14.12.2016 (BGBl. I S. 2879) geändert (FTEG).

Quelle

Burgholte, A.: Elektromagnetische Verträglichkeit Umwelt (EMVU). Heidelberg: Hüthig Verlag 2018

Autor

Prof. (i.R.) Alwin Burgholte, Diplom-Ingenieur der Elektrotechnik, verfügt über eine zwanzigjährige Erfahrung in der messtechnischen Untersuchung der Emission elektromagnetischer Felder, insbesondere bezogen auf die Einhaltung der einschlägigen Grenzwerte zum Schutz von Personen, führte diverse Tagesseminare durch und arbeitete an zahlreichen Forschungs- und Entwicklungsprojekten, deren Ergebnisse auf diversen Fachkongressen vorgestellt und publiziert wurden.

Piezo-Sensoren und -Aktoren

Prof. Dr.-Ing. Andreas Baral

Einleitung

Das Wort „Piezo“ ist vom griechischen Wort für „Druck“ abgeleitet. 1880 entdeckten *Jacques* und *Pierre Curie* die Piezoelektrizität, also, dass Druck in verschiedenen Kristallen elektrische Ladungen erzeugt. Für eine genauere Betrachtung des Phänomens werden in diesem Beitrag zuerst die Grundlagen des elektrischen Felds erläutert.

Um das elektrische Feld besser verstehen zu können, wird zunächst das Gravitationsfeld der Erde besprochen. Das Gravitationsfeld ist jedem aus dem täglichen Leben bekannt. In Analogie zum Gravitationsfeld ergeben sich die Zusammenhänge des elektrischen Feldes. Basierend auf diesen Grundlagen wird speziell auf die Piezotechnik eingegangen und es werden unterschiedliche Sensoren und Aktoren vorgestellt.

Gravitationsfeld

Als *Newton* im Sommer 1665 beobachtete, wie ein Apfel vom Baum fiel, fragte er sich, was die Ursache dieses Phänomens sei. Bei seinen Überlegungen kam er zu dem Schluss, dass die Existenz einer Kraft, die bewirkt, dass Apfel und Erde sich anziehen, notwendigerweise darauf hindeutet, dass es eine Anziehungskraft zwischen beliebigen Massen geben muss. Er formulierte das Gravitationsgesetz:

$$F_g = \gamma \cdot \frac{m_1 \cdot m_2}{r^2} \tag{1}$$

mit der Gravitationskonstanten γ und dem Abstandsradius r:

$$\gamma = 6{,}67 \cdot 10^{-11} \frac{\mathrm{m}^3}{\mathrm{kgs}^2} \tag{2}$$

F_q Gravitationskraft, Einheit N (Newton)
m Masse, Einheit kg
r Abstandsradius, Einheit m
γ Gravitationskonstante, Einheit $\mathrm{m}^3/\mathrm{kg} \cdot \mathrm{s}^2$

Jeder Massepunkt zieht einen anderen Massepunkt an. Die Massenanziehungskraft ist proportional zum Produkt der beiden Massen und umgekehrt proportional zum Quadrat des Abstandes der beiden Massen.

Beispiel für das Gravitationsgesetz

Aus dem allgemeinen Gravitationsgesetz lässt sich die Erdbeschleunigung (**Bild 1**) im Gravitationsfeld der Erde ableiten.

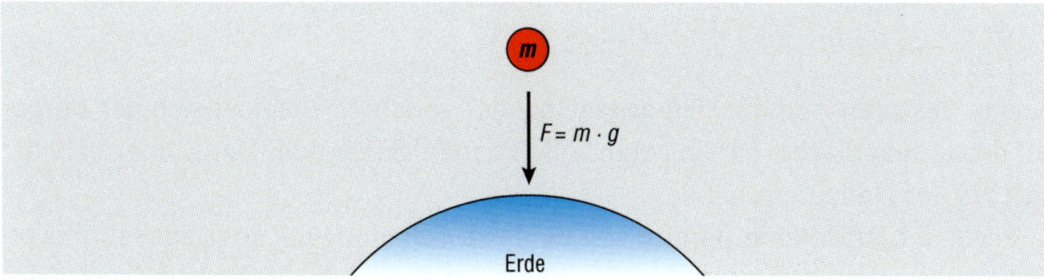

Bild 1: Gravitationskraft

Jeder Körper im Kraftfeld der Erde erfährt die Erdbeschleunigung $\vec{g}$ (Feldvektor des Gravitationsfeldes):

Wenn

Erdmasse $m_{\text{erde}} = 5{,}97 \cdot 10^{21}\,\text{t}$

mittlerer Erdradius $r_{\text{Radius}} = 6.370\,\text{km}$

gilt für den Betrag der Erdbeschleunigung

$$g_{(\text{Erdradius})} = \gamma \cdot \frac{m_{\text{Erde}}}{r_{\text{Erde}}^2} \approx 9{,}81 \frac{\text{m}}{\text{s}^2} \quad (3)$$

Jeder Körper im Erdgravitationsfeld erfährt somit die Gravitationskraft

$$\vec{F_g} = m \cdot \vec{g} \quad (4)$$

F_q^g Gravitationskraft, Einheit N (Newton)
m Masse, Einheit kg
g Erdbeschleunigung, Einheit 9,81 m/s²

Die an einem Körper verrichtete Arbeit vergrößert dessen Energie. Es wird zwischen der potenziellen Energie (Lageenergie) und der kinetischen Energie (Bewegungsenergie) unterschieden.

Die potenzielle Energie eines Körpers ist entlang einer Äquipotenziallinie/-fläche gleich.

Die potenzielle Energie

Um den Abstand des Masseteilchens vom Erdmittelpunkt zu vergrößern, muss Arbeit verrichtet werden. Wird der Körper angehoben, vergrößert sich seine potenzielle Energie. Durch das Erdgravitationsfeld wird das Masseteilchen immer in Richtung Erdmittelpunkt gezogen.

Für die potenzielle Energie eines Massekörpers in Abhängigkeit von der Entfernung h zur Erdoberfläche gilt:

Das negative Vorzeichen ergibt sich aus der Wahl des Koordinatensystems. Die

$$W_p = -m \int_{h_1}^{h_2} g(h) \cdot \mathrm{d}h \qquad (5)$$

beiden Vektoren h und g sind gegeneinander gerichtet. Befindet sich der Körper auf der Erdoberfläche, ist die potenzielle Energie gleich null. Der Körper befindet sich auf der Nullpotenziallinie.

Für den betrachteten Bereich soll die Erdbeschleunigung konstant sein. Es ergibt sich aus dem Wegintegral in Gl. (5) für den Betrag der Hubarbeit:

$$|W_p| = m \cdot g \cdot h \qquad (6)$$

W_p Potentielle Energie, Einheit Nm = kg·m²/s²
m Masse, Einheit kg
g Erdbeschleunigung, Einheit 9,81 m/s²
h Fallhöhe, Einheit m

Die potenzielle Energie ist proportional zur Höhe h des Körpers. Daraus ergibt sich, dass die potenzielle Energie entlang einer gedachten Linie mit dem konstanten Abstand zur Erdoberfläche (Äquipotenziallinie) konstant ist (**Bild 2**). Jedes Masseteilchen hat im Erdgravitationsfeld auf der Äquipotenziallinie (Äquipotenzialfäche) dieselbe potenzielle Energie.

Nach dem Energieerhaltungssatz geht keine Energie verloren, sie wird lediglich in eine andere Energieform gewandelt.

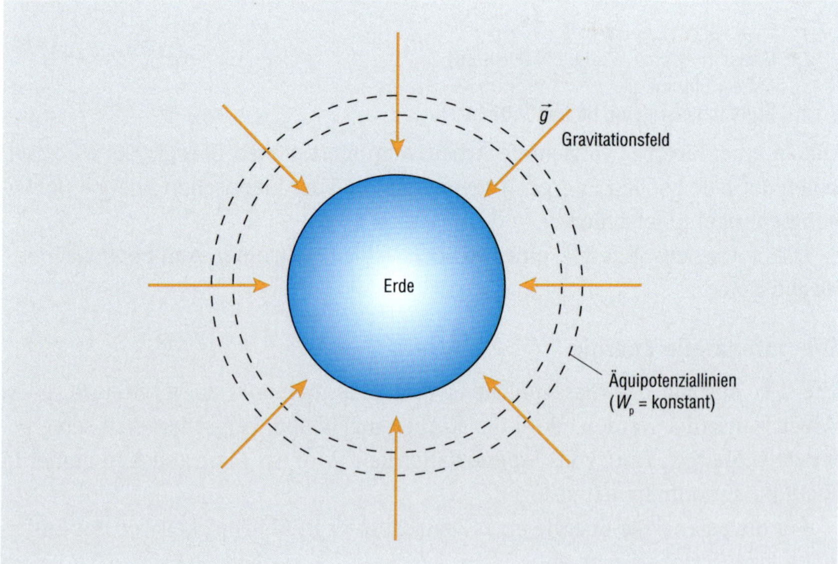

Bild 2: Gravitationsfeld der Erde

Fällt nun ein Körper aus der Höhe h auf die Erdoberfläche, so verliert er mit abnehmender Höhe an potenzieller Energie. Die Fallgeschwindigkeit des Massekörpers nimmt zu und damit auch seine kinetische Energie; die potenzielle Energie nimmt entsprechend ab.

Elektrisches Feld

Coulomb'sches Gesetz

Im Jahre 1785 – ca. 100 Jahre nach Newtons Formulierung des Gravitationsgesetzes – hat der französische Physiker *Charles Augustin de Coulomb* in Analogie zum Gravitationsgesetz der Massen das Coulomb'sche Gesetz für elektrische Ladungen hervorgebracht. Er wies die Kräfte elektrischer Ladungen mithilfe einer von ihm entwickelten Drehwaage nach. Trotz der formalen Ähnlichkeit ist zu bedenken, dass sich Massen ausschließlich anziehen, wohingegen sich Ladungen sowohl **abstoßen** (**Bild 3**) als auch **anziehen** (**Bild 4**) können.

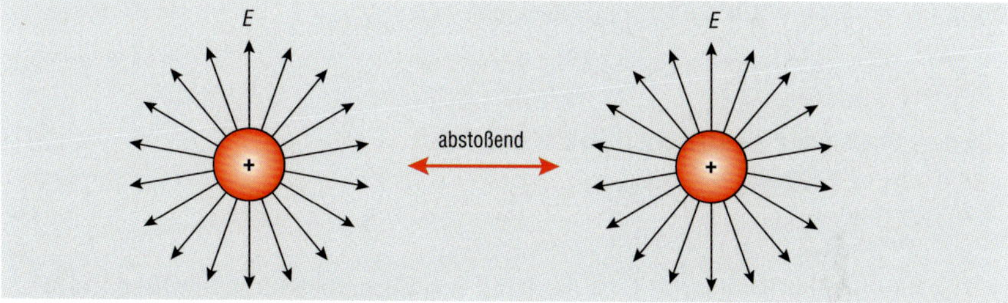

Bild 3: Abstoßende Kraft gleicher Ladungen

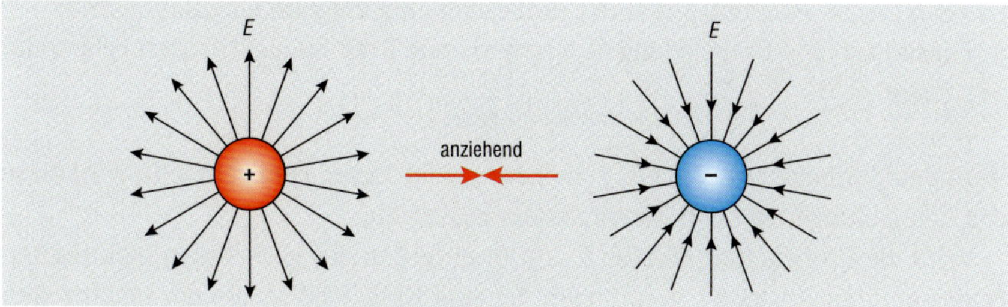

Bild 4: Anziehende Kraft unterschiedlicher Ladungen

Für die Kraft zwischen zwei elektrischen Ladungen gilt:

$$\vec{F_E} = \frac{1}{4\pi\varepsilon} \cdot \frac{Q_1 \cdot Q_2}{r^2} \cdot \vec{e_R} \qquad (7)$$

wobei $A = 4 \cdot \pi \cdot r^2$ die Kugeloberfläche der betrachteten Einhüllenden ist.

Für den Betrag der Kraft ergibt sich:

$$F_E = \frac{1}{4\pi\varepsilon} \cdot \frac{Q_1 \cdot Q_2}{r^2} \qquad (8)$$

F_E Coulomb'sche Kraft, Einheit N
Q Ladung, Einheit A · s = C (Coulomb)
r Kugelradius, Einheit m
A Kugeloberfläche, Einheit m^2
E Elektrische Feldstärke, Einheit N/A · s
ε Dielektrizitätskonstante, Einheit As/Vm
$\vec{e}_R$ Einheitsvektor

Das Coulomb'sche Gesetz beschreibt die Kraft zwischen zwei ruhenden Ladungen. Sie ist direkt proportional zum Produkt der Ladungen und umgekehrt proportional zum Quadrat des Abstandes.
Die Kraftrichtung entspricht der Feldlinienrichtung.

Definiert man nun analog zum Gravitationsfeld das elektrische Feld mit der Ladung $Q_1 = Q$, so ergibt sich:

$$\vec{E} = \frac{1}{4\pi\varepsilon} \cdot \frac{Q}{r^2} \cdot \vec{e}_R \qquad (9)$$

Für den Betrag der elektrischen Feldstärke folgt:

$$E = \frac{1}{4\pi\varepsilon} \cdot \frac{Q}{r^2} \qquad (10)$$

Die elektrische Feldstärke E ist die Kraft pro Einheitsladung. Sie beschreibt die Wirkung des elektrischen Feldes im Raum.

Das elektrische Feld entspricht der Erdbeschleunigung g im Gravitationsfeld.

Für die auf eine Probeladung $Q_2 = q$ wirkende Kraft im elektrischen Feld ergibt sich somit:

$$\vec{F}_q = \vec{E} \cdot q \qquad (11)$$

Wird eine Probeladung q in ein homogenes elektrisches Feld gebracht, wird diese von den Ladungen auf den Metallplatten angezogen.

Wird die Probeladung (**Bilder 5** und **6**) entgegen des gerichteten elektrischen Feldes um den Abstand s verschoben, ist eine Kraft F nötig, die der elektrischen

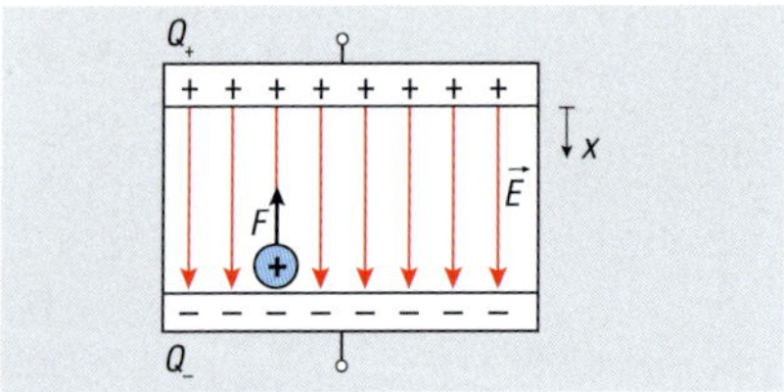

Bild 5: Probeladung im elektrischen Feld

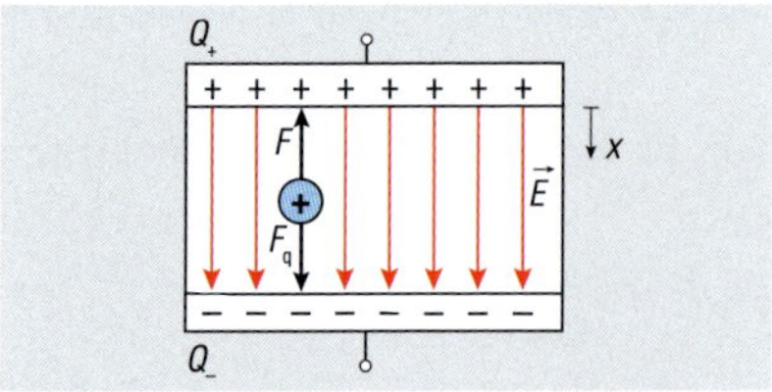

Bild 6: Kräftegleichgewicht einer Probeladung im elektrischen Feld

Kraft entgegengerichtet ist. Um ein statisches Gleichgewicht zu erhalten, müssen die Beträge der Kräfte gleich groß sein.

Piezoelektrika

Das Piezo-Phänomen zeichnet sich dadurch aus, dass die mechanische Verformung des Piezo-Elements eine Ladungsverschiebung zu seiner Oberfläche hin verursacht, die in Form einer elektrischen Spannung genutzt werden kann. Umkehrt verformt sich der Piezo-Kristall, wenn von außen ein elektrisches Feld angelegt wird („inverser" oder „reziproker" Piezo-Effekt).

In **Bild 7** ist der piezoelektrische Effekt anschaulich skizziert. Auf der linken Seite befindet sich das Material im Ausgangszustand. Durch eine Krafteinwirkung *F* wird die Wabenstruktur des kristallinen Werkstoffs verformt und das Molekül polarisiert ober- und unterhalb einer gedachten Mittelhorizontale.

Grundsätzlich ist die Stärke der Polarisation von einer piezoelektrischen Werkstoffkonstante und der mechanischen Spannung (Druck, Torsion, Scherung) abhängig.

Für die Ladungsverschiebung ergibt sich:

$$D = d \cdot \sigma + \varepsilon \cdot E \tag{12}$$

D Ladungsverschiebung, Einheit C/m²
E Elektrische Feldstärke, Einheit N/A·s=V/m
ε Dielektrizitätskonstante, Einheit A s / V m
σ Mechanische Spannung, Einheit N/m²
d piezoelektrische Ladungskonstante, Einheit m/V

Die piezoelektrischen Werkstoffe unterscheiden sich durch die piezoelektrische Ladungskonstante *d*. Einige Beispiele sind in der **Tabelle 1** aufgeführt.

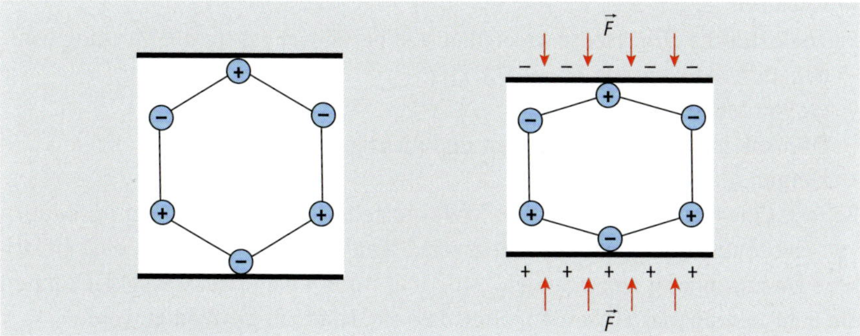

Bild 7: Prinzip des Piezoeffekts

Werkstoff	Kristallstruktur	piezoelektrische Ladungskonstante in pm/V
Quarz	Monokristall	2 … 7
Barium-Titanat	Polykristall	80 … 190
PZT-Keramiken	Polykristall	50 … 765

Tabelle 1: Piezoelektrische Materialien

Wird an den Kristall keine Spannung angelegt, ist die dielektrische Verschiebung ausschließlich von der mechanischen Spannung σ abhängig.

$$D = d \cdot \sigma \tag{13}$$

Die mechanische Spannung ist der Quotient aus Kraft pro Fläche

$$\sigma = \frac{F}{A} \tag{14}$$

Eingesetzt in Gl. (13) ergibt sich die Proportionalität zwischen der Kraft F und der Ladung Q:

$$D = d \cdot \frac{F}{A} \quad \Rightarrow \quad Q = d \cdot F \tag{15}$$

$$Q \approx F \tag{16}$$

Anwendung des piezoelektrischen Effekts

Piezoelektrische Bauelemente werden vielfältig eingesetzt. Als Sensoren und Aktoren werden sie z. B. in der Automobilindustrie und der Medizintechnik verwendet.

Piezoelektrische Sensorik

Da die Ladung laut Gl. 17 proportional zur einwirkenden Kraft ist, wird der piezoelektrische Effekt in Kraft-, Druck -und Beschleunigungssensoren genutzt.

Drucksensor

Piezoelektrische Drucksensoren eignen sich besonders gut für die Messung von:

- dynamischen Drücken bis zu 100 kHz,
- großen Messbereichen,
- Druckmessungen bei sehr hohen und niedrigen Temperaturen,
- kleinen Abmessungen.

Bei der Einwirkung einer äußeren Kraft entstehen geringe Ladungen im Bereich von Picocoulomb. Mit einem Ladungsverstärker wird diese Ladung in eine elektrische Messspannung umgewandelt. Aufgrund ihrer hohen Druckfestigkeit können die Sensoren überlastet werden, ohne dass sie dauerhaft beschädigt werden.

Der Nachteil der piezoelektrischen Sensoren ist ihre Langzeitdrift. Das heißt über eine längere Zeit findet ein Ladungsausgleich statt und die Messspannung nimmt ab. Daher sind piezoelektrische Sensoren für Langzeitmessungen unter

Umständen ungeeignet. Aufgrund ihrer kleinen Baugröße werden sie vielfach in Monitoringsystemen zur Qualitätskontrolle von Fertigungsprozessen eingesetzt.

Beschleunigungssensor

Piezoelektrische Beschleunigungssensoren bestehen aus zwei Komponenten: zum einen aus dem piezoelektrischen Material und zum anderen aus einer seismischen Masse. Das Wirkungsprinzip ist in **Bild 8** dargestellt.

Wird die Masse beschleunigt, ergibt sich eine Beschleunigungskraft nach:

$$F = m \cdot a \tag{17}$$

Die Beschleunigungskraft führt zu einer Ladung in der Piezokeramik. Da die seismische Masse bekannt ist, ist die Sensorausgangsgröße proportional zur Beschleunigung. Die Kombination aus seismischer Masse und Piezokeramik ist ein Feder-Masse-System und somit ein mechanischer Tiefpass. Das heißt das Übertragungsverhalten ist von der Beschleunigungsfrequenz und somit von der im Sensor eingebauten seismischen Masse abhängig.

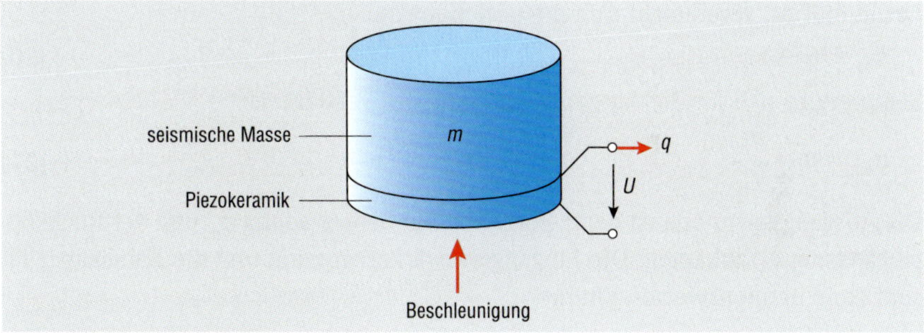

Bild 8: Prinzip des Piezoeffekts

Ladungsverstärker

Die piezoelektrischen Sensoren benötigen auf Grund der geringen Ladungsänderung eine elektronische Schaltung, um das Messsignal weiter verarbeiten zu können. Zu diesem Zweck werden Ladungsverstärker eingesetzt. Sie bestehen in der Regel aus einem kapazitiv rückgekoppelten Differenzenverstärker (Integrator). In **Bild 9** ist der prinzipielle Aufbau eines Ladungsverstärkers dargestellt.

Hierbei sind C_c die Kabelkapazität, C_{imp} die Eingangskapazität des Differenzenverstärkers und C_f die Rückkoppelkapazität. Aus der Knotengleichung am Eingang des Verstärkers ergibt sich:

$$q_{in} = q_c + q_{inp} + q_f \tag{18}$$

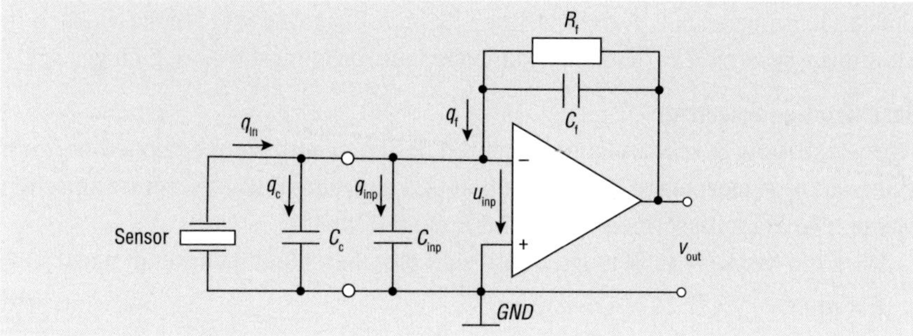

Bild 9: Ladungsverstärker

Werden die Ladungen durch das Produkt aus Spannung und Ladung nach Gl. 19 ersetzt, ergibt sich für die Sensorladung:

$$q_{in} = u_{inp} \cdot (C_c + C_{inp}) + u_f \cdot C_f \tag{19}$$

Unter der Voraussetzung, dass die Eingangsspannung u_{imp} des Verstärkers annähernd null ist, vereinfacht sich die Gleichung zu:

$$q_{in} = u_f \cdot C_f \tag{20}$$

Somit ergibt sich für die Ausgangsspannung des Verstärkers:

$$u_{out} = u_f = \frac{q_{in}}{C_f} \tag{21}$$

Die Ausgangsspannung ist demzufolge von der Sensorladung q_{in} und der Rückkoppelkapazität C_f abhängig. Die Eingangsverstärkerkapazität und die Kabelkapazität sind ohne nennenswerten Einfluss.

IEPE-Aufnehmer

Die Bezeichnung IEPE steht für Integrated Electronics Piezo Electric. Hierbei handelt es sich um einen Industriestandard für piezoelektrische Sensoren mit integrierter Impedanzwandler-Elektronik. Die integrierte Elektronik wandelt die Ladung des piezoelektrischen Sensors in ein Spannungssignal mit niedriger Impedanz von ca. 100 Ω um. Eine Besonderheit des IEPE-Prinzips ist, dass das Sensorsignal und die Energieversorgung gemeinsam über ein einfaches Koaxialkabel erfolgen. In vielen Anwendungsfällen werden heute IEPE-Sensoren bevorzugt eingesetzt.

TEDS-Sensor

Mit der Zunahme der digitalen Messwerterfassung (IEEE 1451) werden zunehmend elektronische Speicher mit einem „elektronischen Datenblatt“ in die Sensoren integriert. Dieser Datenspeicher wird TEDS (Transducer Electronic Data Sheet) genannt. In dem Datenspeicher werden für den Anwender relevante Daten abgelegt. Hiermit kann beispielsweise ein Messsystem den Sensor identifizieren und einem Messkanal zuordnen. Das Messsystem kann außerdem die Kalibrierdaten, Seriennummer usw. auslesen.

Piezoelektrische Aktoren

Piezoaktoren können Kräfte im Bereich von mN bis kN, bei einer Ausdehnung von Mikrometern bis zu einigen Millimetern, erzeugen. Bei Anlegen einer elektrischen Spannung an eine Piezoscheibe verformt sich diese Scheibe in unterschiedlicher Richtung (**Bild 10**).

Zum einen ergibt sich eine Dehnung in Richtung Polarisationsachse und eine Dehnung senkrecht zur Polarisationsachse. Diese beiden Dehnungen werden auch als „Piezo-Verstärkung" bezeichnet. Die Ausdehnungkoeffizienten sind vom verwendeten Material, der Temperatur, dem mechanischen Druck und dem angelegten elektrischen Feld abhängig. Je nach Anwendung werden unterschiedliche Bauformen, wie z. B. Stapelaktoren, Biegewandler oder sogenannte Rohraktoren, verwendet.

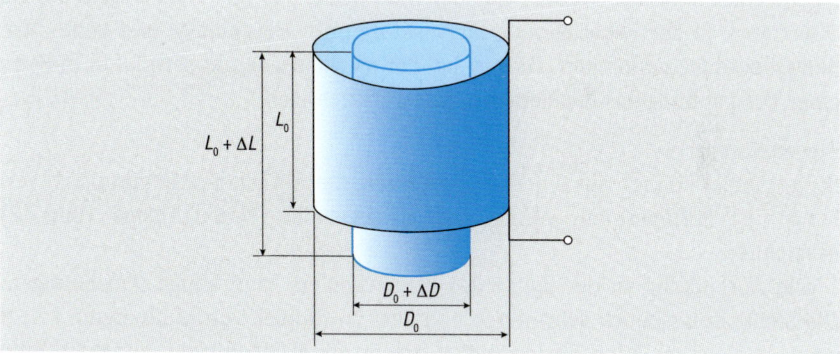

Bild 10: Verformung einer Piezoscheibe

Stabelaktoren

Die Stabelaktoren bestehen aus mehreren geschichteten Piezoscheiben. Sie werden auch als Multilayer-Aktoren bezeichnet. In **Bild 11** ist exemplarisch der Aufbau eines Stabelaktors dargestellt.

Die Stapelaktoren können sehr große Stellkräfte erzeugen. Durch das Stapeln der Piezoscheiben entsteht eine mechanische Reihenanordnung und darüber hinaus eine elektrische Parallelschaltung. Die Ausdehnung der einzelnen Piezoscheiben addiert sich zu einer Gesamtausdehnung. Die Auslenkung lässt sich wie folgt abschätzen:

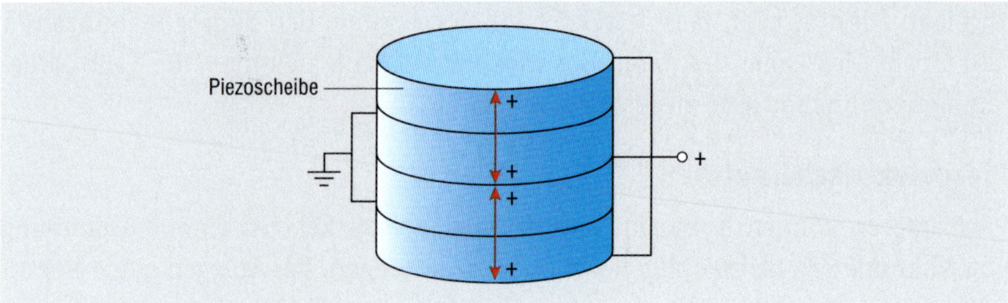

Bild 11: Aufbau eines Stapelaktors

$$\Delta L = n \cdot d_{33} \cdot U \tag{22}$$

ΔL Auslenkung (longitudinal), Einheit m
n Anzahl der gestapelten Keramikscheiben
d_{33} Longitudinaler piezoelektrischer Großsignal-Deformationskoeffizient, Einheit m/V
U Betriebsspannung, Einheit V

Die Nominalauslenkung liegt bei ca. 0,1 % bis 0,15 % [1] der Aktorlänge. Die Nominalblockierkräfte werden auf die Aktorfläche bezogen und liegen bei ca. 30 N/mm². In der Regel können Stapelaktoren nur Druckkräfte und keine Zug- und Querkräfte aufnehmen. Dies ist bei der mechanischen Konstruktion in Form einer Vorspannung des Bauelements zu berücksichtigen.

Biegeaktoren

Biegewandler können aus einem Piezostreifen, der mit einem Metallsubstrat verbunden ist, bestehen. Sie werden auch als sogenannte Verbundbieger (**Bild 12**) bezeichnet.

Die Auslenkung an der Spitze des Biegewandlers kann einige mm betragen. Die Stellkraft ist jedoch sehr gering und liegt im Bereich von Millinewton bis zu wenigen Newton. Auch Biegewandler lassen sich als Multilayer aufbauen. Eine Abschätzung der Auslenkung eines Vollkeramikbiegers (**Bild 13**), bestehend aus mehreren geschichteten Keramikplättchen, ergibt sich zu:

$$\Delta L_{\mathrm{Bieg}} = \frac{3}{8} n \cdot d_{31} \frac{l_{\mathrm{f}}^2}{h_{\mathrm{p}}^2} \cdot U \tag{23}$$

ΔL_{Bieg} Biegeauslenkung, Einheit m
n Anzahl der gestapelten Keramikscheiben
d_{31} transversal piezoelektrischer Großsignal-Deformationskoeffizient, Einheit m/V
U Betriebsspannung, Einheit V
l_{f} freie Biegelänge, Einheit m
d_{f} Höhe Piezokeramik, Einheit m

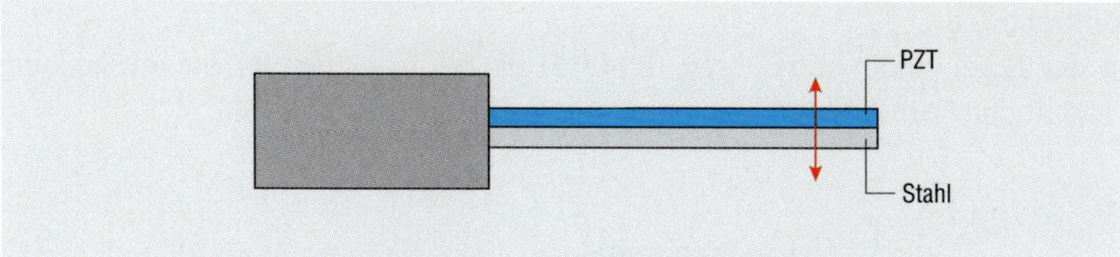

Bild 12: Biegewandler als Verbundbieger

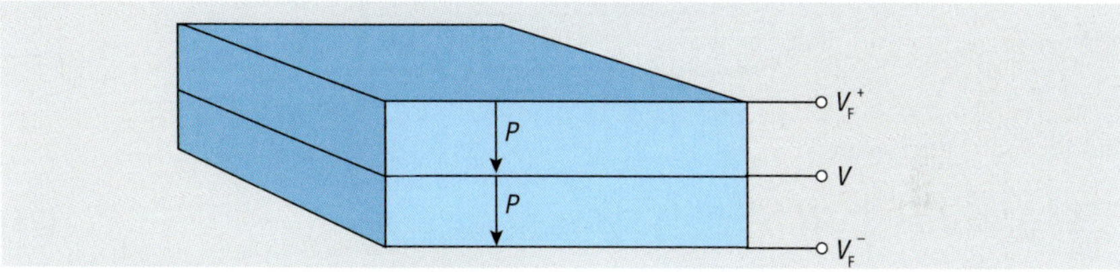

Bild 13: Vollkeramikbieger – Parallelschaltung

Rohraktoren

Rohraktoren werden häufig in Rastersondenmikroskopen zur Erzeugung dynamischer Scan-Bewegungen, aber auch in Tintenstrahldruckern eingesetzt. Rohraktoren ermöglichen sowohl Längenänderungen und radiale Auslenkungen als auch laterale Auslenkungen. Die möglichen Auslenkungen werden in **Bild 14** verdeutlicht.

Für die axiale Längenausdehnung ergibt sich folgende Abschätzung:

$$\Delta L_{\text{axial}} = d_{31} \cdot \frac{1}{t} \cdot U \tag{24}$$

ΔL_{axial} Auslenkung (axial), Einheit m
d_{31} transversal piezoelektrischer Großsignal-Deformationskoeffizient, Einheit m/V
U Betriebsspannung, Einheit V
l Rohrlänge, Einheit m
t Rohrwandstärke, Einheit m

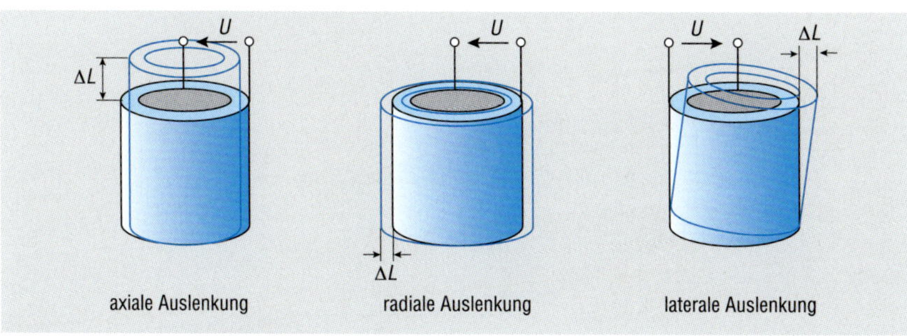

Bild 14: Auslenkung Rohraktoren

Kontraktoren

In der Regel sind Kontraktoren (**Bild 15**) flache Bauelemente. Die Auslenkung verläuft quer zur Polarisationsrichtung und zum elektrischen Feld.

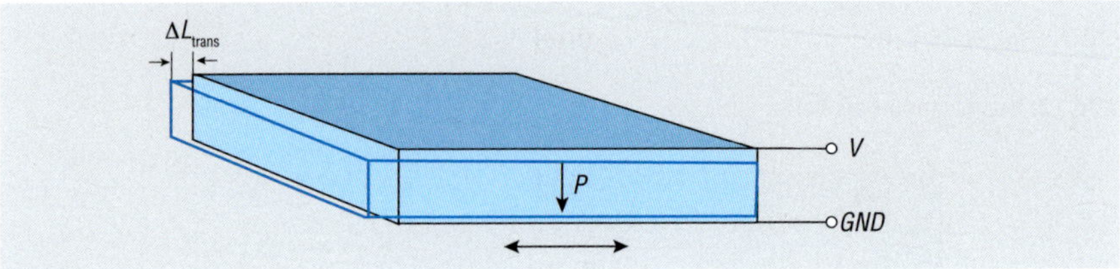

Bild 15: Kontraktionsaktor

$$\Delta L_{trans} = d_{31} \cdot \frac{1}{h} \cdot U \qquad (25)$$

ΔL_{trans} Auslenkung (axial), Einheit m
d_{31} transversal piezoelektrischer Großsignal-Deformationskoeffizient, Einheit m/V
U Betriebsspannung, Einheit V
l Länge Piezokeramik, Einheit m
t Höhe Piezokeramik, Einheit m

Scheraktoren

Bei den piezoelektrischen Scheraktoren (**Bild 16**) wird das elektrische Feld in der Keramikschicht orthogonal zur Polarisationsrichtung angelegt. Durch Schichtung der Aktoren summieren sich die Auslenkungen der einzelnen Schichten. Die Scherdeformationskoeffizienten sind in der Regel d_{15} bis zu 2.000 pm/V am größten.

$$\Delta L_{scher} = d_{15} \cdot n \cdot U \qquad (26)$$

ΔL_{scher} Auslenkung des Scheraktors, Einheit m
d_{15} Scherdeformationskoeffizient, Einheit m/V
U Betriebsspannung, Einheit V

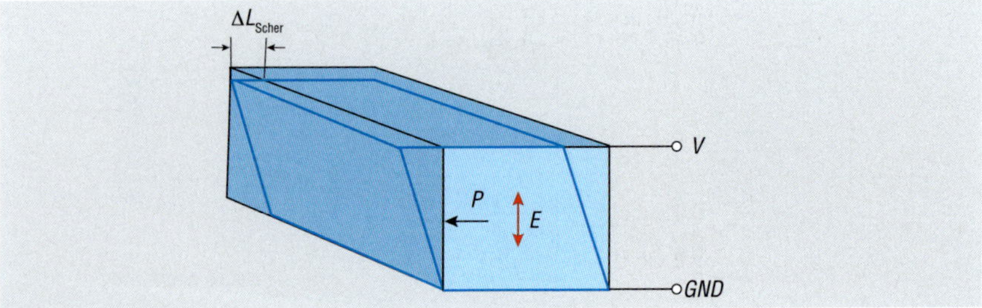

Bild 16: Scheraktor

Ein typischer Einsatzfall für Scheraktoren sind Antriebselemente für sogenannte Stick-Slip-Motoren.

Stick-Slip-Effekt

Unter Stick-Slip-Effekt wird der Haftgleiteffekt oder die Reibschwingung verstanden.

An dem Modell in **Bild 17** wird der Mechanismus genauer erläutert.

In Bild 17 ist ein auf Lagern beweglicher Wagen dargestellt, der mithilfe eines Piezoelements bewegt wird. Durch das Anlegen einer langsam steigenden Spannung dehnt sich die Piezokeramik aus und bewegt über die Kontaktfläche den Wagen vorwärts. Zwischen der Kontaktfläche und dem Wagen erfolgt die Kraftübertragung mithilfe der Haftreibung. Im nächsten Arbeitsschritt wird die angelegte Spannung schnell reduziert und die Piezokeramik zieht sich schnell zusammen. Aufgrund der Massenträgheit kann der Wagen der schnellen Bewegung der Piezokeramik nicht folgen, d. h. der Wagen bleibt stehen. Zwischen der Kontaktfläche und dem Wagen ergibt sich ein Gleitvorgang (Gleitreibung). Durch eine kontinuierliche Wiederholung der beiden Arbeitsschritte wird der Wagen mithilfe des Stick-Slip-Effekts bewegt.

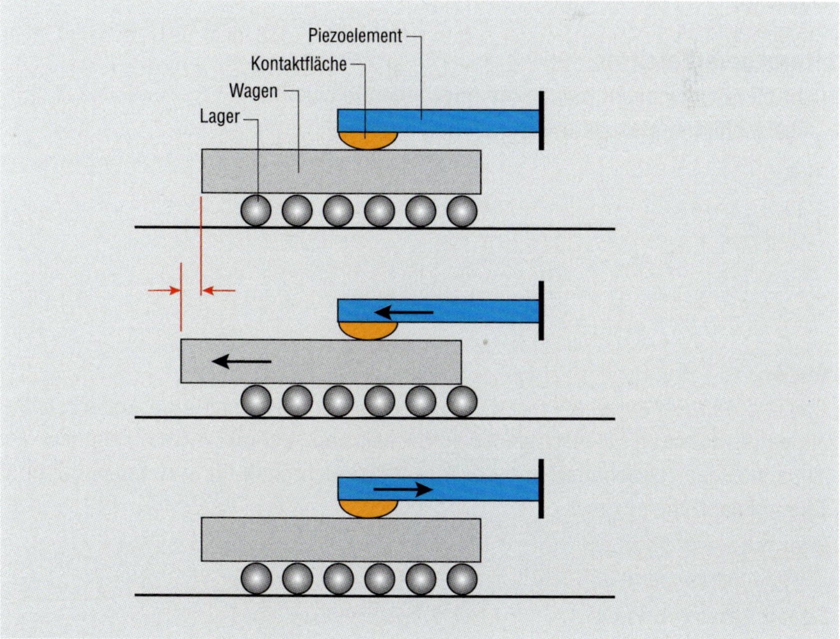

Bild 17: Modell zum Stick-Slip-Effekt

Ansteuerung der Piezoaktoren

Es gibt unterschiedliche Konzepte, um die Piezoaktoren anzusteuern. Fertige Treiberbausteine bietet beispielsweise die Firma Linear Technology an. Die Bausteine wandeln eine niedrige Eingangsspannung in eine hohe Ausgangsspannung um. Piezoaktoren sind ideal für eine präzise Positionierung im µm-Bereich bis zum nm-Bereich. Hierzu ist ein geschlossener Regelkreis notwendig.

Anwendungen der Piezotechnik

Die Piezoaktoren sind für kleine Stellbereiche und große dynamische Kräfte geeignet. Sie werden im Wesentlichen im Hochtechnologiebereich wie der Medizintechnik, Halbleitertechnik und im Maschinen- und Anlagenbau eingesetzt. Im Alltag ist die Piezotechnik beispielsweise zur Erzeugung der Ultraschallwellen im Reinigungsbad für Brillen und Schmuck zu finden.

Piezobasierte Ultraschallsensoren werden unter anderem zur Abstandsbestimmung als Einparkhilfe verwendet. Im technischen Bereich werden die Sensoren zur Füllstand- oder Durchflussmessung eingesetzt. Die Piezotechnik eignet sich insbesondere durch ihre hohe Dynamik. Schwingungen mit einer Frequenz oberhalb des menschlichen Hörbereichs (ca. ab 16 kHz) sind mithilfe der Piezotechnik realisierbar.

Literaturverzeichnis

[1] https://www.piceramic.de/de/piezo-technologie/eigenschaften-piezoaktoren/auslenkungsarten/

Autor

Prof. Dr. Andreas Baral ist Professor für elektrische Maschinen und Antriebstechnik an der Privaten Hochschule für Wirtschaft und Technik Vechta/Diepholz. Er ist parallel dazu Geschäftsführer der Ingenieurgesellschaft für Systemtechnik und Technologietransfer mbH.

Internet: www.phwt.de
www.baral-online.de

E-Mail: baral@phwt.de
baral@baral-online.de

Wirkungsgrad-Klassifizierung von netzgespeisten Drehstrommotoren

EN 60034-30-1:2014 (VDE 0530-30-1)

Obering. H. Greiner
überarbeitet von *Peter Behrends*

Auszüge aus der Einleitung zur Norm

Die EN 60034-30 soll Wirkungsgradklassen für elektrische Motoren weltweit harmonisieren. Sie gilt für alle Arten elektrischer Motoren, die für einen Direktanlauf am Netz oder auch für das Anfahren bei niedriger Spannung (z. B. Stern-Dreieck), bemessen sind. Sie schließt unabhängig von ihrer Bemessungsspannung und -frequenz alle Wechselstrom- und Drehstrom-Induktionsmotoren niedriger Spannung sowie permanentmagneterregte Motoren mit Direktanlauf ein.

Im Gegensatz zur ersten Ausgabe der IEC 60034-30 gilt die aktuelle Norm für einen Leistungsbereich von 0,12 kW bis 1.000 kW. Sie umfasst sämtliche Bauarten elektrischer Motoren mit Direktanlauf und nicht nur Drehstrom-Induktionsmotoren mit Käfigläufer.

Neu aufgenommen in dieser Norm ist die Wirkungsgradklasse IE4. Damit ist die informative Definition von IE4 überholt, die bisher in IEC/TS 60034-31:2010 enthalten war. Die neue Wirkungsgradklasse IE5 ist noch nicht final festgelegt und für die nächste Ausgabe dieser Norm vorgesehen.

Da die elektromagnetische Ausnutzung und die mechanischen Abmessungen der Motoren vom Drehmoment und nicht von der Leistung bestimmt werden, ist es einfacher einen hohen Wirkungsgrad zu erreichen, wenn ein Motor für den Direktanlauf mit 60 Hz statt mit 50 Hz Netzfrequenz ausgelegt wird. Mit der Änderung der Frequenz von 50 Hz auf 60 Hz steigt auch die theoretische Leistung um 20 %.

Die signifikanten Verluste von kleinen und mittleren Induktionsmotoren sind Stromwärmeverluste in der Wicklung. Ist das Drehmoment konstant, ändern sie sich nicht. Die, von der Frequenz abhängigen, Ventilations-, Reibungs- und Eisenverluste steigen zwar an, spielen bei vier- und mehrpoligen Motoren aber kaum eine Rolle. Da die Gesamtverluste bei der Frequenzänderung von 50 Hz auf 60 Hz weniger stark ansteigen als die um 20 % erhöhte Leistung, ergibt sich unter dem Strich ein besserer Wirkungsgrad, der aber mit der Anzahl der Pole und der Motorgröße variiert. Generell ist der Wirkungsgrad von Drehstromasynchronmotoren mit Kurzschlussläufern im Leistungsbereich von 0,75 kW bis 375 kW bei 60 Hz zwischen 2,5 %-Punkten und weniger als 0,5 %-Punkten größer, verglichen mit

50 Hz. Lediglich große 2-polige Motoren können bei 60 Hz aufgrund des hohen Anteils von Eisen-, Lüftungs- und Reibungsverlusten einen niedrigeren Wirkungsgrad aufweisen.

Es wird nicht davon ausgegangen, dass alle Hersteller Motoren für alle Wirkungsgradklassen oder für alle Bemessungsleistungen einer Klasse produzieren. Die Anwender sollten die Wirkungsgradklasse anhand der Anforderungen der Anwendung in Abhängigkeit von der tatsächlichen Betriebsstundenzahl auswählen. Aufgrund der erhöhten Trägheit und der Verluste beim Anfahren ist es möglicherweise nicht energieeffizient, für Aussetz- oder Kurzzeitbetrieb Motoren mit hohem Wirkungsgrad zu wählen.

Die Wirkungsgradklassen für Motoren bei 60 Hz wurden in Übereinstimmung mit den in den USA gültigen gesetzlichen Bestimmungen zugeordnet

Ein zweiter Teil zu dieser Normenreihe (IEC 60034-30-2) ist in Vorbereitung. Dieser gilt für Motoren, die für eine Versorgung mit variabler Spannung und Frequenz, wie z. B. Synchronmotoren, bemessen sind.

Änderungen

Gegenüber der DIN EN 60034-30 (VDE 0530-30):2009-08 wurden folgende Änderungen vorgenommen:

a) Aufteilung in zwei Teile,
b) Teil 1 gilt für alle Bauarten netzgespeister Drehstrommotoren,
c) Erweiterung des Anwendungsbereiches um Motoren mit Bemessungsleistungen von 0,12 kW bis 1.000 kW,
d) Erweiterung auf 8-polige Maschinen,
e) Aufnahme von Anforderungen für Wirkungsgradklasse IE4,
f) Erweiterung der Umgebungstemperatur von −20 °C bis +60 °C,
g) Erweiterung um Motoren, die trotz anderer Betriebsart als S1 bei Bemessungsleistung im Dauerbetrieb betrieben werden können.

Anwendungsbereich

Diese internationale Norm spezifiziert Wirkungsgradklassen für elektrische Motoren mit einer Drehzahl, die nach IEC 60034-1 oder IEC 60079-0 bemessen sind, mit Sinusspannung betrieben werden können und welche:

- eine Bemessungsleistung P_N von 0,12 kW bis 1.000 kW haben,
- eine Bemessungsspannung U_N von über 50 V bis zu 1 kV haben,
- mit einer Polzahl von 2, 4, 6 oder 8 ausgelegt sind,
- für eine Bemessungsleistung für Dauerbetrieb (S1) bei einem Erwärmungsanstieg innerhalb der bemessenen Temperaturklasse geeignet sind. Motoren, die für andere Betriebsarten ausgelegt sind, aber dennoch bei Bemessungsleistung

im Dauerbetrieb betrieben werden können, fallen ebenfalls unter diese Norm,
- für eine Umgebungstemperatur von –20 °C bis +60 °C bemessen sind. Der Bemessungswirkungsgrad und die Wirkungsgradklassen sind nach IEC 60034-2-1 für einen Betrieb bei einer Umgebungstemperatur von 25 °C angegeben. Motoren, die für Temperaturen außerhalb des Bereichs von –20 °C bis +60 °C bemessen sind, fallen unter Spezialkonstruktionen und sind daher von dieser Norm ausgenommen. Brandgasmotoren mit einer Temperaturklasse bis 400 °C sind eingeschlossen,
- für eine Höhe von bis zu 4.000 m über dem Meeresspiegel gekennzeichnet sind. Der Bemessungswirkungsgrad und die Wirkungsgradklasse beziehen sich auf eine Bemessung für Höhen bis zu 1.000 m über dem Meeresspiegel.

Ausgeschlossen sind:

- Motoren für eine Drehzahl mit 10 oder mehr Polen sowie Motoren, die für mehrere Drehzahlen ausgelegt sind,
- Motoren mit mechanischen Kommutatoren (wie Gleichstrommotoren),
- Motoren, die vollständig in eine Maschine integriert sind (z. B. Pumpen, Lüfter und Kompressoren) und praktisch nicht eigenständig geprüft werden können,
- TEAO-Motoren (Totally Enclosed Air Over, mit Kühlung durch Umgebungsluft IC 418), d. h. geschlossene Motoren, die durch Kühlmittel von außerhalb der Maschine gekühlt werden, sind in dieser Norm ebenfalls enthalten. Die Prüfung des Wirkungsgrads derartiger Motoren hat bei ausgebautem Lüfter zu erfolgen. Für die Kühlung ist ein Fremdlüfter mit einem vergleichbaren Luftdurchsatz wie der ursprüngliche Lüfter zu verwenden,
- Motoren mit integrierten Frequenzumrichtern (Kompaktantriebe), wenn der Motor nicht getrennt vom Umrichter geprüft werden kann. Die Wirkungsgrad-Klassifizierung muss bei Kompaktantrieben basierend auf dem kompletten Antriebssystem (en: PDS: Power Drive System) erfolgen und wird daher in einer separaten Norm definiert. Können Motor und Frequenzumrichter unabhängig voneinander geprüft werden, kann diese Norm angewendet werden,
- Bremsmotoren, wenn die Bremse integraler Bestandteil der inneren Motorkonstruktion ist und weder entfernt noch während der Prüfung des Motorwirkungsgrads separat betrieben werden kann. Bremsmotoren mit im Motorflansch integrierter Bremsspule werden von dieser Norm abgedeckt, sofern der Motorwirkungsgrad ohne die Verluste der Bremse geprüft werden kann (z. B. durch Ausbau der Bremse oder durch Versorgung der Bremsspule durch eine getrennte Spannungsquelle). Bietet der Hersteller einen Motor mit glei-

cher Auslegung sowohl mit und ohne Bremse an, so ist der Motorwirkungsgrad für den Motor ohne Bremse zu prüfen. Der so bestimmte Wirkungsgrad ist dann sowohl für den Motor mit und ohne Bremse anzuwenden, bei z. B. Unterwassermotoren, die speziell dafür ausgelegt sind, dass sie komplett in Flüssigkeiten eingetaucht betrieben werden können, oder bei z. B. Brandgasmotoren mit einer Temperaturklasse über 400 °C.

Hilfseinrichtungen

Einige elektrische Motoren im Anwendungsbereich dieser Norm können mit Hilfseinrichtungen, wie z. B. Wellendichtringen, Fremdlüftern, mechanischen Bremsen, Rücklaufsperren und unidirektionalen Lagern, Drehgebern, Tachogeneratoren in unterschiedlichen Kombinationen, ausgerüstet sein.

Solange diese Hilfseinrichtungen kein integraler Bestandteil der grundlegenden Motorauslegung sind, ist es praktisch nicht möglich, den Wirkungsgrad in allen möglichen Kombinationen zu bestimmen. Die Prüfung des Wirkungsgrades von solchen modifizierten Standardmotoren muss daher am Basismotor mit Original-Kühlung ohne installierte Hilfseinrichtungen vorgenommen werden.

Die Verluste eines Fremdlüfters müssen bei der Bestimmung des Wirkungsgrads mitberücksichtigt werden, sofern der Fremdlüfter ein integraler Bestandteil der Motorkonstruktion ist. Ist der Fremdlüfter eine optionale Zusatzeinrichtung eines serienmäßig hergestellten Motors, der üblicherweise mit Eigenlüfter ausgestattet ist, können die Verluste des Basismotors (mit Eigenlüfter) herangezogen werden.

Schräglager (Axiallager) vertikal eingebauter Motoren können bei Bestimmung des Wirkungsgrads durch Standardlager ersetzt werden. Motoren dieser Art können horizontal geprüft werden.

Einige Arten von Motoren (wie zum Beispiel Getriebemotoren und Pumpenmotoren) sind mit Wellendichtringen ausgerüstet, um den Eintritt von Öl oder Wasser in den Motor zu verhindern. Externe Dichtungen sind bei der Prüfung des Wirkungsgrads zu entfernen. Dies gilt allerdings nur für Dichtungen, die von außen ohne Ausbau des Motors zugänglich sind (Entfernung von Lüfterabdeckung und Lüfter ist gestattet).

Elektromechanische Bremsen müssen vor Bestimmung des Wirkungsgrads entfernt werden. Macht die Motorkonstruktion den Ausbau der Bremse unmöglich, muss die Bremsspule von einer separaten Spannungsquelle gespeist werden. Hierbei ist der Stromverbrauch der Bremsspule bei der Berechnung des Motorwirkungsgrads außer Acht zu lassen.

Möglichkeiten der Energieeinsparung verschiedener Motortechnologien

Hinsichtlich der IE-Klassifizierung (**Tabelle 1**) bedeutet OK, dass Hersteller die Wirkungsgradklasse mit heutiger Technologie erreichen können. Unter Umständen ist dies bei bestimmten Baugrößen unwirtschaftlich. Ein „Nein" bedeutet, dass die Wirkungsgradklasse nach heutigem Stand der Technik nicht möglich ist. Mit „kritisch" ist gemeint, dass sich die Wirkungsgradklasse mit moderner Technologie höchstwahrscheinlich, aber nicht für alle Bemessungen, erreichen lassen.

Bei der Bestimmung von Mindestwirkungsgraden MEPS (Minimum Energy Efficiency Performance Standards) ist zu berücksichtigen, dass sich nicht alle Motortechnologien in jeder Wirkungsgradklasse wirtschaftlich herstellen oder betreiben lassen.

Motortechnologie		IE1	IE2	IE3	IE4	IE5
Drehstrommotoren mit Käfigläufern	Träufelwicklungen	OK	OK	OK	kritisch	nein
	Formspulen (IP2X)	OK	OK	kritisch	nein	nein
	Formspulen (≥ IP4X)	OK	OK	OK	kritisch	nein
Schleifringläufermotoren		OK	OK	OK	kritisch	nein
Wechselstrommotoren	mit Anlaufkondensator	kritisch	nein	nein	nein	nein
	mit Betriebskondensator	OK	kritisch	nein	nein	nein
	mit Anlauf- und Betriebskondensator	OK	kritisch	nein	nein	nein
	Spaltpolmotor	kritisch	nein	nein	nein	nein
Synchronmotoren	permanentmagneterregte Motoren mit Direktanlauf (Line-start permanent-magnet)	OK	OK	OK	kritisch	nein

Tabelle 1: IE-Klassifizierung

Wirkungsgradklassen und Bezeichnung

Die Bezeichnung der Wirkungsgradklasse besteht aus den Buchstaben IE (Kurzform für „International Energyefficiency Class"), unmittelbar gefolgt von einer Ziffer zur Bezeichnung der Klasse.

Klassifizierung für den IE-Wirkungsgrad (Tabelle 2)

In früheren Ausgaben dieser Norm wurden zusätzlich zu den Klassen IE1 – IE2 – IE3 – IE4 die Prädikate *Standard – Hoch – Premium – Super Premium* verwendet. Diese werden in der Neufassung nicht mehr benutzt.

Für Motoren mit Bemessungswirkungsgraden unter den in den Tabellen 3 und 4 angegebenen Grenzen besteht keine Kennzeichnungspflicht.

Aus Platzgründen werden in diesem Jahrbuch nur die für 50 Hz geltenden Tabellen aufgenommen.

Frequenz in Hz	IE-Wirkungsgrad				
	IE1	IE2	IE3	IE4	IE5
50	Tabelle 3 der Norm	Tabelle 5 der Norm	Tabelle 7 der Norm	Tabelle 9 der Norm	folgt in der nächsten Ausgabe der Norm
60	Tabelle 4 der Norm	Tabelle 6 der Norm	Tabelle 8 der Norm	Tabelle 10 der Norm	

Tabelle 2: Nummern der Tabellen

Nenngrenzwerte für die Wirkungsgradklasse IE5

Es ist vorgesehen, die Grenzwerte für die Wirkungsgradklasse IE5 in der nächsten Ausgabe dieser Norm mit aufzunehmen. Ziel ist eine Verminderung der Verluste in Klasse IE5 um etwa 20 % bezogen auf Klasse IE4. Motortechnologien der Wirkungsgradklasse IE5 sind bislang nicht ausreichend entwickelt und kommerziell nicht verfügbar.

Der Schwerpunkt künftiger Optimierungen hinsichtlich Energieeffizienz muss auf eine verbesserte Effizienz des Gesamtsystems während des kompletten Betriebszyklus unter Berücksichtigung aller Systemverluste (Umrichter, Filter, Kabel, Motor etc.) abzielen.

Formeln für die Interpolation

Im ersten Entwurf waren die Sollwerte für die Nennwirkungsgrade nur in Tabellen mit leistungsabhängigen Stufen genannt. Diese Stufen waren vor allem bei den aus US-Quellen stammenden Werten (EPACT, NEMA) sehr ausgeprägt und mathematisch nicht nachvollziehbar oder für abweichende Leistungswerte nicht leicht zu interpolieren.

Grundlage aller neuen 50-Hz-Tabellenwerte sind jetzt die für jede Gruppe (Klasse, Frequenz, Polzahl) festgelegten Formeln für Polynome nach folgendem Schema:

$$\eta_N = A \cdot \left[\log_{10}\left(\frac{P_N}{1\,\mathrm{kW}}\right)\right]^3 + B \cdot \left[\log_{10}\left(\frac{P_N}{1\,\mathrm{kW}}\right)\right]^2 + C \cdot \left[\log_{10}\left(\frac{P_N}{1\,\mathrm{kW}}\right)\right] + D$$

Beispiele für die Klassen IE1, IE2, IE3 und IE4 sind in **Tabelle 3** zu finden.

Motoren 4-polig, 50 Hz	A	B	C	D
Klasse IE1	0,5234	– 5,0499	17,4180	74,3171
Klasse IE2	0,0278	– 1,9247	10,4395	80,9761
Klasse IE3	0,0773	– 1,8951	9,2984	83,7025
Klasse IE4	0,2412	– 2,3608	8,4460	86,8321

Tabelle 2: Koeffizienten der Wirkungsgradformel im Leistungsbereich von 750 W bis 200 kW für $z_p = 4$

Die Werte für die Parameter der Polzahlen 2, 6 und 8 sowie die Werte für den Leistungsbereich von 0,12 kW bis 0,74 kW sind der Norm zu entnehmen.

Die Formel und ihre Parameter ergeben die mathematisch beste Annäherung an die genormten und in den Tabellen festgelegten Grenzwerte. Sie haben keinen physikalischen Hintergrund. Das Rechenergebnis (in %) ist auf die erste Nachkommastelle zu runden.

Bei 50 Hz sind die Grenzwerte für die genormten Leistungsstufen den Tabellen 3, 5, 7 und 9 der Norm zu entnehmen (siehe auch Abschnitt „Grenzwerttabellen“ in diesem Beitrag). Für abweichende Leistungswerte sind die Grenzwerte des Wirkungsgrades nach der Formel zu berechnen.

Bei **60 Hz** stimmen die Grenzwerte mit den in den USA teilweise gesetzlich festgelegten Stufenwerten (z. B. EPACT) überein. Die US-amerikanischen Normengremien waren zu einer Angleichung an das bei IEC für 50 Hz vereinbarte System nicht bereit. Die Ermittlung eines Grenzwertes für den Wirkungsgrad bei einem von der Norm abweichenden Leistungswert ist in der Norm festgelegt.

Vergleichsdiagramm (Bild 1)

Das Diagramm soll einen visuellen Vergleich für die wichtigste Motorengruppe (4-polig, 50 Hz) erlauben. Es ist daher mit grobem Gitternetz erstellt. Die genauen

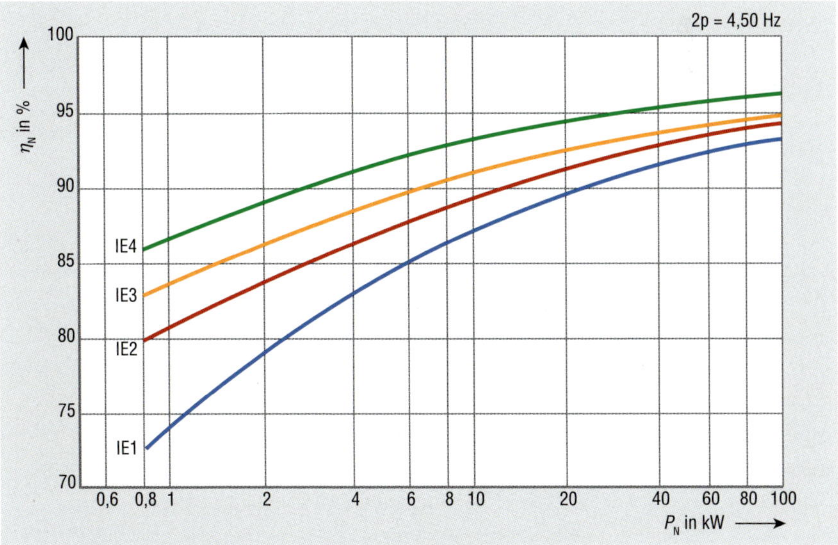

Bild 1: Vergleich der vier Wirkungsgradklassen am Beispiel 4-poliger Motoren für 50 Hz Bemessungsleistungen P_N = 0,75 kW ... 100 kW
Unter IE1 (ohne Kennzeichnung IE...)

Grenzwerte für die Klassifizierung der Wirkungsgrade sind den nachfolgenden ausführlichen Tabellen und der Norm zu entnehmen.

Nenngrenzwerte für die Bezeichnung mit dem IE-Code

Als Auszug aus der Norm sind in den **Tabellen 4** bis **7** für die wichtigsten Motorengruppen die Grenzwerte gezeigt. Die Tabellen für 60 Hz sind der Norm zu entnehmen. Die Werte in den Tabellen für die Nenngrenzwerte stammen teilweise aus Normentwürfen. Verbindliche Werte sind der Endfassung der Norm DIN EN 60034-30 zu entnehmen.

P_N in kW	Polzahl/Synchrondrehzahl in min^{-1}			
	2/3.000	4/1.500	6/1.000	8/750
0,12	45,0	50,0	38,3	31,0
0,18	52,8	57,0	45,5	38,0
0,20	54,6	58,5	47,6	39,7
0,25	58,2	61,5	52,1	43,4
0,37	63,9	66,0	59,7	49,7
0,40	64,9	66,8	61,1	50,9
0,55	69,0	70,0	65,8	56,1
0,75	72,1	72,1	70,0	61,2
1,1	75,0	75,0	72,9	66,5
1,5	77,2	77,2	75,2	70,2
2,2	79,7	79,7	77,7	74,2
3	81,5	81,5	79,7	77,0
4	83,1	83,1	81,4	79,2
5,5	84,7	84,7	83,1	81,4
7,5	86,0	86,0	84,7	83,1
11	87,6	87,6	86,4	85,0
15	88,7	88,7	87,7	86,2
18,5	89,3	89,3	88,6	86,9
22	89,9	89,9	89,2	87,4
30	90,7	90,7	90,2	88,3
37	91,2	91,2	90,8	88,8
45	91,7	91,7	91,4	89,2
55	92,1	92,1	91,9	89,7
75	92,7	92,7	92,6	90,3
90	93,0	93,0	92,9	90,7
110	93,3	93,3	93,3	91,1
132	93,5	93,5	93,5	91,5
160	93,8	93,8	93,8	91,9
200	94,0	94,0	94,0	92,5
250	94,0	94,0	94,0	92,5
315	94,0	94,0	94,0	92,5
355	94,0	94,0	94,0	92,5
400	94,0	94,0	94,0	92,5
450	94,0	94,0	94,0	92,5
500 … 1.000	94,0	94,0	94,0	92,5

Tabelle 4: (Tabelle 3 der Norm) Nenngrenzwerte in % für Wirkungsgrad IE1 bei 50 Hz

P_N in kW	Polzahl/Synchrondrehzahl in min^{-1}			
	2/3.000	4/1.500	6/1.000	8/750
0,12	53,6	59,1	50,6	39,8
0,18	60,4	64,7	56,6	45,9
0,20	61,9	65,9	58,2	47,4
0,25	64,8	68,5	61,6	50,6
0,37	69,5	72,7	67,6	56,1
0,40	70,4	73,5	68,8	57,2
0,55	74,1	77,1	73,1	61,7
0,75	77,4	79,6	75,9	66,2
1,1	79,6	81,4	78,1	70,8
1,5	81,3	82,8	79,8	74,1
2,2	83,2	84,3	81,8	77,6
3	84,6	85,5	83,3	80,0
4	85,8	86,6	84,6	81,9
5,5	87,0	87,7	86,0	83,8
7,5	88,1	88,7	87,2	85,3
11	89,4	89,8	88,7	86,9
15	90,3	90,6	89,7	88,0
18,5	90,9	91,2	90,4	88,6
22	91,3	91,6	90,9	89,1
30	92,0	92,3	91,7	89,8
37	92,5	92,7	92,2	90,3
45	92,9	93,1	92,7	90,7
55	93,2	93,5	93,1	91,0
75	93,8	94,0	93,7	91,6
90	94,1	94,2	94,0	91,9
110	94,3	94,5	94,3	92,3
132	94,6	94,7	94,6	92,6
160	94,8	94,9	94,8	93,0
200 … 1.000	95,0	95,1	95,0	93,5

Tabelle 5: (Tabelle 5 der Norm) Nenngrenzwerte in % für Wirkungsgrad IE2 bei 50 Hz

P_N in kW	Polzahl/Synchrondrehzahl in min^{-1}			
	2/3.000	4/1.500	6/1.000	8/750
0,12	60,8	64,8	57,7	50,7
0,18	65,9	69,9	63,9	58,7
0,20	67,2	71,1	65,4	60,6
0,25	69,7	73,5	68,6	64,1
0,37	73,8	77,3	73,5	69,3
0,40	74,6	78,0	74,4	70,1
0,55	77,8	80,8	77,2	73,0
0,75	80,7	82,5	78,9	75,0
1,1	82,7	84,1	81,0	77,7
1,5	84,2	85,3	82,5	79,7
2,2	85,9	86,7	84,3	81,9
3	87,1	87,7	85,6	83,5
4	88,1	88,6	86,8	84,8
5,5	89,2	89,6	88,0	86,2
7,5	90,1	90,4	89,1	87,3
11	91,2	91,4	90,3	88,6
15	91,9	92,1	91,2	89,6
18,5	92,4	92,6	91,7	90,1
22	92,7	93,0	92,2	90,6
30	93,3	93,6	92,9	91,3
37	93,7	93,9	93,3	91,8
45	94,0	94,2	93,7	92,2
55	94,3	94,6	94,1	92,5
75	94,7	95,0	94,6	93,1
90	95,0	95,2	94,9	93,4
110	95,2	95,4	95,1	93,7
132	95,4	95,6	95,4	94,0
160	95,6	95,8	95,6	94,3
200 … 1.000	95,8	96,0	95,8	94,6

Tabelle 6: (Tabelle 7 der Norm) Nenngrenzwerte in % für Wirkungsgrad IE3 bei 50 Hz

P_N in kW	Polzahl/Synchrondrehzahl in min^{-1}			
	2/3.000	4/1.500	6/1.000	8/750
0,12	66,5	69,8	64,9	62,3
0,18	70,8	74,7	70,1	67,2
0,20	71,9	75,8	71,4	68,4
0,25	74,3	77,9	74,1	70,8
0,37	78,1	81,1	78,0	74,3
0,40	78,9	81,7	78,7	74,9
0,55	81,5	83,9	80,9	77,0
0,75	83,5	85,7	82,7	78,4
1,1	85,2	87,2	84,5	80,8
1,5	86,5	88,2	85,9	82,6
2,2	88,0	89,5	87,4	84,5
3	89,1	90,4	88,6	85,9
4	90,0	91,1	89,5	87,1
5,5	90,9	91,9	90,5	88,3
7,5	91,7	92,6	91,3	89,3
11	92,6	93,3	92,3	90,4
15	93,3	93,9	92,9	91,2
18,5	93,7	94,2	93,4	91,7
22	94,0	94,5	93,7	92,1
30	94,5	94,9	94,2	92,7
37	94,8	95,2	94,5	93,1
45	95,0	95,4	94,8	93,4
55	95,3	95,7	95,1	93,7
75	95,6	96,0	95,4	94,2
90	95,8	96,1	95,6	94,4
110	96,0	96,3	95,8	94,7
132	96,2	96,4	96,0	94,9
160	93,3	96,6	96,2	95,1
200	96,5	96,7	96,3	95,4
250	96,5	96,7	96,5	95,4
315 … 1.000	96,5	96,7	96,6	95,4

Tabelle 7: (Tabelle 9 der Norm) Nenngrenzwerte in % für Wirkungsgrad IE4 bei 50 Hz

© shutterstock_295911305_ enterphoto

Schmierung von Wälzlagern

Peter Behrends

Grundlagen der Schmierung

Um bei Wälzlagern einen störungsfreien Lauf zu erzeugen, muss die Auswahl sowohl des Schmierverfahrens als auch des Schmierstoffes ein fester Bestandteil der Auslegung sein. Bei einer statistischen Betrachtung aller Wälzlagerausfälle ist festzustellen, dass der größte Anteil mit über 80 % auf die Schmierung entfällt. Häufig ist die Schmierung verunreinigt, ungeeignet oder veraltet. Dieser Beitrag vermittelt einen Überblick über den Themenkomplex Schmierung. Ergeben sich Fragen zur Schmierung von Wälzlagern, ist es immer ratsam, einen Schmierstoffhersteller oder den Wälzlagerhersteller zurate zu ziehen.

Die Hauptaufgabe der Schmierung besteht darin, die metallische Berührung der Roll- und Gleitflächen zu reduzieren oder zu verhindern und dadurch eine Minimierung der Reibung und des Verschleißes im Wälzlager zu erzeugen. Neben der Trennung der metallischen Oberflächen hat die Schmierung weitere Aufgaben:
- Korrosionsschutz,
- Wärmeabfuhr (Ölschmierungen),
- Entfernen von Verunreinigungen aus dem Lagerinnenraum (Ölschmierung),
- Abdichten des Lagerinnenraums (z. B. Fettkragen und Öl-Luft-Schmierung).

Chemische und physikalische Grundlagen

Die Schmierung von Wälzlagern wird in zwei Kategorien (physikalische und chemische) unterschieden. Bei der physikalischen Schmierung wird der Schmierstoff in die Kontaktbereiche des Wälzlagers gefördert. Durch die Anhaftung an den zu trennenden Oberflächen entsteht ein Schmierfilm, die Oberflächen „schwimmen" auf dem Schmierfilm und der metallische Kontakt ist verhindert. Die chemische Schmierung kommt zum Einsatz, wenn sich kein volltragender Schmierfilm ausbildet und die Oberflächen nicht vollständig getrennt sind. In diesem Fall kommen Additive zum Einsatz, die über eine tribomechanische bzw. tribochemische Reaktion eine Schicht erzeugen, die die Oberflächen voneinander trennt. Eine Trennschicht erzeugen nicht nur Additive, sondern auch Verdicker in Fetten und Schmierstoffzugaben, zum Beispiel Festschmierstoffe. In Sonderfällen ist eine Schmierung mit Festschmierstoffen ebenfalls möglich.

Schmierungszustand

Die nach DIN ISO 281 genormte Lebensdauerberechnung setzt eine ausreichende Trennung der metallischen Oberflächen voraus. Davon hängen im Wesentlichen die Gebrauchsdauer, der Verschleiß und die Reibung vom Schmierungszustand ab. Für das Erreichen eines tragenden und trennenden Schmierfilms reicht eine Schmierfilmdicke von wenigen Mikrometern. In der Wälzlagertechnik unterscheidet man drei Schmierungszustände, die in einer Stribeck-Kurve dargestellt werden können (**Bild 1**).

Bei einer Grenzschmierung bildet sich kein tragender Schmierfilm aus und die metallischen Oberflächen reiben aufeinander. Wälzlager laufen im Bereich der Grenzschmierung bei:

- einer zu geringen Schmierstoffmenge,
- unzureichender Betriebsviskosität,
- unerwünschten Relativbewegungen zwischen den metallischen Oberflächen.

Ist eine Grenzschmierung (**Bild 2**) nicht vermeidbar, sind Schmierstoffe einzusetzen, die über geeignete Additive verfügen. Die Additive müssen mithilfe von Reaktionsprodukten eine tragende Grenzschicht erzeugen.

Bildet sich ein Schmierfilm aus, dessen Höhe nicht ausreichend ist, um die metallischen Oberflächen vollständig zu trennen, spricht man von einer Teilschmierung.

Ist die Schmierfilmdicke ausreichend, um die metallischen Oberflächen vollständig zu trennen, spricht man von einer Vollschmierung. Der Bereich der Vollschmierung sollte für den sicheren Dauerbetrieb eines Wälzlagers immer angestrebt werden.

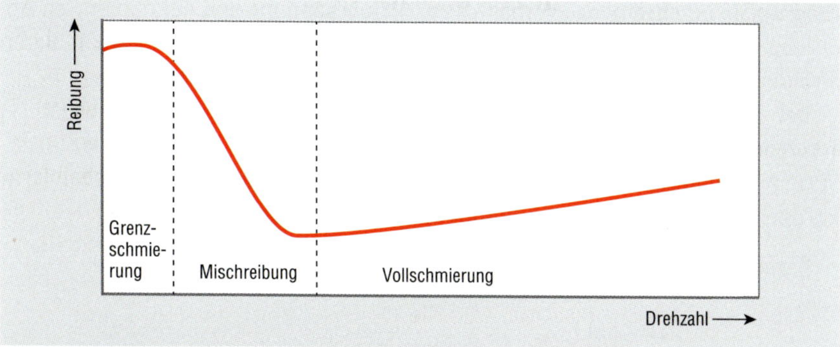

Bild 1: Schmierungszustände laut Stribeck-Kurve

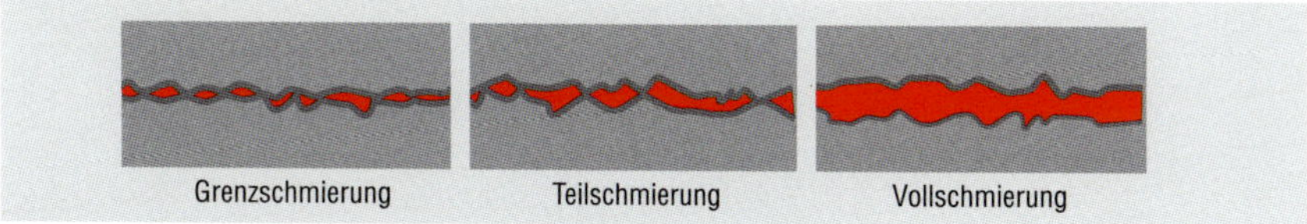

Bild 2: Grafische Darstellung von Grenz-, Teil- und Vollschmierung

Schmierungstheorien

Für die physikalische Beschreibung eines Schmierfilm-Aufbaus werden in der Wälzlagertechnik zwei Theorien genutzt. Für leicht belastete Kontakte, zum Beispiel zwischen Käfigtasche und Wälzkörper oder zwischen Wälzkörperstirnfläche und Bord, wird die hydrodynamische Theorie (HD-Theorie) benutzt. Sie beschreibt das Abheben der metallischen Oberflächen durch den Schmierfilm. Die elasto-hydrodynamische Theorie (EHD-Theorie) baut auf der HD-Theorie auf und berücksichtigt zusätzlich die elastische Verformung der metallischen Partner. Die EHD-Theorie wird für die Beschreibung des Schmierzustandes im Wälzkontakt genutzt.

Kennwerte der Schmierstoffe für die Wälzlagerberechnung

Für die Berechnung der obengenannten Theorien und der Schmierfilmdicke werden Kennwerte des Schmierstoffes benötigt. Neben der Dichte spielt die Viskosität eine große Rolle. Dabei ist zu beachten, dass die Kennwerte von der Temperatur und dem Druck abhängig sind. Die Viskosität bezeichnet den Kehrwert der Fließfähigkeit eines Fluids und ist ein Maß für die innere Reibung. Eine hohe Viskosität beschreibt ein zähfließendes Öl. Eine niedrige Viskosität beschreibt hingegen ein leichtflüssiges Öl. Sie ist die wichtigste Kenngröße für Schmieröle. Bei Fetten beschreibt sie stets die Viskosität des Grundöles.

In den Schmierstofftheorien wird meist die dynamische Viskosität η verwendet (**Bild 3**). Sie beschreibt das Verhältnis aus Schubspannung und der maximalen Änderung der Geschwindigkeit über die Schmierfilmdicke senkrecht zur laminaren Strömungsrichtung und wird in Milli-Pascal-Sekunden (mPa·s) angegeben.

Bei der Wälzlagerberechnung wird häufig die kinematische Viskosität (ν) verwendet. Sie wird in Quadratmillimeter pro Sekunde (mm^2/s) oder Zenti-Stoke (cSt) angegeben. Die kinematische Viskosität kann mithilfe der Dichte (ρ in kg/dm^3) in die dynamische Viskosität umgerechnet werden.

Berechnung: $\eta = \nu \cdot \rho$

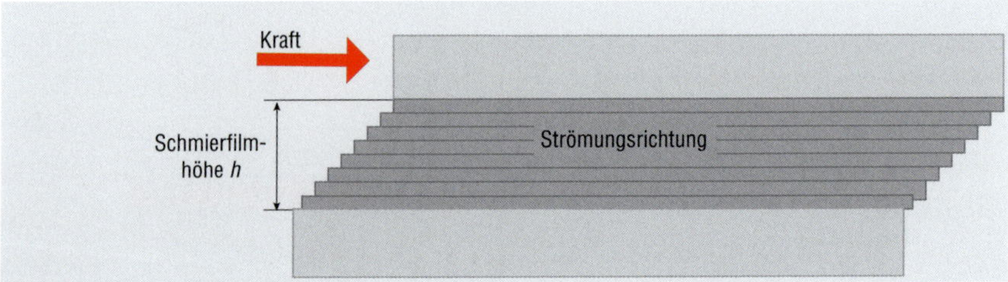

Bild 3: Dynamische Viskosität

Es ist darauf zu achten, dass sowohl die kinematische Viskosität als auch die Dichte temperaturabhängig sind. Die Dichte ist abhängig vom Schmieröl und dessen Raffinationsgrad. Synthetische Öle weisen meist eine höhere Dichte auf als Mineralöle.

Aufgrund der Temperaturabhängigkeit werden bei Schmierstoffen die Viskositäten bei standardisierten Temperaturen angegeben. Je höher die Temperatur, desto geringer ist die Viskosität. Es handelt sich dabei um die Viskositäten bei 40 °C, sogenannte Nennviskosität, und bei 100 °C. Mit diesen Werten lässt sich ein Viskositätsindex (VI) ermitteln. Dieser gibt Auskunft über die Einsatztemperaturbreite des Schmierstoffes. Je größer der Viskositätsindex, desto breiter ist der Temperaturanwendungsbereich des Schmierstoffes.

Um Schmieröle aufgrund ihrer Nennviskosität besser zu vergleichen, wurden diese in der DIN ISO 3448 in ISO VG-Klassen genormt (**Tabelle 1**).

Neben der Temperaturabhängigkeit ergibt sich bei der Viskosität auch eine Druckabhängigkeit. Im Allgemeinen nimmt die Viskosität mit steigendem Druck zu. Dies ist besonders bei der EHD-Theorie und großen Drücken (> 500 bar) zu berücksichtigen.

Zusätzlich zur Nennviskosität wird für die Berechnung der Wälzlagerlebensdauer die Bezugsviskosität benötigt. Sie ist geschwindigkeitsabhängig und wird

ISO-Viskositätsklasse	Viskosität bei 40 °C in mm^2/s	Abweichung bei 40 °C in mm^2/s	
		min.	max.
2	2,2	1,98	2,42
3	3,2	2,88	6,52
5	4,6	4,14	5,06
7	6,8	6,12	7,48
10	10	9,00	11,0
15	15	13,5	16,5
22	22	19,8	24,2
32	32	28,8	35,2
46	46	41,4	50,6
68	68	61,2	74,8
100	100	90,0	110
150	150	135	165
220	220	198	242
320	320	288	352
460	460	414	506
680	680	612	748
1.000	1.000	900	1.100
1.500	1.500	1.350	1.650

Tabelle 1: ISO VG-Klassen nach DIN ISO 3448 für Industrieöle

mithilfe des mittleren Durchmessers eines Wälzlagers und der Drehzahl der Welle bestimmt. **Bild 4** zeigt ein Diagramm zur Bestimmung der Bezugsviskosität.

Neben der Bezugsviskosität spielt auch die Betriebsviskosität eine große Rolle bei der Wälzlagerberechnung. Sie beschreibt die Viskosität des Schmierstoffs während der Betriebstemperatur. Diese Viskosität wird mittels eines Viskositäts-Temperatur-Diagramms (VT-Diagramm) bestimmt. Die Achsen des Diagramms sind logarithmiert. Auf der *x*-Achse befindet sich die Betriebsviskosität, auf der Y-Achse die Betriebstemperatur. Mithilfe der Nennviskosität und der Viskosität bei 100 °C lässt sich auf dem Diagramm für den spezifischen Schmierstoff eine Gerade bilden. Die Betriebsviskosität kann nun bei der Betriebstemperatur abgelesen werden. **Bild 5** zeigt exemplarisch ein VT-Diagramm für unterschiedliche ISO VG-Klassen.

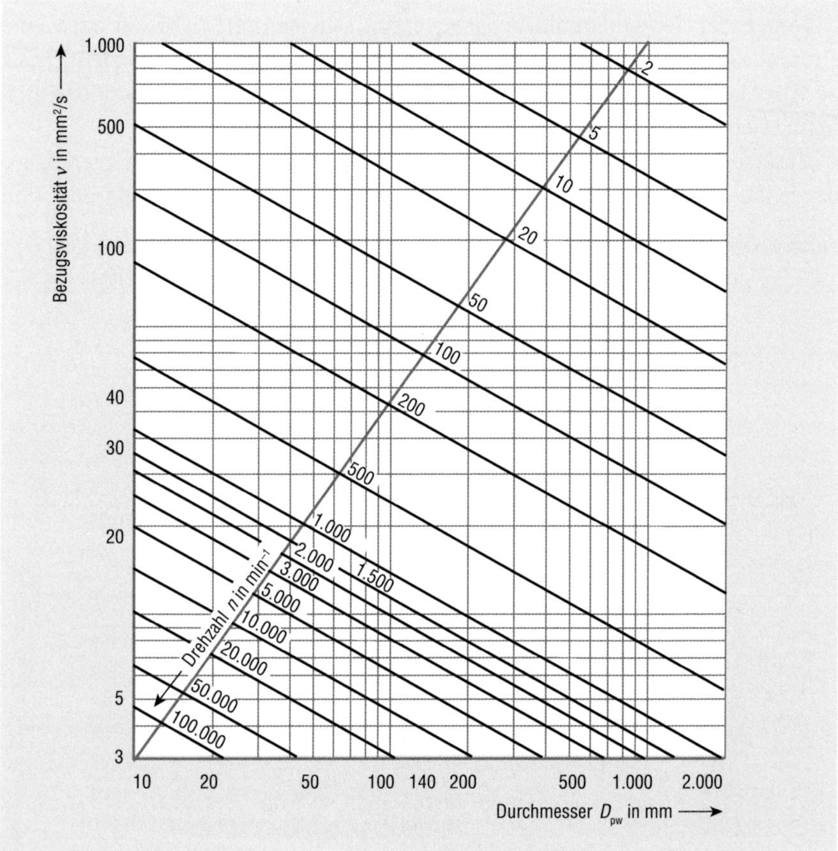

Bild 4: Bestimmung der Bezugsviskosität in Abhängigkeit der Drehzahl und des Durchmessers

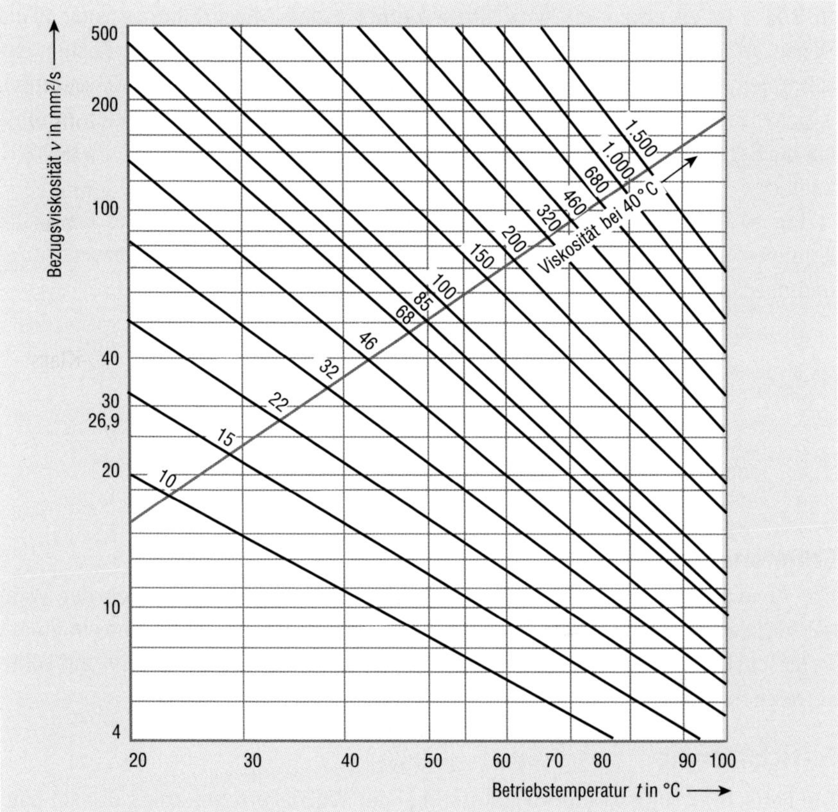

Bild 5: Bestimmung der Bezugsviskosität in Abhängigkeit der Betriebstemperatur

Das Viskositätenverhältnis κ (**Bild 6**) ist ein Maß für die Schmierfilmdicke im Schmierspalt. Es wird mithilfe der Bezugs- und Betriebsviskosität berechnet.

$$\kappa = \frac{\nu}{\nu_1}$$

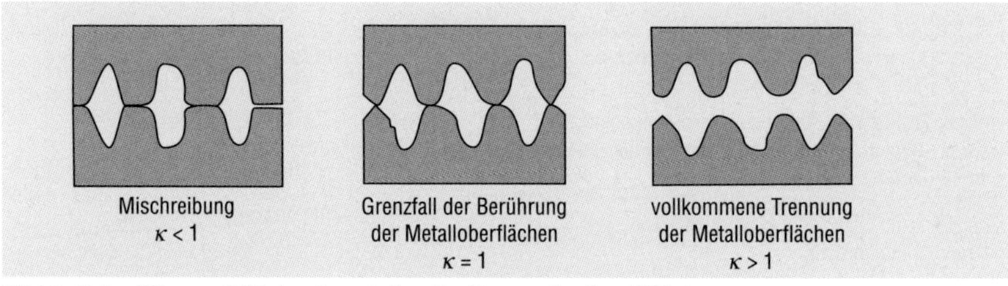

Bild 6: Viskositätenverhältnis mit und ohne Berührung der Metallflächen

In Bild 6 ist zu erkennen, dass Werte kleiner 1 den Mischreibungszustand und Werte größer 1 die vollkommene Trennung der metallischen Oberflächen beschreiben. Bei $\kappa = 1$ ist der Grenzfall beschrieben. Es bildet sich ein Schmierfilm, welcher jedoch nicht vollständig tragend ist. Das Verhältnis hat direkten Einfluss auf die Berechnung der Lebensdauerbeiwerte. Die Berechnung ist in DIN ISO 281 zu finden.

Ein weiterer Kennwert für die Auswahl des Schmierstoffes ist der Drehzahlkennwert eines Wälzlagers. Dieser wird mithilfe des mittleren Durchmessers (d_m) und der Drehzahl n berechnet.

$$\text{Drehzahlkennwert} = n \cdot d_m$$

$$d_m = \frac{D + d}{2}$$

D Außendurchmesser [mm]
d Innnendurchmesser [mm]
n Drehzahl im Betriebspunkt [min^{-1}]

Schmierverfahren

Die Auswahl des passenden Schmierverfahrens muss frühzeitig nach der Wahl des Wälzlagers getroffen werden. Eine Änderung des Schmierverfahrens in einem fortgeschrittenen Konstruktionsstatus ist sehr zeit- und kostenintensiv und sollte vermieden werden.

Fettschmierung

Die Fettschmierung ist mit 90 % Anteil bei der Wälzlagerschmierung das am häufigsten verwendete Schmierverfahren (**Tabelle 2**).

In den meisten Anwendungsfällen sind Wälzlager lebensdauergeschmiert, das heißt die Lager werden einmalig bei der Montage mit einer anwendungsbedingten Fettsorte und -menge befüllt. Bei normalen Betriebs- und Umgebungsbedingungen ist ein Nachfetten nicht notwendig. Aufgrund von extremen Umwelteinflüssen, wie zum Beispiel hohen Temperaturschwankungen, häufigen Drehzahländerun-

Vorteile	Nachteile
geringer konstruktiver Aufwand zur Abdichtung der Lagerstelle	erhöhte Reibung und starke Erwärmung bei zu hoher Fettmenge
einfacher Aufbau der Nachschmiereinrichtungen bzw. wartungsfreie Schmierung aufgrund einer Lebensdauerschmierung	Verschleißprodukte werden nicht abtransportiert
für ein breites Drehzahlband einsetzbar	keine Wärmeabfuhr durch das Schmiermittel
niedriges Reibmoment	

Tabelle 2: Vor- und Nachteile der Fettschmierung

gen oder einer nicht vermeidbaren Fettalterung, ist ein Nachschmieren erforderlich. Hierfür müssen konstruktiv Schmierungszu- und abführkänale vorgesehen werden. Bei der Konstruktion der Kanäle ist auf die Förderbarkeit des Fettes zu achten.

Die oben genannten Einflüsse haben auch Auswirkungen auf das Nachschmierintervall und die Fettmenge. Die Berechnungen der Fettgebrauchsdauer, der Nachschmierintervalle und der Nachschmiermenge sind im GfT-Arbeitsblatt 3 (Gesellschaft für Tribologie) zu finden. Folgende Regeln sind für die Fettschmierung zu beachten:

- steigende Temperaturen beschleunigen die Fettoxidation,
- ab ca. 70 °C halbiert sich die Fettgebrauchsdauer bei mineralölbasierten Standardfetten alle 10 K,
- bei steigenden Temperaturen werden Fette flüssiger, ein Austreten aus dem Gehäuse ist dann möglich,
- die Drehzahlstabilität ist mithilfe des Datenblatts zu überprüfen,
- bei schmutzigen Umgebungen müssen Wälzlager eventuell häufiger nachgeschmiert werden, um Verunreinigungen zu vermeiden.

Ölschmierung

Eine Ölschmierung ist angebracht, wenn bereits andere Maschinenelemente mit Öl versorgt werden (z. B. Zahnräder in einem Getriebe) oder die Temperaturen vom Lagerraum abgeführt werden sollen (**Tabelle 3**).

Man unterscheidet folgende Ölschmierungen:

- Ölsumpfschmierung
- Ölumlaufschmierung
- Öleinspritzschmierung
- Ölimpulsschmierung
- Öl-Luft-Schmierung

Ölschmierungen sind häufig mit einem hohen konstruktiven Aufwand verbunden und beinhalten meist Nebenaggregate wie Umlaufpumpe und Ölkühler. Bei den genannten Ölschmierungen sind der konstruktive Aufwand und die Drehzahleignung aufsteigend. Eine Ölsumpfschmierung ist konstruktiv einfacher umzusetzen als eine Öl-Luft-Schmierung. Sie bedarf einen hohen konstruktiven Aufwand, bie-

Vorteile	Nachteile
Wärmeabfuhr über den Schmierstoff	konstruktiv sehr aufwendig
Regelbarkeit der Betriebstemperatur	Abdichtung gegen Ölaustritt
geringe Anlaufreibung	wartungsaufwändig durch Öl- und Filterwechsel

Tabelle 3: Vor- und Nachteile der Ölschmierung

tet jedoch aufgrund der Minimalmengenschmierung und der dadurch reduzierten Planschverluste eine höhere Drehzahleignung.

Feststoffschmierung

Ein Sonderfall der Schmierung ist die Feststoffschmierung. Hierbei wird mit Gleitlacken, Pasten und Pulvern in langsam drehenden Wälzlagern ein tragender Schmierfilm erzeugt. Häufig genutzte Schmierstoffe sind Graphit, Molybdänsulfid oder PTFE-Verbindungen. Der Feststoff kann dabei sogar als Komponente des Wälzlagers dienen. In machen Anwendungen ersetzt der Feststoff den Käfig des Wälzlagers. Da es sich in diesem Fall um eine Lebensdauerschmierung handelt, ist der Schmierstoff am Ende der Lagerlebensdauer vollständig aufgebraucht. Ein typisches Anwendungsbeispiel ist die Achslagerung von Ofenwagen.

Auswahl eines geeigneten Schmierverfahrens

Die Wahl des Schmierverfahrens ist abhängig von:
- den Betriebsbedingungen des Wälzlagers,
- dem gewünschten Laufverhalten, Laufgeräusch, Reibungs- und Temperaturverhalten des Wälzlagers,
- den Anforderungen an die Sicherheit gegen vorzeitigen Ausfall,
- den Kosten für Installation und Wartung der Schmieranlage.

Die Anforderung an die Sicherheit gegen vorzeitigen Ausfall hat bei der Wahl des Schmierverfahrens die oberste Priorität. Es muss gewährleistet werden, dass der Schmierstoff in jeden Funktionsflächenkontakt dringt und ausreichend vorhanden ist. Die Schmierstoffanwesenheit ist nicht bei allen Schmierverfahren gleich sichergestellt. Zum Beispiel ist bei einer Ölsumpfschmierung der Ölstand in regelmäßigen Abständen zu kontrollieren. Im Gegensatz dazu ist bei einem fettgeschmierten Wälzlager die Schmierstoffanwesenheit, solange die Fettgebrauchsdauer oder die Nachschmierintervalle nicht überschritten werden, immer ausreichend. **Tabelle 4** zeigt die gebräulichen Schmierverfahren auf.

Schmierstoffe

Fette

Die grundlegenden Eigenschaften eines Fettes werden bestimmt durch die Grundölart und -viskosität, den Verdicker und die Additivierung. Als Grundöl kommen größtenteils Mineral- und Syntheseöle zum Einsatz. Als Verdicker werden in der Regel Metallseifen oder Metallkomplexseifen verwendet. Neben dem Grundöl und dem Verdicker nehmen Additive an Bedeutung weiter zu. Man unterteilt sie in zwei Arten:

Schmierstoff	Schmierverfahren	Geräte für das Schmierverfahren	konstruktive Maßnahmen	erreichbarer Drehzahlkennwert in $\text{min}^{-1} \cdot \text{mm}$
Festschmierstoff	Lebensdauerschmierung	–	–	≈ 1.500
Fett	Lebensdauerschmierung	–	–	$\approx 0{,}5 \cdot 10^6$
	Nachschmierung	Handpresse	Zuführbohrung	für geeignete Sonderfette und Lager: $\approx 2{,}6 \cdot 10^6$
		Fettpumpe	Fettmengenregler	
		automatische Nachschmiersysteme	Auffangraum für Altfett	
Öl größere Mengen	Ölsumpfschmierung	Peilstab	Gehäuse mit ausreichendem Ölvolumen	$\approx 0{,}5 \cdot 10^6$
		Standrohr	Überlaufbohrung	
		Niveaukontrolle	Anschluss für Kontrollgeräte	
	Ölumlaufschmierung	Umlaufschmieranlage	ausreichend große Bohrungen für Ölzu- und ablauf	$\approx 1{,}5 \cdot 10^6$
	Öleinspritzschmierung	Umlaufschmieranlage mit Spritzdüsen	Ölzulauf durch gerichtete Düsen	erprobt bis: $\approx 4{,}0 \cdot 10^6$
			Ölablauf durch ausreichend große Bohrungen	
Öl Minimalmengen	Ölimpulsschmierung	Verbrauchsschmieranlage	Ablaufbohrungen	$\approx 1{,}5 \cdot 10^6$ abhängig von der Lagerbauart, Ölviskosität, Ölmenge, konstruktive Ausbildung
		Tropföler		
		Ölsprühschmieranlagen		
	Öl-Nebelschmierung	Öl-Nebelanlage ggf. Ölabscheider	eventuelle Absaugeinrichtungen	
	Öl-Luft-Schmierung	Öl-Luft-Schmieranlage		

Tabelle 4: Gebräuchliche Schmierverfahren

- auf das Grundöl wirkend, zum Beispiel VI-Verbesserer, Antioxidation,
- auf das Lager bzw. metallische Oberflächen wirkend, zum Beispiel Korrosions- und Verschleißschutz.

Eine weitere Gliederung der Schmierfette ist entsprechend ihrer Konsistenz möglich. Man unterscheidet sie in den sogenannten NLGI-Klassen (National Lubrication Grease Institute). Diese sind nach DIN 51818 genormt. Je höher die NLGI-Klasse, desto „härter“ ist das Fett. Die NLGI-Klassen 1, 2 und 3 werden häufig in Wälzlagern verwendet. Schmierfette werden außerdem entsprechend ihrer Hauptbestandteile Verdicker und Grundöl untergliedert, **Tabelle 5.**

Tabelle 6 zeigt die Richtwerte zur Befüllung des Lagerfreiraums.

Verdicker	Fettart Grundöl	Temperatur in °C	Tropfpunkt in °C	Eigenschaften Wasser-beständigkeit	Druck-beständigkeit	Eignung für Wälzlager	besondere Hinweise
Lithiumseife	Mineralöl	−30 … +130	+170 … 220	+++	+	+++	Mehrzweckfett
	PAO	−60 … +150	+170 … 220	+++	++	+++	für tiefere und höhere Temperaturen für hohe Drehzahlen
	Ester	−60 … +130	+190	++	+	+++	für tiefere Temperaturen für hohe Drehzahlen
Aluminiumkomplex	Mineralöl	−30 … +160	+260	+++	+	+	Mehrzweckfett
Bariumkomplex	Mineralöl	−30 … +140	+220	++	++	+++	Mehrzweckfett dampfbeständig
Kalziumkomplex	Mineralöl	−30 … +140	+240	++	++	+++	Mehrzweckfett neigt zum Verhärten
Lithiumkomplex	Mineralöl	−30 … +150	+240	++	++	+++	Mehrzweckfett
Aluminiumkomplex	PAO (Polyalphaolefine)	−60 … +160	+260	+++	++	+	weiter Temperaturbereich, gut förderbar
Bariumkomplex	PAO (Polyalphaolefine)	−40 … +140	+220	+++	+++	+++	für hohe Drehzahlen
Kalziumkomplex	PAO (Polyalphaolefine)	−60 … +160	+240	+++	+++	+++	für tiefere und höhere Temperaturen für hohe Drehzahlenn
Lithiumkomplex	PAO (Polyalphaolefine)	−40 … +180	+240	++	+++	+++	weiter Temperaturbereich
Bariumkomplex	Ester	−40 … +130	+200	++	++	+++	für höhere Drehzahlen
Kalziumkomplex	Ester	−40 … +130	+200	+++	++	+++	für mäßige Belastung
Lithiumkomplex	Ester	−40 … +180	+240	++	+	+++	besonders weiter Temperaturbereich
	Silikon	−40 … +180	+240	++	−	++	nur für geringe Lasten

Tabelle 5: Übersicht über Schmierfette [vgl. *Johannes Brändlein* (1998): Die Wälzlagerpraxis. Handbuch für die Berechnung und Gestaltung von Lagerungen (korrig. Nachdr. der 3. Aufl.) Mainz: Vereinigte Fachverlage]

Bewegungsart	Drehzahlkennwert $n \cdot d_m$ in $min^{-1} \cdot mm$	Befüllungsgrad in % des freien Lagerraumes
drehender Innenring	< 50.000	bis zu 100
	50.000...100.000	bis zu 30
	> 100.000	20...30
	> 400.000	bis zu 20
drehender Außenring	< 100.000	bis zu 90
	100.000...400.000	bis zu 50
		1...30

Tabelle 6: Richtwerte zur Befüllung des Lagerfreiraums entsprechend des Drehzahlkennwertes bei drehendem Innenring bzw. drehendem Außenring

Öle

Mineral- und Syntheseöle sind zur Schmierung von Wälzlagern grundsätzlich geeignet. Am häufigsten werden Mineralöle verwendet (**Tabelle 7**). Diese müssen mindestens die Anforderungen nach DIN 51517 erfüllen. Seltener hingegen sind die Syntheseöle. Sie werden häufig bei besonderen und extremen Betriebsbedingungen eingesetzt, zum Beispiel hohen Temperaturen. Syntheseöle werden in Raffinerien künstlich unter hohem Aufwand durch das Aufspalten von Kohlenwasserstoffen aus Mineralölen hergestellt. Sie besitzen dadurch eine hohe Reinheit.

Auf das Viskositätenverhältnis (κ) wurde bereits eingegangen. Für Schmieröle wird ein Wert von 2 bis 4 angestrebt. Hochviskose Öle besitzen eine hohe Flüssigkeitsreibung. Bei tiefen und normalen Temperaturen kann es zum Ölstau in den Zu- und Ableitungen kommen.

Nicht in jeder Anwendung ist die Umsetzung der gewünschten Betriebsviskosität möglich, da:
- die Ölauswahl von anderen Maschinenkomponenten bestimmt wird,
- die Umlaufschmierung ein ausreichend fließfähiges Öl benötigt,
- stark variierende Betriebsbedingungen keine eindeutige Auswahl zulassen.

In den genannten Fällen ist eine abweichende Viskosität zulässig. Ist das Öl mit der passenden Additivierung (Extreme-Pressure-Additive, kurz EP-Zusätze) ausgestattet, kann es auch mit einer niedrigeren Viskosität zugelassen werden. Anderenfalls ist mit Verschleißerscheinungen und einer Verringerung der Lagerlebensdauer zu rechnen.

Tabelle 8 zeigt eine Auswahlhilfe nach Betriebsbedingungen für Schmieröle. Eine Beratung durch den Schmierstofflieferanten ist dennoch anzuraten.

Öltyp	Besonderheiten	Einsatztemperaturgrenzen in °C	
		untere	obere
Mineralöl (Min)	am häufigsten eingesetzter Grundöltyp bei unvermeidlichem Wassereintritt nur bedingt einsetzbar, Wasser wird als Emulsion gebunden, daher Einschränkung der Lebensdauer möglich bei ungünstigen Bedingungen kann es zu festen Rückständen (Ölkohle) und damit zur Beeinträchtigung der Schmierung kommen	−20	+120
Polyalphaolefin (PAO)	weit verbreiteter Syntheseöltyp in Schmierölen für Lebensmittelzulassung zu finden bessere Oxidationsbeständigkeit gegenüber Mineralölen sind mit Mineralölen mischbar	−40	+150
Polyglykol (PG)	kritisch bei Aluminiumkontakt meist nicht mischbar mit Mineralölen, Estern und PAO sind zum größten Teil nicht wasserlöslich schlechtes Wasserabscheidevermögen	−40	+150
Ester (E)	thermisch stabil auch als Mischung mit PAO und Mineralölen zum Teil biologisch abbaubar geringe Flüchtigkeit	−60	+180
Silikonöl (Si)	Belastbarkeit ($P/C \leq 0{,}03$), Verschleißschutzvermögen ist gering thermisch sehr stabil extrem niedrige Oberflächenspannung Stahl-Stahl-Kontakte neigen zum Fressen	−60	+200
Alkoxyfluoröl (PFAE, PFPE)	nicht mischbar mit anderen Ölen oxidations- und wasserbeständig Wälzlager müssen frei von Kohlenwasserstoffen sein sehr teuer im Vergleich zum Mineralöl	−30	+250

Tabelle 7: Grundöle und ihre typischen Eigenschaften

Kriterien für die Auswahl des Öls	Eigenschaften des zu wählenden Öls
normale Bedingungen: – Temperatur im Ölsumpf bis 100 °C – Temperatur im Ölumlauf bis 150 °C – Belastungsverhältnis $P/C < 0{,}1$ – Drehzahl unterhalb der Bezugsdrehzahl	Einsatz von unlegierten Ölen alternativ mit Additiven, z. B. Korrosions- bzw. Alterungsschutz Kennbuchstabe L nach DIN 51502 ist die Viskositätsempfehlung nicht umsetzbar, sind Verschleißschutzzusätze vorzusehen
hohe Drehzahlkennwerte $n \cdot d_m > 500.000\ \text{min}^{-1} \cdot \text{mm}$	oxidationsstabiles Öl mit geringer Verschäumungsneigung gutes Viskositäts-Temperaturverhalten Empfohlen werden Syntheseöle, z. B. PAO und Ester
hohe Belastungen $P/C > 0{,}1$ oder Betriebsviskosität $\nu <$ Bezugsviskosität ν_1	Verwendung von Ölen mit Hochdruckzusätzen (EP-Additive) Kennbuchstabe P nach DIN 51502 Eignung von Verschleißschutzzusätzen ist stark temperaturabhängig
hohe Temperaturen	neben den Einsatztemperaturgrenzen ist das Viskositäts-Temperaturverhalten zu beachten die Ölauswahl ist anhand der Öleigenschaften zu treffen

Tabelle 8: Auswahlhilfe für Schmieröle

Additive

Additive sind der Regel auf die jeweilige Funktion hin optimiert. Sie stellen eine „*Legierung*" des Öls dar und verstärken Öleigenschaften, darunter zum Beispiel:

- Korrosionsschutz,
- Oxidationsstabilität,
- Verschleißschutz,

bzw. verleihen „neue" nicht vorhandene Eigenschaften, hierzu zählen zum Beispiel:

- Neutralisationsvermögen,
- Dispergiervermögen (das Schmutztragevermögen ist die Fähigkeit, unlösliche Stoffe fein verteilt in der Schwebe zu halten, sodass sie sich nicht absetzen bzw. anlagern),
- Emulgiervermögen (die Fähigkeit, eine Verbindung zwischen zwei sich in der Regel nicht mischbaren Flüssigkeiten (Öle/Fett) herzustellen).

Schmierstoffadditive und ihre Wirkung

Tabelle 9 zeigt Schmierstoffadditive, mit denen die Produkteigenschaften von Schmierstoffen anwendungsspezifisch optimiert werden. Dies geschieht aufgrund einer Vielzahl von Zusätzen, z. B. Entschäumern, Verschleißschutzadditiven, Alterungsschutzmitteln. Damit können Eigenschaften erzielt werden, die der Schmierstoff ohne den jeweiligen Zusatz nicht aufweisen würde.

Additiv-Typ	Additivierung	Aufgabe
Hochdruckzusätze	EP	Verbesserung des Druckaufnahmeverhaltens Verschleißminderung durch Reaktionsschichtbildung
Reibungsänderer	FM	veränderte Reibung bei Misch- und Grenzreibung
Verschleißschutz	AW	Senkung von mildem Adhäsions-Abrasions-Verschleiß bei Misch-reibung
Korrosionsinhibitoren	KI	Schutz von Metalloberflächen gegen Korrosion
Alterungsinhibitoren	OI	Verzögerung der oxidativen Zersetzung des Schmierstoffs
Haftzusätze		Verbesserung der Haftung des Schmierstoffs auf der Oberfläche
Detergents und Dispergents		Verbesserung des Schmutzlöse- und Schmutztrageverhaltens des Schmierstoffs
VI-Verbesserer		Verbesserung der Viskositäts-Temperatur-Abhängigkeit
Schauminhibitoren		Vermeidung einer stabilen Schaumbildung
Pourpoint-Erniedriger		Herabsetzen des Stockpunktes

Tabelle 9: Schmierstoffadditive und ihre Wirkung

Mischbarkeit von Fetten und Ölen

Das Mischen von Schmierstoffen birgt hohe Risiken. Zum einen sind manche Öle und Verdicker nicht verträglich. Zum anderen lassen sich die Wirkung von Additiven und die Leistungsfähigkeit von Schmierstoffgemischen nur eingeschränkt abschätzen (**Tabellen 10** und **11**). Eine konkrete Aussage zur Mischbarkeit und Verträglichkeit zweier Schmierstoffe können nur geeignete Versuche ermitteln.

Vor dem Mischen ist stets der Schmierstofflieferant rückzufragen, ob ein Mischen möglich ist.

Das Vermischen von Fetten ist zu vermeiden. Ist eine Vermischung unumgänglich, sind folgende Parameter für beide Mischpartner zu beachten:
- gleiche Ölbasis,
- übereinstimmender Verdickertyp,
- ähnliche Grundölviskositäten (max. eine ISO VG-Klasse),
- gleiche Konsistenzklasse (NLGI-Klasse).

Wird die Fettsorte gewechselt, ist das Altfett vollständig aus dem Lager und dem Gehäuse auszuspülen. Eine Vermischung von nichtverträglichen Fetten führt zu einer Verhärtung des Schmierstoffes oder zu einem starken Erweichen des Fettes. Beides kann einen vorzeitigen Wälzlagerausfall hervorrufen.

	Mineralöl	PAO	Esteröl	PG	Silikonöl	Alkoxyfluoröl
Mineralöl	Mischung im Allgemeinen unkritisch	Mischung im Allgemeinen unkritisch	Mischung im Allgemeinen unkritisch	Mischung nicht zulässig	In Einzelfällen mischbar, Prüfung empfohlen	Mischung nicht zulässig
PAO	Mischung im Allgemeinen unkritisch	Mischung im Allgemeinen unkritisch	Mischung im Allgemeinen unkritisch	Mischung nicht zulässig	In Einzelfällen mischbar, Prüfung empfohlen	Mischung nicht zulässig
Esteröl	Mischung im Allgemeinen unkritisch	Mischung im Allgemeinen unkritisch	Mischung im Allgemeinen unkritisch	In Einzelfällen mischbar, Prüfung empfohlen	Mischung nicht zulässig	Mischung nicht zulässig
PG	Mischung nicht zulässig	Mischung nicht zulässig	In Einzelfällen mischbar, Prüfung empfohlen	Mischung im Allgemeinen unkritisch	Mischung nicht zulässig	Mischung nicht zulässig
Silikonöl	In Einzelfällen mischbar, Prüfung empfohlen	In Einzelfällen mischbar, Prüfung empfohlen	Mischung nicht zulässig	Mischung nicht zulässig	Mischung im Allgemeinen unkritisch	Mischung nicht zulässig
Alkoxyfluoröl	Mischung nicht zulässig	Mischung nicht zulässig	Mischung nicht zulässig	Mischung nicht zulässig	Mischung nicht zulässig	Mischung im Allgemeinen unkritisch

Quelle: Oil Doc GmbH, Brannenburg

Tabelle 10: Mischbarkeit von Ölen

	Lithiumseife	Lithiumkomplex	Natriumkomplex	Kalziumkomplex	Aluminiumkomplex	Bariumkomplex
Lithiumseife	Mischung im Allgemeinen unkritisch	Mischung im Allgemeinen unkritisch	Mischung nicht zulässig	Mischung im Allgemeinen unkritisch	Mischung nicht zulässig	Mischung im Allgemeinen unkritisch
Lithiumkomplex	Mischung im Allgemeinen unkritisch	Mischung im Allgemeinen unkritisch	in Einzelfällen mischbar, Prüfung empfohlen	Mischung im Allgemeinen unkritisch	in Einzelfällen mischbar, Prüfung empfohlen	in Einzelfällen mischbar, Prüfung empfohlen
Natriumkomplex	Mischung nicht zulässig	in Einzelfällen mischbar, Prüfung empfohlen	Mischung im Allgemeinen unkritisch	in Einzelfällen mischbar, Prüfung empfohlen	in Einzelfällen mischbar, Prüfung empfohlen	in Einzelfällen mischbar, Prüfung empfohlen
Kalziumkomplex	Mischung im Allgemeinen unkritisch	Mischung im Allgemeinen unkritisch	in Einzelfällen mischbar, Prüfung empfohlen	Mischung im Allgemeinen unkritisch	in Einzelfällen mischbar, Prüfung empfohlen	in Einzelfällen mischbar, Prüfung empfohlen
Aluminiumkomplex	Mischung nicht zulässig	in Einzelfällen mischbar, Prüfung empfohlen	in Einzelfällen mischbar, Prüfung empfohlen	in Einzelfällen mischbar, Prüfung empfohlen	Mischung im Allgemeinen unkritisch	in Einzelfällen mischbar, Prüfung empfohlen
Bariumkomplex	Mischung im Allgemeinen unkritisch	in Einzelfällen mischbar, Prüfung empfohlen	in Einzelfällen mischbar, Prüfung empfohlen	in Einzelfällen mischbar, Prüfung empfohlen	in Einzelfällen mischbar, Prüfung empfohlen	Mischung im Allgemeinen unkritisch

Quelle: Oil Doc GmbH, Brannenburg

Tabelle 11: Verträglichkeit unterschiedlicher Verdickertypen

Wellenerdungsringe in frequenzgesteuerten Wechselstrommaschinen

Peter Behrends

Ausblick

Drehstrom-Asynchronmotoren werden heute weltweit in zahlreichen Anwendungen eingesetzt. Sie sind günstig im Einkauf und zeichnen sich durch eine robuste Bauweise sowie verschleißarmen Betrieb aus. In Verbindung mit einer Drehzahlregelung in Kombination mit einem Frequenzumrichter (**Bild 1**) können in vielen Anwendungsbereichen bis zu 30 % an Energiekosten eingespart werden.

Laut Aussage des ZVEI sind ca. 25 % aller Treibhausgasemissionen in Deutschlands Industrie auf den Einsatz von Elektromotoren zurückzuführen. Das Umweltbundesamt schätzt, dass der Stromverbrauch allein in Deutschland durch den Einsatz energieeffizienter Motoren um knapp 30 Milliarden Kilowattstunden bzw. rund 16 Millionen Tonnen CO_2 reduziert werden kann (**Bild 2**).

Allerdings können Frequenzumrichter bei entsprechend hohen Taktfrequenzen Spannungen in die Motorwelle induzieren (*lat. inducere = hineinführen*), die sich über die Motorlager entladen und diese per Elektro-Erosion (EDM, *engl. electrical discharge machining*) beschädigen. Treten in diesem Zusammenhang Vibrationen auf und sind Motorengeräusche zu vernehmen, ist es für eine Rettung oft schon zu spät. Durch den Einsatz von Wellenerdungsringen können solche Schäden und dadurch bedingte Maschinenausfälle wirksam verhindert werden.

Anwendungsbereich Drehstrominduktionsmotoren $U_N \leq 1.000\,V$		minimale Anforderungen an die Energieeffizienz 2020	2021	07.2021	2022	2023	07.2023
0,75 kW … 7,5 kW	3 Phasen, 2-/4-/6-polig	IE2 + FU IE3	→	IE3 →	→	→	→
7,55 kW … 375 kW	3 Phasen, 2-/4-/6-polig	IE2 + FU IE3	→	IE3 →	→	→	→
75 kW … 200 kW	3 Phasen, 2-/4-/6-polig						IE4 →
375 kW … 1.000 kW	3 Phasen, 2-/4-/6-polig			IE3 →	→	→	→
0,75 kW … 1.000 kW	3 Phasen, 8-polig			IE3 →	→	→	→

Quelle: ema

Bild 1: IE2 (Hohe Effizienz) mit FU oder IE3 (Premium-Effizienz), wie sie die Ökodesign-Richtlinie (ErP-Richtlinie) aktuell für einen großen Leistungsbereich vorschreibt, sind sicherlich noch für viele Jahre in Betrieb.

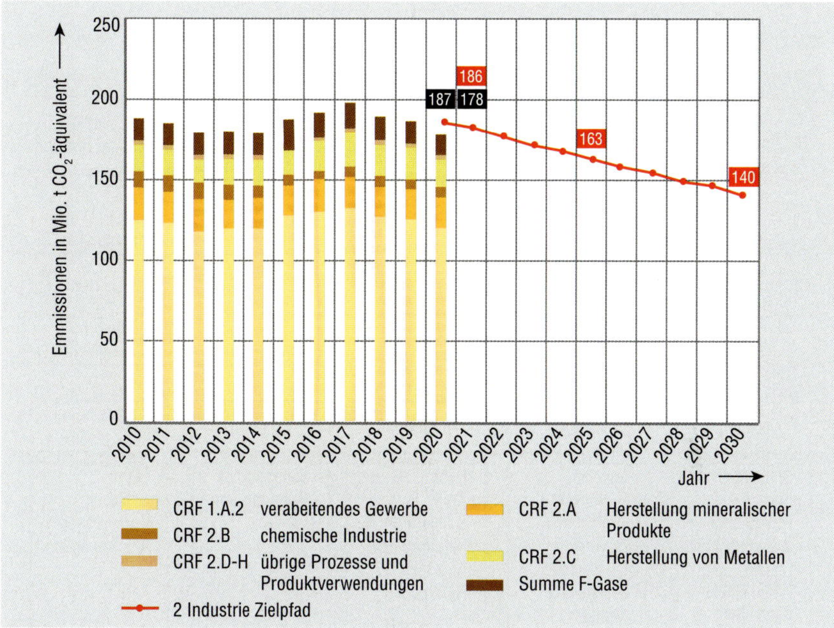

Quelle: Umweltbundesamt (UBA), zuletzt abgerufen am 11.03.2021

Bild 2: Entwicklung und Zielerreichung der Treibhausgasemissionen nach dem Klimaschutzgesetz. Darstellung des Sektors Industrie in Deutschland.

Seit über 100 Jahren die „Arbeitspferde der Industrie"

Der dreiphasige Drehstrom-Asynchronmotor zählt heute zu den weltweit am häufigsten eingesetzten Elektromotoren und wird mit Leistungen von einigen 10^2 W bis zu mehreren MW hergestellt. Die größten Vorteile des Drehstrom-Asynchronmotors liegen sicherlich in seinem sehr einfachen mechanischen Aufbau, der ohne teure Magnete und ohne Kommutator sowie Bürsten auskommt.

Der bürstenlose Aufbau macht den netzanlauffähigen Drehstromkäfigläufermotor sehr robust, sodass er dauerhaft Drehzahlerhöhungen von bis zu 10 %, kurzzeitig auch deutlich höhere Überbelastungen gut verkraftet. Außerdem zeichnet er sich dank seiner fast verschleißfreien Bauweise durch einen geringen Wartungsaufwand aus.

Die Anwendungsgebiete solcher Motoren sind vielfältig. AC-Antriebe werden in sehr vielen Bereichen eingesetzt, sei es zur Materialbehandlung oder zum Materialtransport (**Bild 3**). Ihr Marktanteil bei industriellen Anwendungen beträgt über 80 %, wobei das Gros der Motoren im mittleren Leistungsbereich zwischen 0,75 kW und 375 kW angesiedelt ist.

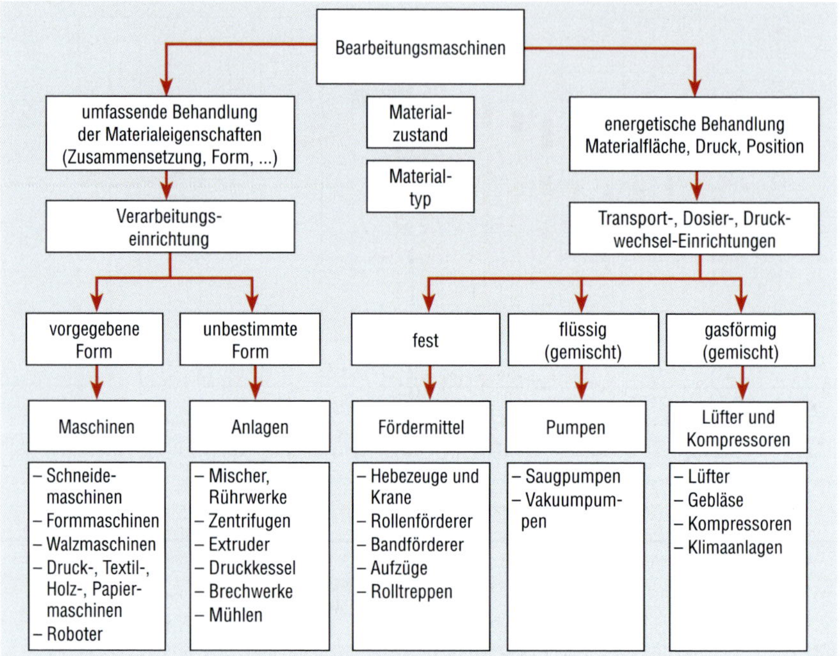

Bild 3: Einsatzgebiete von Drehstrom-Asynchronmotoren (Käfigläufermotoren)

Für einen kosteneffizienten, lastunabhängigen Betrieb müssen Drehstrom-Asynchronmotoren geregelt werden. Die Drehzahlregelung erfolgt meist per Frequenz-Umrichter, auch FU oder VFD (*engl. variable frequency drive*) genannt. Der FU erzeugt durch Pulsweitenmodulation (PWM) eine veränderliche Spannung, die sich vergleichbar mit der Frequenz in weiten Grenzen regeln lässt. Gerade bei Pumpen- und Lüfterapplikationen, die in Deutschland mehr als 50 % der eingesetzten Drehstrom-Asynchronmotoren ausmachen, kann hier durch die Reduzierung der Motordrehzahl auf das absolut notwendige Maß sehr viel Energie gespart werden. Halbiert man beispielsweise die Drehzahl eines Lüftermotors, so reduziert sich die für den Betrieb benötigte Leistung (kW) auf ein Achtel ($P \sim n^3$).

Auch in anderen Anwendungen können die Motoren durch den Einsatz von Frequenzumrichtern präzise gesteuert und dadurch Prozesse optimal geregelt werden, was zu einer besseren Produktivität, einer höheren Prozessqualität und dadurch wiederum zu einer weiteren Kostenersparnis führt.

Dies verbessert jedoch nicht nur die Rentabilität der betroffenen Betriebe. Der weltweit sich weiter verstärkende Einsatz von Frequenzumrichtern hat auch eine direkte Auswirkung auf unser Klima: 40 % des weltweiten Stromverbrauchs werden durch Elektromotoren verursacht, und sie sind verantwortlich für mehr als 70 % des Stromverbrauchs der globalen Industrie. Weltweit sprechen Studien bei einem Einsparpotential von 30 % über 45 Millionen Tonnen weniger CO_2 pro Jahr. Leider gibt es immer noch zu viele Motoren, die ohne elektronische Drehzahlregelung laufen und so unnötig viel Strom verbrauchen.

Neben diesen Vorteilen und der Tatsache, dass am Frequenzumrichter betriebene Maschinen inklusive der mechanischen Übertragungselemente (Kupplungen, Getriebe) deutlich weniger mechanisch belastet werden als die direkt eingeschalteten Maschinen, haben sie auch einen gravierenden Nachteil, der die erreichte Kostenersparnis binnen kurzer Zeit zunichtemachen kann: Sie induzieren Spannungen auf die Motorwelle, die sich über die Motorlager entladen und diese per Elektro-Erosion (EDM) beschädigen können.

Gefahr von Lagerschäden beim Betrieb von Drehstrom-Asynchronmotoren mit Frequenzumrichtern

AC-Motoren, die mit FUs betrieben werden, steuern die Geschwindigkeit des Motors. Das meistverbreitete Verfahren zur Erzeugung einer Dreiphasenspannung mit entsprechender Frequenz ist die Puls-Weiten-Modulation. Bei diesem Verfahren wird die volle Zwischenkreisspannung über die leistungselektronischen Bauelemente ein- und ausgeschaltet. Das Tastverhältnis zwischen Ein- und Ausschaltzeit ist variabel und bewirkt die notwendige Spannungsverstellung. Durch Taktfrequenzen von 5 kHz bis 15 kHz lassen sich trotz rechteckförmiger Spannung sinusförmige Ströme generieren.

Der Schaltungsaufbau und die Taktfrequenzen der IGBTs (Insulated Gate Bipolar Transistor) bewirken, dass Gleichtaktspannungen vorhanden sind, die auf die Welle des Motors kapazitiv induziert werden. Man beschreibt dieses Phänomen mit Begriffen wie Oberschwingungsanteil, parasitäre Kapazität, kapazitive Kopplung, elektrostatische Aufladung und Gleichtaktspannung.

Der durch FU-induzierte Ströme verursachte Schaden wird häufig übersehen, bis es zu spät ist, um den Motor zu retten. Ohne einen wirksamen Schutz „fließen" Wellenspannungen über die Motorlager ab und verursachen unerwünschte elektrische Entladungen. Lager, die normalerweise eine spiegelglatte Lauffläche aufweisen, können durch elektrische Entladungen beschädigt werden. Nahezu während eines jeden FU-Schaltzyklus entlädt sich die Wellenspannung von der Motorwelle über die Lager auf den Rahmen und hinterlässt einen kleinen Schmelzkrater (EDM-Grübchen, **Bild 4**) auf der Lagerlaufbahn.

Diese Entladungen sind so häufig, dass bereits nach kurzer Zeit die gesamte Lagerlaufbahn mit zahllosen Grübchen – Mattierung genannt – übersät ist

(**Bild 5**). Mit der Zeit bilden sich Riffel, also waschbrettartige Rillen quer zur Lagerlaufbahn (**Bild 6**). Diese Riffel erzeugen exzessive Geräusche sowie Vibrationen und sind ein Zeichen für einen Totalausfall des Lagers. Unabhängig vom Typ der auftretenden Lager- oder Laufbahnschäden kosten die daraus entstehenden Motorausfälle häufig mehrere Tausend Euro, verursacht vor allem durch längere Ausfallzeiten großer Baugrößen.

Beim Einsatz isolierter Lager sucht sich der schädliche Strom einen anderen Pfad zur Erde, in der Regel durch angeschlossene Aggregate wie Getriebe, Pumpe, Tacho, Encoder etc. Dadurch werden die Lager dieser Geräte geschädigt.

Ist die Lastimpedanz größer als die Leitungsimpedanz, wird Strom zum FU zurückreflektiert und es entstehen Spannungsspitzen am Motoranschluss, die doppelt so hoch sein können wie die Zwischenkreisspannung. Unabhängig von der Bezeichnung können hohe Spannungsspitzen und schnelle Taktzeiten in den Motorlagern Funkenerosionen (EDM) verursachen, die Pitting-, Mattierungs- und Riffelschäden erzeugen, was zu ungeplanten Ausfällen und Reparaturkosten führen kann.

Darüber hinaus können größere AC-Motoren über 75 kW auch hochfrequente Zirkulationsströme aufweisen, die ebenfalls zu Pitting-, Mattierungs- und Riffelschäden führen. Auch Gleichstrommotoren am Stromrichter können

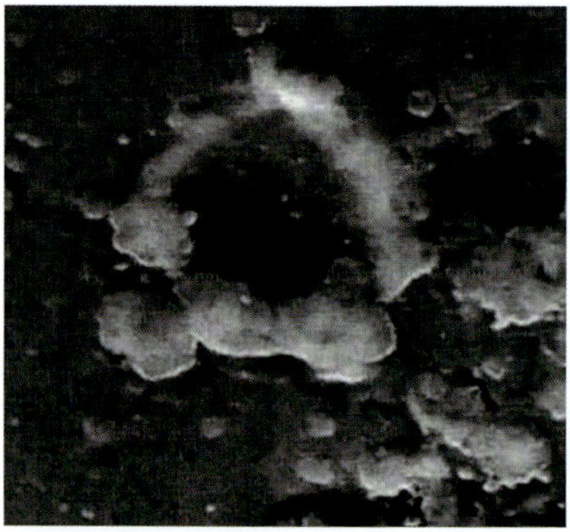

Quelle: Aegis

Bild 4: EDM-Grübchen im Elektronen-Mikroskop bei 1.000-facher Vergrößerung

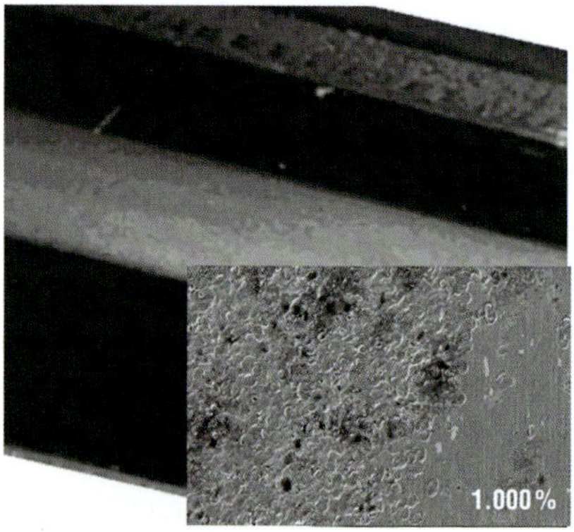

Quelle: Aegis

Bild 5: Mattierte Lagerlaufbahn

Quelle: Aegis

Bild 6: Geriffelte Lagerlaufbahn

kapazitiv induzierte Wellenspannungen aufweisen, die sich in den Motorlagern entladen können, während Motoren über 7,5 kW zudem eventuell Zirkulationsströme aufweisen.

Messung der Wellenspannung zum Nachweis der Schadströme

Typische Wellenspannungen können abhängig vom Motor, Lagertyp, Alter des Lagers sowie in Abhängigkeit anderer Faktoren 20 V bis 80 V Spitze/Spitze betragen. **Bild 7** zeigt einen Spannungsanstieg und dann eine steile vertikale Linie, die eine Spannungsentladung darstellt. Die Frequenz dieser Entladungsspannung kann abhängig von der Trägerfrequenz des Antriebs mehrere Kilohertz betragen. Die steile vertikale Flanke der Spannung erfolgt mit einem sehr hohen d*U*/d*t*-Wert und mit einer typischen „Entladungsfrequenz“ von 1 MHz bis 125 MHz (basierend auf Testergebnissen in zahlreichen Anwendungen).

Ein besonders auffälliges Beispiel für ein solches Entladungsmuster konnte bei einer auf dem Dach eines Kaufhauses installierten Klima- und Lüftungsanlage festgestellt werden, deren AC-Motoren regelmäßig ausfielen. Der FU-geregelte Motor treibt hier mittels eines Riemens den Lüfter der Anlage an. Anlagen wie diese finden sich auf nahezu allen großen Gewerbe- und Bürogebäuden.

Mithilfe eines Oszilloskops wurden bei einer Drehzahl von 3.600 U/min und bei einer Frequenz von 80 Hz Entladungsspitzen in einer Höhe von 44,8 V Spitze/Spitze gemessen – genug, um die Motorlager per Elektro-Erosion binnen kurzer Zeit ernsthaft zu beschädigen (**Bild 8**).

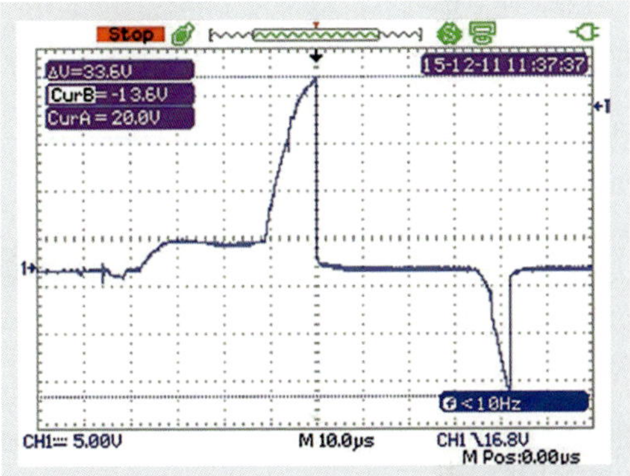

Quelle: Aegis

Bild 7: EDM-Entladungsmuster bei hohen Amplituden mit Spannungsspitzen von 10 V bis 40 V

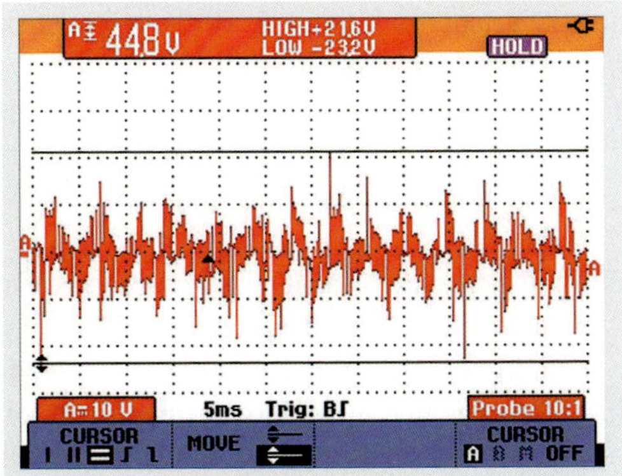

Quelle: Aegis

Bild 8: An der Motorwelle gemessene Spannungsspitzen

Doch auch niedrige Amplituden können FU-gesteuerten Motoren gefährlich werden, indem sie das Lagerfett vorzeitig altern lassen und es mit Kohle- und Metallpartikeln verschmutzen. Bei Spannungen von 4 V bis 15 V Spitze/Spitze zeigt die Kurvenform ein kontinuierlicheres Entladungsmuster mit niedrigeren d*U*/d*t*-Werten. Die geringere Spannung entsteht durch höheren Stromfluss in den Lagern, sobald die Lagerschmierung leitend wird. Sie hängt von der Drehzahl des Motors ab, seiner Belastung, der Funktionsweise des FUs sowie weiteren Faktoren. Durch die in den Lagern entstehenden Entladungen wird die Schmierung langfristig mit Kohle- und Metallpartikeln kontaminiert, sodass auch an dieser Stelle mit der Zeit Lagerschäden auftreten. Durch diesen schleichenden Prozess werden die Schäden oft erst nach Monaten diagnostiziert und nicht selten als normaler Verschleiß abgetan. Auf Basis der Messung mittels Oszilloskops können diese Ströme jedoch rechtzeitig identifiziert und der Motor gerettet werden (**Bild 9**).

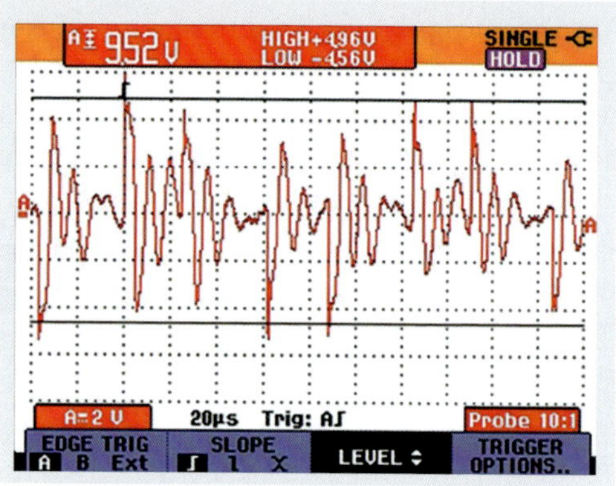

Quelle: Aegis

Bild 9: Spannungsentladung bei niedrigen Amplituden mit typischer Spannungsspitze von 2 V bis 8 V

Einsatz von Wellenerdungsringen in AC-Motoren mit Frequenzumrichtern

Es gibt zwei Arten von schädlichen Lagerströmen, die durch den Betrieb mit Frequenzumrichtern verursacht werden, den kapazitiven EDM-Strom und den hochfrequenten Zirkulationsstrom.

1. Kapazitiver EDM-Strom: Die Spannung wird auf der Motorwelle kapazitiv eingekoppelt und kann sich über die Motorlager oder über die Lager von angeschlossenen Einrichtungen entladen und Funkenerosionen verursachen (**Bild 10**).
2. Hochfrequente Zirkulationsströme können in Motoren über 75 kW durch einen, durch Gleichtaktströme erzeugten, hochfrequenten Fluss erzeugt werden. In der Regel gilt, je größer der Motor, desto größer die Auswirkungen der hochfrequenten Zirkulationsströme. Bei Motoren über 75 kW sollte zusätzlich zum Wellenerdungsring ein isoliertes Wellenlager zum Einsatz kommen, damit der Strompfad für die Zirkularströme unterbrochen ist (**Bild 11**).

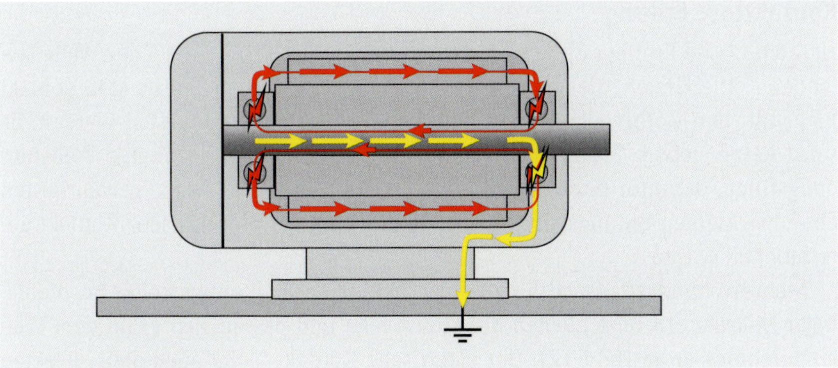

Quelle: Aegis

Bild 10: Kapazitive EDM-Ströme (gelb) und hochfrequente Zirkulationsströme (rot) entladen sich über das Motorlager.

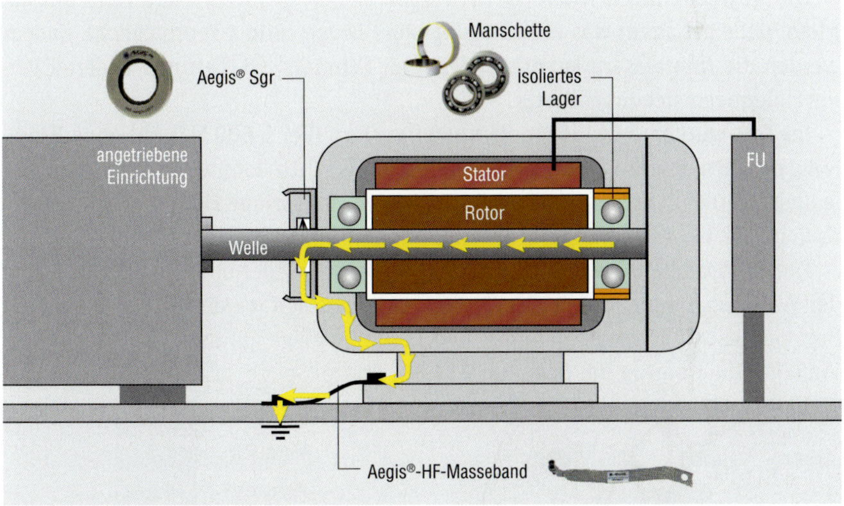

Quelle: Aegis

Bild 11: Bei Motoren über 75 kW bis 100 kW sollte an der Nicht-Antriebsseite ein isoliertes Motorlager montiert werden, um die Hochfrequenz-Zirkulationsströme sicher zu unterbrechen.

Beide Arten von Strömen entladen sich – sofern kein anderer Erdungsweg vorhanden ist – entweder über das Motorlager oder über das Lager der an den Motor angeflanschten Maschine. Um hier dauerhaft Abhilfe zu schaffen, müssen diese Ströme über einen sicheren Erdungsweg abgeleitet werden. Wellenerdungsringe sind in der Regel einfach zu installieren und bieten einen wirksamen Schutz.

Kontaktlose Erdung

Herkömmliche Erdungs-Systeme funktionieren in der Regel mit auf der Welle laufenden Kohlebürsten, die im Laufe der Nutzung verschleißen. Sobald kein Kontakt mehr mit der Motorwelle besteht, müssen die Bürsten ausgetauscht werden, da sonst keine sichere Erdung mehr gewährleistet werden kann. Einige Wellenerdungsringe, darunter beispielsweise solche des Herstellers Aegis, gewährleisten einen wirksamen Erdungsschutz selbst dann, wenn der physikalische Kontakt unterbrochen wurde.

Mehrere hunderttausend bis zu einer Million speziell entwickelter hochleitfähiger Mikrofasern umschließen die Motorwelle und passen sich exakt dem Wellendurchmesser an (**Bild 12**). Der elektrische Kontakt bleibt auch ohne direkten Kontakt der Fasern bestehen. Somit ist ein dauerhafter Schutz der Motorlager stets gewährleistet.

Die hochleitfähigen Mikrofasern werden sicher an ihrem Platz rund um die Motorwelle gehalten, was eine Biegung ohne Bruch (**Bild 13**) ermöglicht. Zudem werden die Mikrofasern auf diese Weise vor Schmutz, Öl, Fett und anderen Verunreinigungen sicher geschützt.

Im Test wurden 2 Millionen Richtungswechsel (bei 1.800 U/min) ohne Ermüdung oder Bruch der Fasern erzielt. Während 10.000 h konnte ein Verschleiß von lediglich 0,025 mm gemessen werden. Wellenerdungsringe können somit theoretisch über 200.000 h ununterbrochen laufen und sind damit de facto wartungsfrei.

Die Wirksamkeit der Wellenerdungsringe kann wiederum durch die Messung der Wellenspannung mittels Oszilloskop nachgewiesen werden – hier wieder am Beispiel des AC-Motors der Klima- und Lüftungsanlage auf dem Kaufhaus. Ohne Wellenerdung betrug die Spannung 44,8 V Spitze/Spitze; nach dem Einbau des

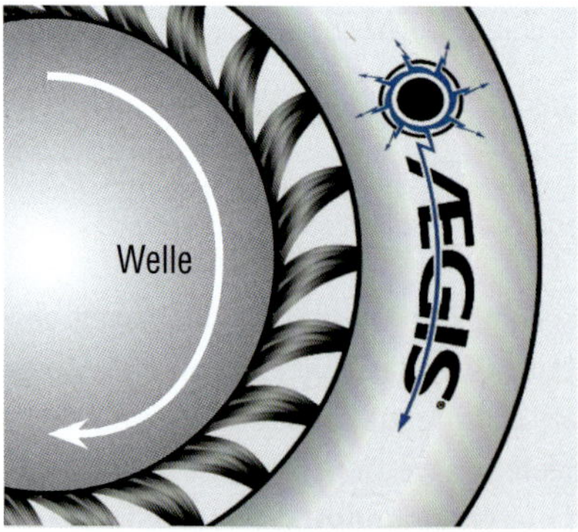

Quelle: Aegis

Bild 12: Der Wellenerdungsring passt sich im Gebrauch dem Wellendurchmesser exakt an.

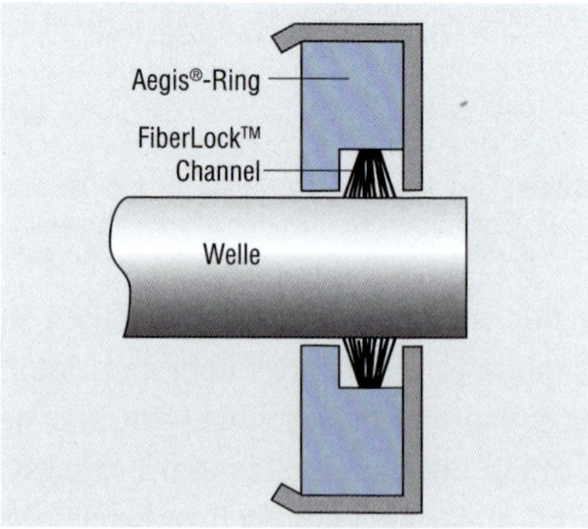

Quelle: Aegis

Bild 13: Der patentierte Fiberlock-Channel schützt die Mikrofaser vor Verschmutzungen.

Wellenerdungsrings konnte lediglich eine Spannung in Höhe von 3,76 V Spitze/Spitze gemessen werden – ein Wert, der deutlich unter dem Level liegt, bei dem die EDM-Ströme das Motorlager schädigen können (**Bild 14**).

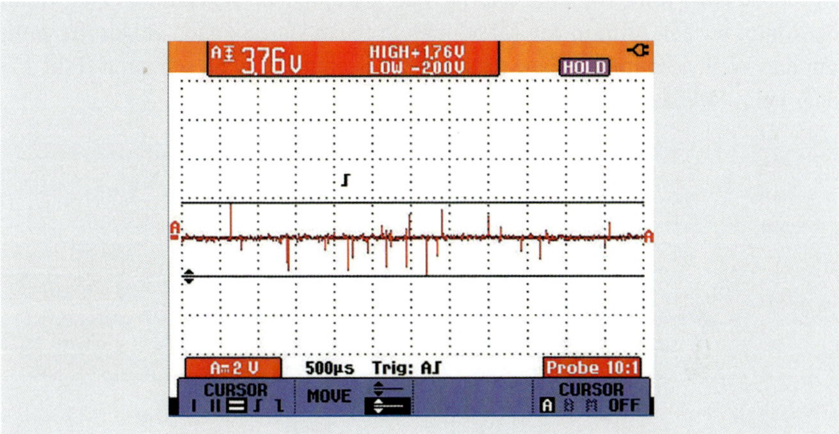

Quelle: Aegis

Bild 14: Die an der Motorwelle gemessenen Spannungsspitzen konnten um 92 % vermindert werden.

Zwei mögliche Einbausituationen für verschiedene Motorbaugrößen

Viele Motorenhersteller setzen bereits werkseitig installierte Wellenerdungsringe serienmäßig oder optional bei bestimmten Motorbaureihen ein, um zu gewährleisten, dass der Betrieb am FU keine schädlichen Auswirkungen auf die Motoren zur Folge hat (**Bild 15**).

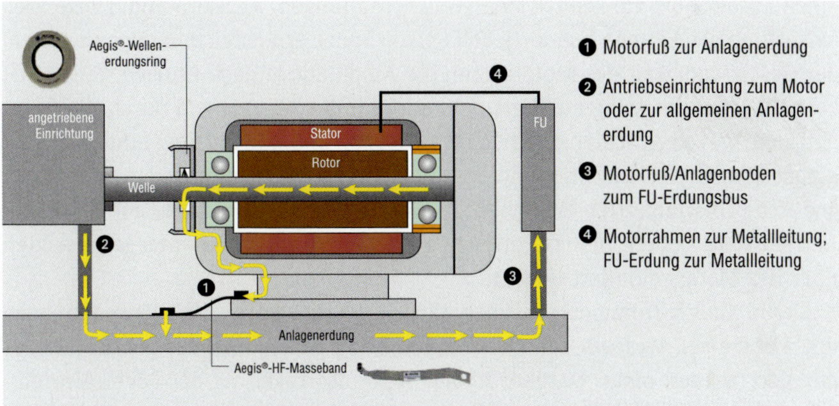

Quelle: Aegis

Bild 15: FU-geregelter AC-Motor mit Wellenerdungsring. Der Abfluss der EDM-Ströme ist hier gelb dargestellt. Ein spezielles Masseband sorgt für eine sichere Erdung.

Grundsätzlich können die Wellenerdungsringe innerhalb oder außerhalb des Motors montiert werden. Die externe Montage gestaltet sich einfacher, zumal es zweigeteilte Ringe gibt, die ohne weiteren Aufwand am Motorgehäuse montiert werden können (**Bild 16**). Eine interne Montage empfiehlt sich immer dann, wenn der Motor für den Antrieb von Maschinen in rauen Umgebungen eingesetzt wird, um den Wellenerdungsring vor exzessiver Verschmutzung zu schützen (**Bild 17**) oder beim Neubau von Motoren.

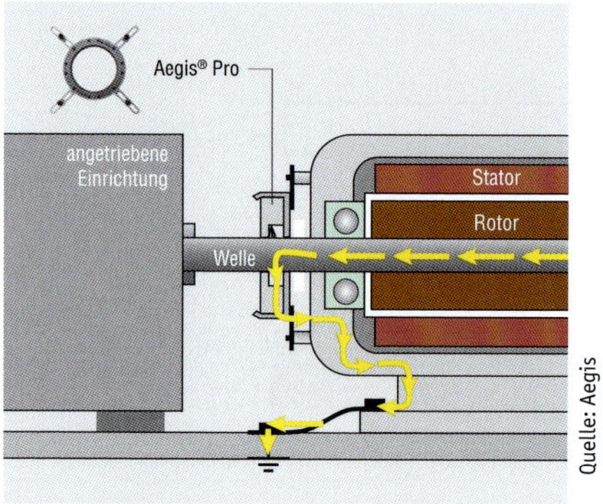

Bild 16: Externe Montage am Beispiel des Hochstrom-Wendungsrings der Aegis® Pro-Reihe.

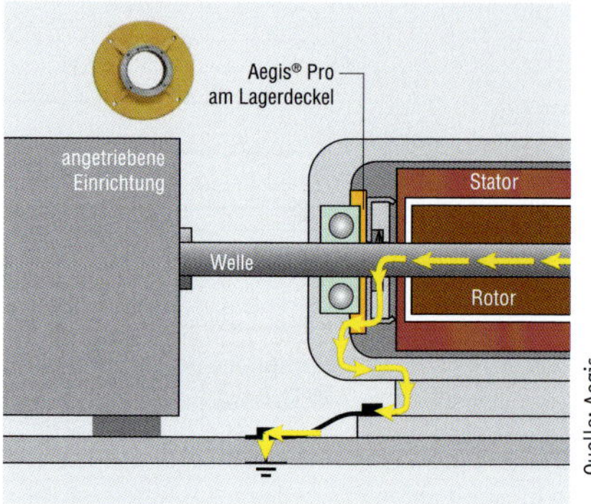

Bild 17: Die interne Montage schützt vor Verschmutzung.

Wellenerdung für Gleichstrommotoren

Gleichstrommotoren mit Stromrichtern benötigen unter Umständen ebenfalls einen Lagerschutz vor induzierten Wellenspannungen. Kapazitiv induzierte Wellenspannungen können hunderte Volt Spitze/Spitze erreichen und mit zunehmender Geschwindigkeit des Motors kann die Amplitude je nach Antrieb steigen. Ist kein Wellenerdungsring montiert, können sich die Spannungen durch die Lager entladen, was zu Ausfällen durch EDM-Grübchen und Riffelbildung führt. Darüber hinaus können in Gleichstrommotoren über 7,5 kW Zirkulationsströme durch magnetische Unsymmetrien entstehen. In diesem Fall muss das Lager auf der Nicht-Antriebsseite isoliert werden, und ein Wellenerdungsring am entgegengesetzten Ende des Motors montiert werden.

Große Gleichstrommotoren über 225 kW weisen höhere Wellenspannungen und Ströme auf, weshalb der Wellenerdungsring an der Antriebseite des Motors montiert werden muss. Darüber hinaus sollte das Lager auf der Nicht-Antriebsseite über eine Isolierung verfügen, um Zirkulationsströme zu verhindern (**Bild 18**).

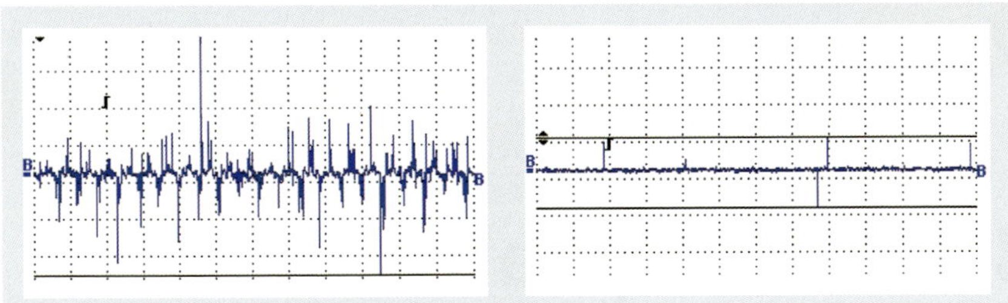

a) b)

Bild 18: Gleichstrommotor mit 260 kW mit Stromrichter-Antrieb
a) keine Wellenerdung, Spannung: 65,2 Vss, Lagerentladungen (EDM)
b) mit Wellenerdung, Spannung: 1,92 Vss, Entladung durch den Wellenerdungsring

Fazit

Um einen Elektromotor problemlos am FU zu betreiben, genügt es nicht, sich ausschließlich auf die Aussagen der Hersteller zu verlassen. Die Isolationen sind zwar nach den neuesten Standards ausgeführt, oftmals wird aber kein Augenmerk auf eine wirksame Wellenerdung gelegt, die die Motorlager vor schädlichen hochfrequenten Strömen schützt. Wellenerdungsringe – in Kombination mit einem isolierten Lager bei Motoren größer 75 kW bis 100 kW – stellen dafür eine kostengünstige und effektive Möglichkeit dar.

Denn obwohl AC-Motoren vergleichsweise preisgünstig sind, können die durch Funktionsausfälle entstehenden Schäden hohe Kosten verursachen: Produktionsstillstände oder durch Unterbrechung der Kühlung verdorbene Waren können schnell mehrere Zehntausend Euro kosten. Selbst die einfachen Wartungsaufwände können in den meisten Anwendungen durch den Einsatz von Wellenerdungsringen dauerhaft um 60 % bis 80 % gesenkt werden. Frequenzumrichter bieten hohe Einsparungspotentiale, dies aber nur dann, wenn die Motoren auch wirklich hierfür ausgelegt worden sind.

© galeo

Potentialausgleich in explosionsgefährdeten Betriebsstätten

Michael Heyen

Potentialausgleich unter dem Aspekt „Schutz gegen elektrischen Schlag" und „Schutz bei elektromagnetischen Störgrößen"

In elektrischen Anlagen ist unabhängig von einer möglichen Explosionsgefährdung erstmal grundsätzlich ein wirksamer Potentialausgleich erforderlich. Das Potentialausgleichssystem vermeidet Potentialdifferenzen und schützt dadurch vor gefährlichen Berührungsspannungen. Diese können z. B. zwischen dem Schutzleiter der Niederspannungsverbraucheranlage und metallenen, von außen eingeführten Rohrleitungen entstehen. Der Schutzpotentialausgleich über die Haupterdungsschiene (siehe **Bild 1**) ist nach DIN VDE 0100-410 (VDE 0100-410) [1] Abschnitt 411 Teil des Fehlerschutzes bei der Schutzmaßnahme automatische Abschaltung der Stromversorgung.

„In jedem Gebäude müssen die eingeführten Metallteile, die geeignet sind, eine gefährliche Potentialdifferenz zu verursachen, und nicht Bestandteil der Elektroinstallation sind, mit der Haupterdungsschiene durch Schutzpotential-Ausgleichsleiter verbunden werden. Beispiele für solche Metallteile sind:

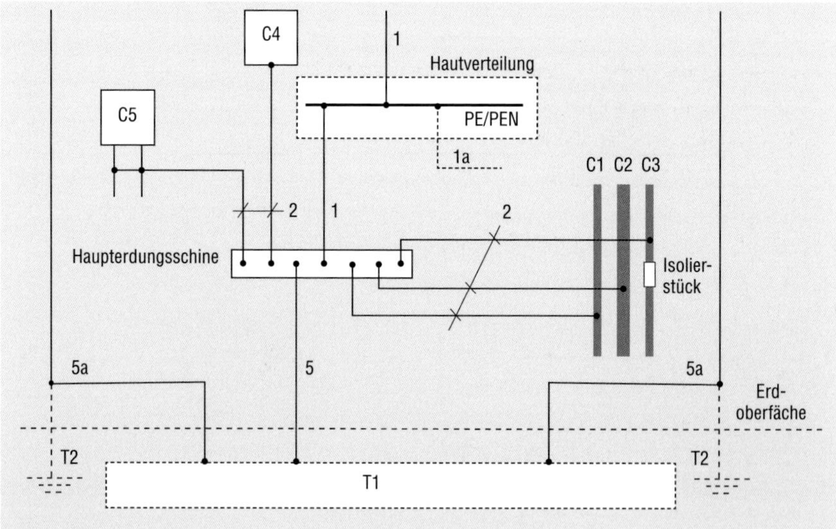

Bild 1: Auszug aus DIN VDE 0100-540 (VDE 0100-540):2012-06 Bild B.54.1 (2: Schutzpotentialausgleichsleiter)

– *Rohrleitungen von Versorgungssystemen, die in das Gebäude eingeführt sind, z. B. Gas-, Wasser-, Fernwärme-Systeme;*
– *fremde leitfähige Teile der Gebäudestruktur;*
– *berührbare Bewehrung von Gebäudekonstruktionen aus Beton.“* [1]

Ein fremdes leitfähiges Teil kann nach DIN VDE 0100-200 (VDE 0100-200) [2] ein elektrisches Potential einführen, im Allgemeinen das einer örtlichen Erde. Bei der Überlegung, ob ein Metallteil im Gebäude mit einem Schutzpotentialausgleichsleiter verbunden werden muss, spielt also das mögliche Einführen unterschiedlicher Erdpotentiale eine wesentliche Rolle.

In der Anlage befinden jedoch auch Metallteile, an denen normativ nach DIN VDE 0100-410 (VDE 0100-410) [1] keine gefährliche Potentialdifferenzen zu erwarten sind. Kann über metallene Kabelverlegesysteme, wenn sich beide Enden innerhalb eines Raumes befinden, ein Potential eingeführt werden?

Hier werden dann Szenarien wie blank liegende Kabel und Leitungen eingebracht, sprich: die aktiven Teile der Kabel und Leitungen könnten direkten Kontakt mit den metallenen Verlegesystemen haben. Durch die vorhandene Mantel- und Aderisolierung, vergleichbar mit der Schutzmaßnahme doppelte oder verstärkter Isolierung, ist dieser Fehler **normativ** jedoch zu vernachlässigen (Doppelfehler).

Neben dem Zweck der Sicherheit (Schutzpotentialausgleich) kann ein Potentialausgleich aber auch wie in **Bild 2** aus betrieblichen Gründen nützlich sein (Funktionspotentialausgleich). Werden die metallenen Kabelverlegesysteme mit dem Potentialausgleichssystem verbunden, wird in der elektrischen Anlage nach DIN VDE 0100-444 (VDE 0100-444) [3] der Schutz vor elektromagnetischen Störgrößen verbessert. Um den Anforderungen dieser Norm gerecht zu werden, ist die Verbindung der Kabeltragsysteme mit den in **Bild 3** dargestellten Potentialausgleichsleitern jedoch ungeeignet. *„Einzelne kurze Verbindungsleitungen zwischen zwei Teilen eines Kabelverlegungssystems führen örtlich zu einer hohen Impedanz und dadurch zu einer Abschwächung der elektromagnetischen Schirmwirkung des Kabeltragesystems“* [3].

Bild 2: Kabelwannen als Verlegesysteme

Bild 3: Ungeeigneter Funktionspotentialausgleich an Kabelverlegesystemen

Um eine wirksame elektromagnetische Schirmwirkung zu erhalten, sind vorzugsweise Bauteile zu verwenden, die eine Verbindung über den gesamten Umfang gewährleisten, siehe Bild 2. Hierdurch wird für die Verbindungen zwischen den Kabelverlegesystemen eine niedrige Impedanz erreicht. Um die Schirmwirkung zu gewährleisten, ist an beiden Enden des Verlegesystems das örtliche Potentialausgleichssystem anzuschließen. *„Bei langen Verlegewegen, d.h. >50 m, sind zusätzliche Verbindungen mit dem Potentialausgleichssystem empfohlen“* [3].

Die in Bild 3 dargestellten Verbindungen zwischen den Kabelpritschen können zudem keine Schutzpotentialausgleichsleiter sein, da Kabelpritschen und Kabelwannen nach DIN VDE 0100-540 (VDE 0100-540) [9] Abschnitt 534.2.3 als Schutzpotentialausgleichsleiter unzulässig sind. Nach normativ korrekter Auslegung darf zudem ein Funktionspotentialausgleichsleiter nach DIN VDE 0100-540 (VDE 0100-540) [9] Anhang NA nicht grün-gelb gekennzeichnet sein.

Potentialausgleich in explosionsgefährdeten Anlagen

In Anlagen mit explosionsgefährdeten Bereichen erhält das Potentialausgleichssystem neben den zuvor beschriebenen Schutzmaßnahmen eine weitere wichtige Bedeutung. Der Potentialausgleich ist nach TRGS 723 [4] und DIN EN 60079-14 (VDE 0165-1) [5] in elektrischen Anlagen ein wichtiger Bestandteil zur Vermeidung der Entzündung gefährlicher explosionsfähiger Atmosphäre und geht über die Forderungen der DIN VDE 0100-410 (VDE 0100-410) [1] hinaus. Beim Schutz gegen elektrischen Schlag muss im Normalbetrieb die Berührungsspannung unter 50 V AC liegen und im Fehlerfall ist die gefährliche Berührungsspannung innerhalb der zulässigen Abschaltzeit abzuschalten. Diese Herangehensweise ist im Bereich Explosionsschutz nicht zielführend, da durch diese Spannungen bereits Potentialunterschiede entstehen können, die einen gefährlichen zündfähigen Funken verursachen.

Nach TRGS723 [4] Abschnitt 5.5.2.3 *„Schutz gegen das Auftreten gefährlicher (zündfähiger) Funken“* ist die Schutzmaßnahme Potentialausgleich umzusetzen, *„ […] sofern man mit einer gefährlichen Potentialverschiebung oder -verschleppung rechnen muss.“* [4] *„Leitfähige Körper elektrischer Betriebsmittel sind in der Regel in den Potentialausgleich einzubeziehen“* [4]. Nach DIN EN IEC 60079-0 (VDE 0170-1) [6] Abschnitt 15 *„Anschlussteile für Erdungs- oder Potentialausgleichsleiter“* haben daher die elektrischen Geräte mit Metallgehäuse auch ein zusätzliches äußeres Anschlussteil für einen Potentialausgleichsleiter. *„Körper elektrischer Betriebsmittel müssen nicht gesondert an das Potentialausgleichssystem angeschlossen werden, wenn sie festen und gesicherten metallischen Kontakt mit Konstruktionsteilen oder Rohrleitungen haben, die ihrerseits mit dem Poten-*

tialausgleichssystem verbunden sind.“ [5] Die Forderung, dass auch die Körper elektrischer Betriebsmittel grundsätzlich in den Potentialausgleich einzubeziehen sind, erinnert an den zusätzlichen Schutzpotentialausgleich nach DIN VDE 0100-410 (VDE 0100-410) [1].

Bei der Bewertung, was alles an den Potentialausgleich anzuschließen ist, geht die TRGS 723 [4] über die Forderung der DIN EN 60079-14 (VDE 0165-1) [5] noch hinaus. Nach DIN EN 60079-14 (VDE 0165-1) [5] müssen „nur“*„alle Körper elektrischer Betriebsmittel und fremde leitfähige Teile an das Potentialausgleichssystem angeschlossen werden.“* [5] Nach der TRGS 723 [4] Abschnitt 5.5.2.3.3 müssen darüber hinaus alle leitfähigen Anlagenteile in den Potentialausgleich einbezogen werden, wenn mit einer gefährlichen Potentialverschiebung oder -verschleppung gerechnet werden muss.

In der Praxis stellt sich nun aber die Frage, wann muss an leitfähigen Anlageteilen mit einer gefährlichen Potentialverschiebung oder -verschleppung gerechnet werden, wenn diese nicht Körper elektrischer Betriebsmittel oder fremde leitfähige Teile sind? Müssen z. B. Stahlpanzerrohre zur Verlegung von Kabel und Leitungen nach **Bild 4** in den Potentialausgleich einbezogen werden? Ist in dem Fall mit gefährlicher Potentialverschiebung oder -verschleppung zu rechnen?

Nach DIN EN 60079-14 (VDE 0165-1) [5] wäre die Antwort „nein“, da es sich bei dem Stahlpanzerrohr weder um einen Körper eines elektrischen Betriebsmittels handelt noch um ein fremdes leitfähiges Teil. Ein fremdes leitfähiges Teil kann nach DIN VDE 0100-200 (VDE 0100-200) [2] ein elektrisches Potential einführen, im Allgemeinen das einer örtlichen Erde. Durch ein eingeführtes Erdpotential ist in diesem Fall wohl keine Gefahr einer Spannungsverschleppung zu erwarten. Etwas irreführend schließt die DIN EN 60079-14 (VDE 0165-1) [5] in Abschnitt 6.4.1 solche Anwendungsfälle auch aus: *„Fremde leitfähige Teile, die nicht Bestandteil der Konstruktion oder der elektrischen Anlage sind, brauchen nicht an das Potentialausgleichssystem angeschlossen zu werden, wenn keine Gefahr einer Spannungsverschleppung besteht, z. B. bei Tür- oder Fensterrahmen“* [5]. Tür- oder Fensterrahmen können also i.d.R. kein Erdpotential einführen, somit sind sie per Definition eigentlich auch keine fremden leitfähigen Teile.

Quelle: Dehn Se + Co KG

Bild 4: Potentialausgleich metallisch leitfähige Anlagenteile in der Praxis

Nach der TRGS 723 [4] geht in Anlagen mit Explosionsgefährdung jedoch nicht nur von elektrischen Anlagen, sondern u. a. auch durch statische Elektrizität eine mögliche Zündgefahr aus. *„Für die Beurteilung und die Vermeidung von Zündgefahren infolge elektrostatischer Aufladungen in explosionsgefährdeten Bereichen und für die Auswahl und Durchführung von Schutzmaßnahmen zum Vermeiden dieser Gefahren gilt TRGS 727.“* [4] Nach Abschnitt 8 „Erdung und Potenzialausgleich“ in der TRGS 727 [7], sind *„[...] Gegenstände oder Einrichtungen aus leitfähigem oder ableitfähigem Material nach Nummer 3.1 zu erden bzw. mit Erdkontakt zu versehen.“* [7] Aufgrund möglicher statischer Elektrizität wird im Abschnitt 3.1 das Einbeziehen aller leitfähigen Materialien gefordert, analog zur TRGS 723 [4]. *„Je nach Zündwahrscheinlichkeit sind alle Gegenstände oder Einrichtungen aus leitfähigen Materialien zu erden und solche aus ableitfähigen Materialien sind mit Erdkontakt zu versehen. Die Erdung bzw. die Erdverbindung darf nur entfallen, wenn eine gefährliche Aufladung ausgeschlossen ist.“* [7]

In der Praxis stellt sich mit dieser Forderung jedoch weiterhin die Frage, ob an dem Stahlpanzerrohr nach Bild 4 eine Zündwahrscheinlichkeit gegeben ist bzw. ob eine gefährliche Aufladung ausgeschlossen werden kann.

Weitere Herleitung mögliche statische Aufladung von metallischen Oberflächen

Grundsätzlich ist elektrostatische Aufladung nach DIN IEC/TR 613401 (VDE 0300-1):2014-06 von Materialien, Produkten oder Gegenständen die Folge von u. a.:

- Kontakt und Reibung,
- Ladungsübertragung,
- Influenz im elektrostatischen Feld,
- elektrochemischen Prozessen.

Im Prinzip kann jeder Gegenstand elektrostatisch aufgeladen werden, wenn sich geladene Teilchen oder Moleküle darauf ansammeln können. Speziell leitfähige oder ableitfähige Gegenstände können durch Influenz oder Ladungsübertragung durch Kontakt aufgeladen werden. Nach dem Trennen bzw. Aufladungsvorgang werden sich elektrostatische Aufladungen schnell wieder ausgleichen, es sei denn sie werden daran gehindert und sind gegen Erde oder gegen andere Leiter isoliert.

Im Beispiel von Bild 4 sollte mit einer Isolationsmessung nach DIN EN 61340-4-1 (VDE 0300-4-1):2016-04 geprüft werden, ob das Stahlpanzerrohr gegen die Betonwand hin isoliert ist.

Es ist ein Potentialausgleich in Bezug auf statische Aufladung dann nötig, wenn der Messwert des Rohres zum Potentialausgleich einen Widerstand größer $10^6\,\Omega$

aufweist. Gemäß den Begriffsbestimmungen in der TRGS 727 [7] gelten im elektrostatischen Sinne leitfähige Gegenstände, Flüssigkeiten und Schüttgüter mit einem Ableitwiderstand $R_E \leq 10^6\,\Omega$ als geerdet. Bei Messungen unter realen Bedingungen ist es häufig möglich, dass die Messergebnisse durch die umgebende Feuchtigkeit beeinflusst werden. Hier ist es wichtig und auch notwendig, die zur Messzeit herrschenden Umgebungsbedingungen zu erfassen.

Sind die Ableitwiderstände größer als $10^6\,\Omega$, ist von einer Gefährdung auszugehen, so dass es bei einer Berührung des geladenen Metallrohres zur Funkenentladung kommen und explosionsfähige Atmosphäre gezündet werden kann. Um dies zu verhindern, sind Potentialausgleichsmaßnahmen notwendig. Die Ausführung des Potentialausgleichs erfolgt dann mindestens mit 4 mm^2 Kupfer.

Anforderungen an den Potentialausgleich

Ist nach den geltenden Regelwerken ein Potentialausgleich notwendig, müssen für die Leiter und Verbindungen weitere Anforderungen der Regelwerke berücksichtigt werden. Nach TRGS 723 [4] sind *„Verbindungen zum Potentialausgleich [...] gegen selbstständiges Lockern zu sichern“* [4]. Weiterführend müssen nach DIN EN 60079-14 (VDE 0165-1) [5] die Verbindungen *„ [...] das Korrosionsrisiko auf ein Mindestmaß senken,welches die Wirksamkeit der Verbindung verringern kann.“* [5]

Nur wie wird eine Sicherung gegen selbstständiges Lockern ausgeführt? An dieser Stelle lassen die erwähnten Regelwerke weiterführende Informationen vermissen. Das Selbstlockern von Verbindungen kann durch den Verlust der Vorspannung oder durch selbstständiges Losdrehen in Folge von Vibrationen auftreten. Dem Verlust der Vorspannung kann nur durch konstruktive Maßnahmen entgegengewirkt werden.

Sicher geht der Anwender, wenn Verbindungen eingesetzt werden, für die der Hersteller einen Schutz gegen Selbstlockern bestätigt. Zur elektrischen Kontaktierung von Rohren in explosionsgefährdeten Bereichen können Bandrohrschellen nach **Bild 5** eingesetzt werden, diese sind gemäß Herstellerangaben gegen Selbstlockern gesichert. Kommt als Werkstoff NIRO-Stahl zum Einsatz, ist das Korrosionsrisiko ebenfalls abgedeckt.

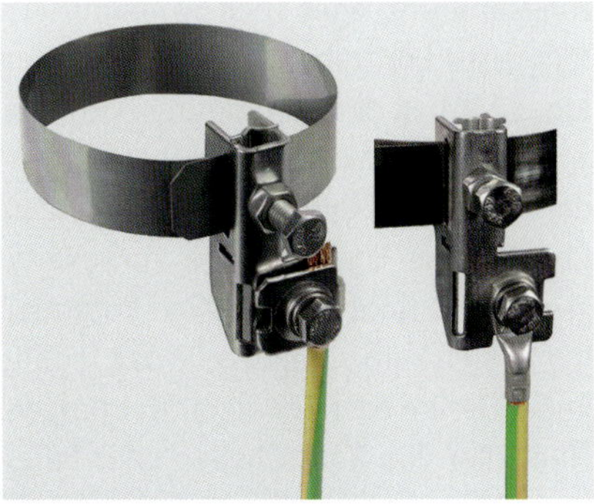

Bild 5: Bandrohrschelle für Zone 2122 mit Schutz gegen Selbstlocke

Quelle: Dehn Se + Co KG

Für die eigene Beurteilung geeigneter Verbindungen finden sich Lösungsansätze in der Blitzschutz-Normenreihe DIN EN 62305 VDE 0185-305. Im Teil 3 „Schutz von baulichen Anlagen und Personen“ beschreibt das Beiblatt 2 [8] zusätzliche Informationen für besondere bauliche Anlagen. Im Abschnitt 5.3 werden Anforderungen für explosionsgefährdete Bereiche aufgeführt.

„Ein Schutz gegen Selbstlockern kann z. B. durch die Verwendung von Federringen erreicht werden. Zahnscheiben haben sich nicht bewährt.“ [8] Bei Federringen sind die entsprechenden Drehmomente einzuhalten, da ansonsten die Schraubensicherung versagt. Bei Federringen besteht daher die Gefahr, dass mit einem zu hohen Anzugsmoment aus dem Federring praktisch eine Unterlegscheibe entsteht. Zum Schutz vor Selbstlockern eignen sich Federscheiben daher etwas besser als Federringe. Für beide Ausführungen wurden jedoch die Normen zurückgezogen (Federringe DIN 127/DIN 128, Federscheiben DIN 137), weil sie nur einen geringen Vorspannungsverlust ausgleichen. Damit gelten sie für das ungewollte Lösen einer Schraube nicht mehr als Stand der Technik.

Für Verbindungen von Potentialausgleichsleitern mit lediglich geringen mechanischen Anforderungen, kann der Einsatz der nicht mehr genormten Federringe oder Federscheiben aber weiterhin eine Lösung sein. Insbesondere bei zu erwartenden Vibrationen sind jedoch höherwertige Sicherungselemente zu wählen (z. B. Schraubverbindungen für Schienenfahrzeuge nach DIN 25201-1).

In der Konstruktion sind noch viele weitere Verbindungen bekannt, die vermeintlich gegen selbständiges Lösen sichern. Viele davon sind aber für den Anwendungsbereich „Potentialausgleich in explosionsgefährdeten Bereichen“ ungeeignet. Zum Beispiel ist das Verkleben des Gewindeschaftes mit Schraubensicherungslack kritisch zu bewerten. Der Kleber kann isolierend wirken, so dass die elektrische Verbindung nicht gegeben ist. Weiterhin sind sogenannte Sicherungsmuttern, oder auch Stoppmuttern, problematisch. Diese Muttern lassen ein teilweises Losdrehen zu und verhindern nur eine eigenständige Demontage bzw. einen Verlust der Verbindung (Verliersicherung).

Bei der Auswahl der Verbindungen an Potentialausgleichsschienen kann sich der Anwender auf die eigene Beurteilung verlassen oder auch hier analog zu den Rohrschellen auf Produkte zurückgreifen, für die der Hersteller die Sicherung gegen Selbstlockern bestätigt. Potentialausgleichsschienen oder Rohrschellen stellen an sich keine Zündquelle dar, womit diese Betriebsmittel im eigentlichen Sinne keine Geräte oder Schutzeinrichtungen nach Definition der RL 2014/34/EU sind. Hersteller von Rohrschellen oder Potentialausgleichsschienen bieten Produkte in Überstimmung mit der RL 2014/34/EU an, weil sie damit die Sicherstellung der Eigenschaften im Sinne der Anforderungen in Ex-Bereichen bestätigen.

Nach DIN EN IEC 60079-0 (VDE 0170-1) [6] *„Explosionsgefährdete Bereiche – Betriebsmittel – Allgemeine Anforderungen“* werden für Anschlussteile für Erdungs- oder Potentialausgleichsleiter im Abschnitt 15 bestimmte Eigenschaften gefordert. Dort werden u. a. Maßnahmen zum Korrosionsschutz, zur Sicherheit gegen Lockern und Verdrehen gefordert. Der auf die elektrischen Anschlüsse ausgeübte Kontaktdruck muss dauerhaft aufrechterhalten bleiben. Diese Eigenschaften bestätigen Hersteller von Anschlussteilen für Erdungs- und Potentialausgleichsleiter (Bild 5 und **Bild 6**) mit einer Zertifizierung für Geräte und Sicherheitseinrichtungen im Sinne der RL 2014/34/EU.

Die Potentialausgleichsleitungen sind nach DIN EN 60079-14 (VDE 0165-1) [5] zu bemessen. *„Der kleinste Querschnitt für Ausgleichsleiter für die Hauptverbindung zu einer Schutzschiene muss $6\,\text{mm}^2$ und für zusätzliche Verbindungen $4\,\text{mm}^2$ betragen. Der Einsatz von größeren Leitern für eine bessere mechanische Festigkeit sollte in Erwägung gezogen werden.“* [5] Für den Anschluss der Körper der elektrischen Betriebsmittel ist nach DIN EN IEC60079-0 (VDE 0170-1) [6] ein Mindestquerschnitt von $4\,\text{mm}^2$ vorzusehen (zusätzliche Verbindung). Wird der Anschluss als PE-Anschluss verwendet, muss der Mindestquerschnitt für PE-Anschlüsse nach DIN VDE 0100-540 (VDE 0100-540) [9] Tabelle 54.2 erfüllt sein.

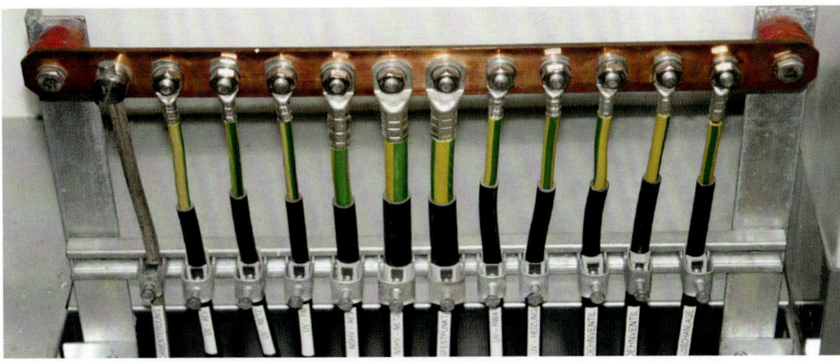

Quelle: Dehn Se + Co KG

Bild 6: Potentialausgleichsschiene für Ex-Bereiche Zone 2/22

Besondere Anforderungen an den Blitzschutzpotentialausgleich

In explosionsgefährdeten Anlagen mit Zoneneinteilung, sind mit Ausnahme in Zone 2 und 22 i.d.R. auch Blitzschutzmaßnahmen erforderlich. *„Es ist ein gemeinsamer Potentialausgleich für den Blitzschutz nach DIN EN 62305-3 (VDE 0185-305-3) und für die Installationen in explosionsgefährdeten Bereichen nach DIN EN 60079-14 (VDE 0165-1) vorzusehen.“* [8] Der Blitzschutzpotentialausgleich wird erreicht, indem der äußere Blitzschutz u. a. mit den inneren Systemen verbunden wird. Dabei kann ein Teil des Blitzstromes in solche Systeme hineinfließen, dieser Effekt muss insbesondere in explosionsgefährdeten Bereichen berücksichtigt werden.

Die Anschlüsse und Verbindungen mit Rohrleitungen sind dabei so herzustellen, dass beim Blitzstromdurchgang keine Funken bzw. unzulässig hohe Erwärmungen zu erwarten sind (blitzstromtragfähig). *„Anschlüsse mittels Schellen sind zulässig, wenn deren Zündfunkenfreiheit durch Prüfung bei Blitzströmen nachgewiesen wurde"* [8] (siehe **Bild 7**).

Weitere geeignete Anschlüsse an Rohrleitungen sind angeschweißte Fahnen, Bolzen, Gewindebohrungen in den Flanschen zur Aufnahme von Schrauben oder Rohrschellen. Diese Verbindungsstellen müssen so dimensioniert werden, dass sie blitzstromtragfähig sind. *„Verbindungen des äußeren Blitzschutzes zum Blitzschutzpotentialausgleich mit Rohrleitungen und zu metallenen Installationen werden nur im Einvernehmen mit dem Betreiber der Anlage unter Beachtung des Ex-Schutzzonendokuments ausgeführt."*]8]

Quelle: Dehn Se + Co KG

Bild 7: Zündfunkenfreie Bandrohrschelle für Ex-Bereiche Zone 1/21, 2/22

Fazit

Die Notwendigkeit und der Nutzen des Potentialausgleichs wird in vielen verschiedenen Regelwerken beschrieben. Der Potentialausgleich unterstützt z. B. Maßnahmen zum Schutz gegen elektrischen Schlag, elektromagnetische Störgrößen sowie Entzündung gefährlicher explosionsfähiger Atmosphäre. Zur regelkonformen Auslegung des Potentialausgleichs ist die Einordnung der möglichen Gefährdung und des Schutzziels entscheidend. Je nach Anwendungsbereich sind die Anforderungen der Regelwerke umzusetzen. Dem Planer und Errichter der Anlage stehen dabei durchaus alternative Lösungsansätze zur Verfügung. Aus Sicht des Autors sollte jedoch ein durchgängiges Konzept in der Anlage gewählt und beibehalten werden. Das sollte dann auch die Argumentation im Zuge möglicher Abnahmen erleichtern.

Quellen

[1] DIN VDE 0100-410 (VDE 0100-410):2018-10
Errichten von Niederspannungsanlagen – Teil 4-41: Schutzmaßnahmen – Schutz gegen elektrischen Schlag

[2] DIN VDE 0100-200 (VDE 0100-200):2006-06
Errichten von Niederspannungsanlagen – Teil 200: Begriffe

[3] DIN VDE 0100-444 (VDE 0100-444):2010-10
Errichten von Niederspannungsanlagen –- Teil 4-444: Schutzmaßnahmen – Schutz bei Störspannungen und elektromagnetischen Störgrößen

[4] TRGS 723, Fassung 02.10.2020
Gefährliche explosionsfähige Gemische – Vermeidung der Entzündung gefährlicher explosionsfähiger Gemische

[5] DIN EN 60079-14 (VDE 0165-1):2014-10
Explosionsgefährdete Bereiche – Teil 14: Projektierung, Auswahl und Errichtung elektrischer Anlagen

[6] DIN EN IEC 60079-0 (VDE 0170-1):2019-09
Explosionsgefährdete Bereiche – Teil 0: Betriebsmittel – Allgemeine Anforderungen

[7] TRGS 727, Fassung 29.07.2016
Vermeidung von Zündgefahren infolge elektrostatischer Aufladungen

[8] DIN EN 62305-3 Beiblatt2 (VDE 0185-305-3 Beiblatt 2):2012-10
Blitzschutz – Teil 3: Schutz von baulichen Anlagen und Personen – Beiblatt 2: Zusätzliche Informationen für besondere bauliche Anlagen

[9] DIN VDE 0100-540 (VDE 0100-540):2012-06
Errichten von Niederspannungsanlagen – Teil 5-54: Auswahl und Errichtung elektrischer Betriebsmittel – Erdungsanlagen und Schutzleiter

Autor

Dipl.-Ing. (FH) Michael Heyen hat an der Fachhochschule Emden Elektrotechnik studiert. Zu Beginn seiner beruflichen Laufbahn war er als verantwortliche Elektrofachkraft für den sicheren Betrieb der elektrischen Anlagen in einem Kraftwerk zuständig. Weitere Erfahrung sammelte er in einem Planungsbüro und betreute als Projektleiter u. a. Maßnahmen in Energieversorgungsanlagen.

Nachdem Herr *Heyen* hauptberuflich als Dozent am Bundestechnologiezentrum für Elektro- und Informationstechnik in Oldenburg (BFE) tätig war, führt er dort weiterhin als Gastdozent Seminare im Bereich Energietechnik sowie Explosionsschutz durch.

Aktuell ist *Michael Heyen* bei einem Energieversorger im Bereich Asset-Management mit Schwerpunkt Mittelspannungsanlagen tätig.

Vorschriften für den Explosionsschutz

Richtlinie 2014/34/EU als Nachfolger der Richtlinie 94/9/EG, die Betriebssicherheitsverordnung vom 1.6.2015 mit Anpassungen in den Jahren 2016 und folgenden sowie die angepasste Gefahrstoffverordnung

Holger F. Wegener

Die **Richtlinie 94/9/EG** und die **„alte“ Betriebssicherheitsverordnun**g waren seit mehr als 10 Jahren in Kraft. Aus den Erfahrungen der Vergangenheit hat sich gezeigt, dass es sinnvoll wurde, diese Regelungen zu überarbeiten und entsprechend den aktuellen Erkenntnissen zu modifizieren.

Die Richtlinie 2014/34/EU hat die Zielsetzung, dass nur solche Produkte auf den europäischen Markt gelangen, die geeignet sind, im explosionsgefährdeten Bereich eingesetzt zu werden.

Die Zielsetzung der Richtlinie 99/92/EG findet sich in der novellierten Betriebssicherheitsverordnung und in der Ergänzung der Gefahrstoffverordnung. Sie haben weiter das Ziel, dass die Arbeitsplätze sicher sind und keine Gefährdung z. B. durch die Anwendung brennbarer/explosionsfähiger Stoffe entstehen kann.

Richtlinie 2014/34/EU des europäischen Parlaments und des Rates vom 26. Februar 2014 zur Harmonisierung der Rechtsvorschriften der Mitgliedstaaten für Geräte und Schutzsysteme zur bestimmungsgemäßen Verwendung in explosionsgefährdeten Bereichen (Neufassung)

Die Richtlinie 94/9/EG gehört der Vergangenheit an. Hersteller, die Geräte in Verkehr bringen, sind verpflichtet, sich ausschließlich auf die neue Richtlinie zu beziehen. Die Baumusterprüfungen und Zertifikate der Benannten Stellen können sich jedoch durchaus noch auf die Richtlinie 94/9/EG beziehen.

1. Was wird mit den vorhandenen Zertifikaten und Bescheinigungen der Benannten Stellen?

Die Zertifikate der „Benannten Stellen“ bleiben weiter gültig. Der Hersteller hat nach alter und neuer Richtlinie die Verantwortung, dass seine Produkte dem Stand der Technik entsprechen müssen. Er drückt dieses dadurch aus, dass seine Konformitätserklärungen aktuell sind, also die Richtlinie 2014/34/EU im Text angegeben wird.

2. Einleitung/Begründung zur Richtlinie 2014/34/EU

Bevor der eigentliche Text der Richtlinie beginnt, wurden 52 Gründe aufgeführt, die dazu geführt haben, dass die Richtlinie angepasst wurde.

Dazu gehört: Alle benannten Stellen haben sich bis zum Jahr 2016 einer Neuakkreditierung zu stellen. Die vorhandenen Akkreditierungen liefen zu diesem Termin aus. Aus diesem Grund wurden alle Benannten Stellen (Notified Bodys) bis zu diesem Datum kontrolliert und auditiert.

Es wird versucht, eine höhere Transparenz in das System der Produktzertifizierung zu bekommen.

3. Folgende Definitionen werden für den Begriff „Produkte" festgelegt, die unter die Richtlinie 2014/34/EU fallen:

- Geräte und Schutzsysteme zur bestimmungsgemäßen Verwendung in einer explosionsfähigen Atmosphäre,
- Sicherheits-, Kontroll- und Regeleinrichtungen für den Einsatz außerhalb von Ex-Bereichen, die jedoch im Hinblick auf den Explosionsschutz für den sicheren Betrieb notwendig sind oder dazu beitragen,
- Komponenten, die zum Einbau in Geräte oder Schutzsysteme vorgesehen sind.
- Die Richtlinie definiert genauer als vorher die Pflichten der Wirtschaftsakteure (Hersteller, Importeur, Inverkehrbringer usw.) und in welcher Verantwortung diese stehen, um sicherzustellen, dass die Produkte, die in den Warenverkehr gelangen, der Richtlinie entsprechen. *Dieses bedeutet, dass auch Betreiber, die ein Produkt für den Eigenbedarf herstellen, zum Hersteller werden und den gleichen Pflichten unterliegen.*
- Es wird stärkerer Wert auf eine Nachverfolgbarkeit der Warenströme gelegt und diese direkter gefordert (Möglichkeit des Rückrufs).
- Die Richtlinie fordert nun einheitliche Begriffe für die Konformitätserklärungen der Hersteller und Benannten Stellen. In Zukunft wird der Begriff EC (European Community) durch EU (European Union) ersetzt.
- Es soll zwar gemäß der Richtlinie 2014/34/EU möglich sein, die Bedienungsanleitung in einer der offiziellen Sprachen der EU zu erstellen, denn es ist lediglich gefordert, dass diese in einer Sprache zu erstellen ist, die der Anwender versteht. Es stehen demgegenüber aber weiter die Anforderungen durch die Betreiber/Nutzer der Produkte, die ihren Mitarbeitern eine für sie les- und begreifbare Anleitung zur Verfügung stellen müssen (siehe auch Produktsicherheitsgesetz).

Es kann zusammengefasst werden, dass es keine signifikanten Änderungen in Hinsicht auf die:

- Verantwortung des Herstellers und
- wesentlichen Grundsätze der Sicherheitsanforderungen gegeben hat.

Die Richtlinie kann von folgender Internetseite bezogen werden:

https://eur-lex.europa.eu/homepage.html?locale=de

Als Hilfe für die Umsetzung steht eine Guide-Line zur Verfügung, die auf der Internetpräsenz der PTB:

www.ptb.de/cms/fileadmin/internet/fachabteilungen/abteilung_3/explosionsschutz/Richtlinien_Verordnungen/ATEX_2014-34-EU-Guidelines-1st-Edition-April_2016.pdf

oder unter folgender Adresse aus dem Internet bezogen werden kann:

http://ec.europa.eu/DocsRoom/documents/13132/attachments/1/translations/en/renditions/native

In deutscher Sprache ist sie unter folgender Adresse zu finden:

www.bgrci.de/fileadmin/BGRCI/Downloads/DL_Praevention/Explosionsschutzportal/Dokumente/Uebersetzung_ATEX_2014-34-EU-Guidelines-1st-Edition-April_2016_Aend-ang.pdf

Auch die Betriebssicherheitsverordnung BetrSichV aus dem Jahr 2002 wurde überarbeitet. Die wesentlichen Zielsetzungen und damit Änderungen sind die Beseitigung rechtlicher und fachlicher Mängel. Vor allem gab es Widersprüche zwischen der Betriebssicherheitsverordnung und dem Gefahrstoffrecht.

Folgende Punkte wurden geändert:
Der Titel wurde von *Verordnung zur Rechtsvereinfachung im Bereich der Sicherheit und des Gesundheitsschutzes bei der Bereitstellung von Arbeitsmitteln und deren Benutzung bei der Arbeit, der Sicherheit beim Betrieb überwachungsbedürftiger Anlagen und der Organisation des betrieblichen Arbeitsschutzes* (BetrSichV)

in

Verordnung über Sicherheit und Gesundheitsschutz bei der Verwendung von Arbeitsmitteln und Anlagen (BetrSichV) geändert. Die Kurzbezeichnung BetrSichV oder Betriebssicherheitsverordnung blieb erhalten.

Die BetrSichV beschäftigt sich nun ausschließlich mit der Prüfung von Arbeitsmitteln. Arbeitsmittel sind dabei alle Gegenstände, die der Arbeitgeber seinen Beschäftigten zur Verfügung stellt, um einen Arbeitsauftrag zu erledigen.

Regelungen, die aus der Gefährdung durch die brennbaren/explosionsfähigen Stoffe herrühren, sind vollständig in die Gefahrstoffverordnung überführt worden.

Dazu gehören zum Beispiel die Teile der alten BetrSichV, die mit der Eigenschaft der Stoffe in Zusammenhang stehen und die im eigentlichen Sinne die Gefährdung ausmachen (inkl. der Zoneneinteilung). Diese werden der Gefahrstoffverordnung zugeordnet. Dieses bedeutet auch, dass die zugehörigen TRBS (z. B. TRBS 2152) in eine TRGS (z. B. TRGS 722) überführt wurden.

Alles, was mit der *Prüfung von Anlagen* einhergeht, egal ob es sich um Aufzugsanlagen, Druckgeräte oder Anlagen im Ex-Bereich handelt, verbleibt in der BetrSichV.

Die wesentlichen Details der Prüfung im Explosionsschutz findet man im Anhang 2 Abschnitt 3 der Richtlinie.

Dort findet man die Begriffsbestimmung der Anlage sowie die Definition der „befähigten Person". Die Beschreibung der Zuständigkeit der befähigten Person hat sich dahingehend geändert, dass die Qualifikation für die Verantwortlichkeiten gestiegen ist.

Prüffristen: Die Prüffristen sind modifiziert worden. Zu Beginn der Nutzung einer Anlage im Ex-Bereich hat der Betreiber eine Prüfung *vor* Inbetriebnahme durchzuführen.

Danach sind Wiederholungsprüfungen durchzuführen und zwar:

Für alle Maßnahmen, die durch einen primären Schutz erreicht werden, ist eine jährliche Prüfung vorgeschrieben. Diese Maßnahmen sind zum Beispiel: Reduzierung oder Wegfall des explosionsgefährlichen Bereichs durch Lüftungsmaßnahmen. Auch die Detektion des brennbaren Gases durch Ex-Warneinrichtungen oder der Schutz durch Inertisierung (Verdrängen des Sauerstoffs durch ein nicht brennbares Gas) können hierzu zählen.

Anlagenteile, die durch Zertifikate/Konformitätserklärungen als für den Ex-Bereich geeignet bescheinigt wurden, sind spätestens alle 3 Jahre umfassend zu prüfen. Diese umfassende Prüfung bezieht sich auch auf die Funktionsprüfung der Einrichtungen, die zum Erreichen eines Zündschutzes erforderlich sind. Beispielsweise gilt, dass eine Gleitringdichtung eine Temperaturmessung zur Erreichung des Zündschutzes benötigt. Diese Messung mit den entsprechenden Abschaltungen (Aktoren) sind umfänglich zu prüfen. Zwar galt diese Vorgabe schon vorher, sie wurde nunmehr allerdings präzisiert.

Der vollumfängliche Explosionsschutz in Form der (unter anderem) Überprüfung des Explosionsschutzdokumentes ist spätestens alle 6 Jahre zu prüfen.

Gefahrstoffverordnung und Gefährdungsbeurteilung

Die alte BetrSichV forderte die Erstellung eines „Explosionsschutzdokumentes". Dieser Begriff wurde mehr oder weniger erweitert und durch den Begriff „Gefährdungsbeurteilung" (GBU) ersetzt. Im Arbeitsschutz und so auch in der Gefahrstoffverordnung war es schon immer erforderlich, eine Gefährdungsbeurteilung zu erstellen.

Was bedeutet dieses im Einzelnen?

Eigentlich ergibt sich keine wesentliche Änderung. Es muss nur den beteiligten Personen (Betreibern) bewusst sein, dass es in der entsprechenden Dokumentation nicht mehr nur um die Einschätzung der Explosionsgefährdung und der Maßnahmen zur Vermeidung geht, sondern auch um die Einschätzung und die Maßnahmen zur Vermeidung der Gefährdungen durch die verwendeten Stoffe (Lacke, Gase und andere) selbst.

Weitere Informationen und vor allem die Änderungen der TRBS und der TRGS können von der Internetseite der BAuA bezogen werden:

www.baua.de/DE/Angebote/Rechtstexte-und-Technische-Regeln/Regelwerk/TRBS/TRBS.html

www.baua.de/DE/Angebote/Rechtstexte-und-Technische-Regeln/Regelwerk/TRGS/TRGS.html

Hinweis: Durch die Änderung der BetrSichV kann es immer noch vorkommen, dass die TRBS oder TRGS nicht auf dem aktuellen Stand ist. Laut einem Ministerialerlass sind die entsprechenden Regeln dann ihrem Sinn gemäß anzuwenden. Es gilt aber immer der Grundsatz: Erst das Gesetz (Verordnung), dann die Technische Regel.

Impfstoffautomat

Peter Behrends

Aus gegebenem Anlass ist das Programm für einen Impfstoffautomaten zur Herstellung verschiedener Impfstoffe zu erstellen.

Aufbau der Anlage

Der Impfautomat enthält die Grundsubstanz für den Impfstoff (Zufuhr über den Motor M1, Impfstoff), die Zusatzkomponente A (Zylinder MM2) und die Zusatzkomponente B (Zylinder MM3) sowie einen Durchlauferhitzer (E1) für die Kochsalzlösung (Zylinder MM1) zum Spülen der Anlage.

Ein zusätzlicher Behälter muss manuell unter die Mischkammer (Motor M2) gestellt werden. Da ein Näherungsschalter (B0) die Anlage überwacht, ist eine Funktion ohne Behälter unmöglich.

Die Anlage wird über einen Taster „Anlage_EIN“ eingeschaltet. Ein Taster „Anlage_AUS“ bricht alle laufenden Vorgänge ab. Hiernach ist nur ein kompletter Neustart der Anlage möglich.

Beschreibung des Mischvorganges

Nach „Anlage_EIN“ und nach jedem Mischvorgang wird die Maschine 5 s mit der Kochsalzlösung gespült. Dieser Prozess wird außer durch „Anlage_EIN“ auch nach jedem Entfernen des Behälters nach der Befüllung ausgelöst. Zu beachten ist hierbei, dass der Durchlauferhitzer für die Spüllösung eine Vorwärmzeit von drei Sekunden benötigt.

Nach diesem Spülvorgang leuchtet der Leuchtmelder (P1) *„Behälter bereitstellen“*. Ist ein Behälter bereitgestellt, leuchtet der zweite Leuchtmelder (P2) *„Bitte wählen Sie“*. Über Vorwahltaster lässt sich folgendes anwählen:

- Taster S0: Impfstoff einfach
- Taster S1: Impfstoff mit A
- Taster S2: Impfstoff mit B
- Taster S3: Impfstoff mit A und B

Um eine homogene Durchmischung der Stoffe sicherzustellen, müssen folgende Mischzeiten und Drehzahlen eingehalten werden:

- Impfstoff einfach: Hochlauframpenzeit 5 s,
Mischzeit 10 s mit Drehzahl 30 Hz,
Ablauframpenzeit 5 s
- Impfstoff mit A: Hochlauframpenzeit 10 s,
Mischzeit 5 s mit Drehzahl 40 Hz,
Ablauframpenzeit 5 s

– Impfstoff mit B:	Hochlauframpenzeit 5 s, 1. Mischzeit 10 s mit Drehzahl 30 Hz 2. Mischzeit 5 s mit Drehzahl 50 Hz, Ablauframpenzeit 5 s
– Impfstoff mit A und B:	Hochlauframpenzeit 10s, 1. Mischzeit 5 s mit Drehzahl 20 Hz 2. Mischzeit 5 s mit Drehzahl 30 Hz 3. Mischzeit 5 s mit Drehzahl 50 Hz, Ablauframpenzeit 5 s

Überwachung und Schutz der Maschine

Die Schutzeinrichtungen der Motoren und die Zustände der Zylinder werden überwacht (Endlagenschalter) um bei einer Fehlfunktion den Mischvorgang abzubrechen.

Ebenso werden die Füllstände der Behälter bei Beginn des Mischvorgangs überwacht, um ein rechtzeitiges Nachfüllen der Stoffe zu gewährleisten. Ein Starten des Mischprozesses ist dann nicht möglich.

Bei Auftreten einer Störung ertönt eine Hupe und synchron blinkt ein Leuchtmelder (P3) „Störung“. Die Störungsmeldung lässt sich über einen Quittiertaster zurückstellen. Die jeweilige Störung wird durch verschiedene Blinkfrequenzen angezeigt:

- Dauerlicht: Behälter nachfüllen
- langsames Blinken Motorstörung (0,5 Hz)
- schnelles Blinken Zylinderstörung (2 Hz)

Betriebsmittelliste

Bezeichnung	Hardware	Kommentar
S10	%E 0.0	Anlage_EIN, Schließer
S11	%E 0.1	Anlage_AUS, Öffner
S0	%E 0.2	Impfstoff einfach
S1	%E 0.3	Impfstoff mit A
S2	%E 0.4	Impfstoff mit B
S3	%E 0.5	Impfstoff mit A und B
F1	%E 0.6	Motorschutz M1, Öffner
F2	%E 0.7	Motorschutz M2, Öffner
B0	%E 1.0	Behälter vorhanden
B1	%E 1.1	Zylinder MM1 geöffnet
B2	%E 1.2	Zylinder MM1 geschlossen
B3	%E 1.3	Zylinder MM2 geöffnet
B4	%E 1.4	Zylinder MM2 geschlossen
B5	%E 1.5	Zylinder MM3 geöffnet
B6	%E 1.6	Zylinder MM3 geschlossen
B7	%E 1.7	Füllstand Behälter Impfstoff niedrig
B8	%E 2.0	Füllstand Behälter Komponente A niedrig
B9	%E 2.1	Füllstand Behälter Komponente B niedrig
S12	%E2.7	Quittiertaster
Q1	%A0.0	Schütz Motor M1, Dosierung Impfstoff
Q2	%A0.1	Schütz Motor M2, Mischermotor
Q3	%A0.2	Ventil MM1, Spüllösung
Q4	%A0.3	Ventil MM2, Dosierung Komponente A
Q5	%A0.4	Ventil MM3, Dosierung Komponente A
Q6	% A0.5	Durchlauferhitzer E1, Spüllösung
P1	%A1.0	Leuchtmelder „Behälter hinstellen“
P2	%A1.1	Leuchtmelder „Bitte wählen Sie“
P3	%A1.2	Leuchtmelder „Störung“
P4	%A1.3	Hupe

Totally Integrated Automation Portal

Main [OB1]

Main Eigenschaften					
Allgemein					
Name	Main	**Nummer**	1	**Typ**	OB
Sprache	FUP	**Nummerierung**	Manuell		
Information					
Titel	Programmorganisation Holzsäge- und Spaltanlage	**Autor**		**Kommentar**	
Familie		**Version**	0.1	**Anwenderdefinierte ID**	

Name	Datentyp	Offset	Defaultwert	Kommentar
▼ Temp				
OB1_EV_CLASS	Byte	0.0		Bits 0-3 = 1 (Coming event), Bits 4-7 = 1 (Event class 1)
OB1_SCAN_1	Byte	1.0		1 (Cold restart scan 1 of OB 1), 3 (Scan 2-n of OB 1)
OB1_PRIORITY	Byte	2.0		Priority of OB Execution
OB1_OB_NUMBR	Byte	3.0		1 (Organization block 1, OB1)
OB1_RESERVED_1	Byte	4.0		Reserved for system
OB1_RESERVED_2	Byte	5.0		Reserved for system
OB1_PREV_CYCLE	Int	6.0		Cycle time of previous OB1 scan (milliseconds)
OB1_MIN_CYCLE	Int	8.0		Minimum cycle time of OB1 (milliseconds)
OB1_MAX_CYCLE	Int	10.0		Maximum cycle time of OB1 (milliseconds)
OB1_DATE_TIME	Date_And_Time	12.0		Date and time OB1 started
Constant				

Netzwerk 1: Nullmerker

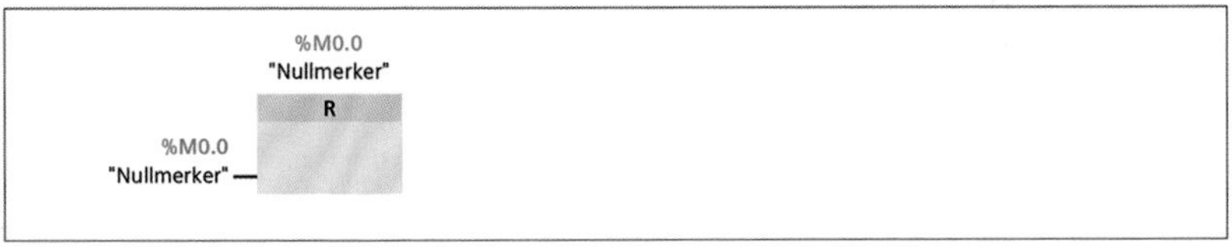

Netzwerk 2: Einsmerker

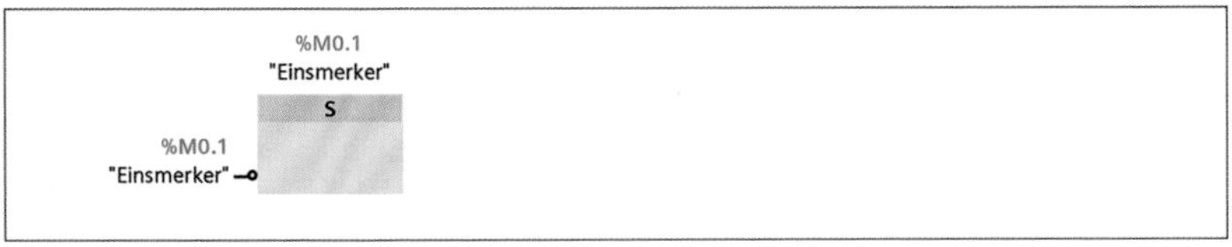

Totally Integrated Automation Portal		

Netzwerk 3: Betreibsarten und Kettenreset

Netzwerk 4: Automatik Schrittkette

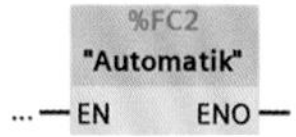

Netzwerk 5:

Netzwerk 6: Ansteuerung der Ausgänge

Netzwerk 7: Ansteuerung der Meldeleuchten

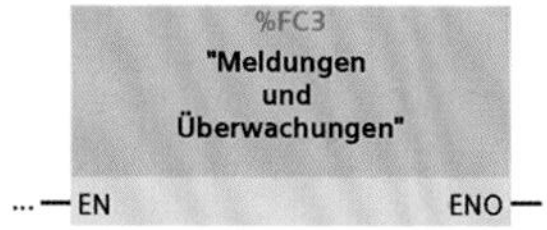

Totally Integrated Automation Portal		

1Betriebsart Start/Stop, Reset kette [FC1]

1Betriebsart Start/Stop, Reset kette Eigenschaften					
Allgemein					
Name	1Betriebsart Start/Stop, Reset kette	**Nummer**	1	**Typ**	FC
Sprache	FUP	**Nummerierung**	Automatisch		
Information					
Titel		**Autor**		**Kommentar**	
Familie		**Version**	0.1	**Anwenderdefinierte ID**	

Netzwerk 1: Anlage Start und Reset Kette

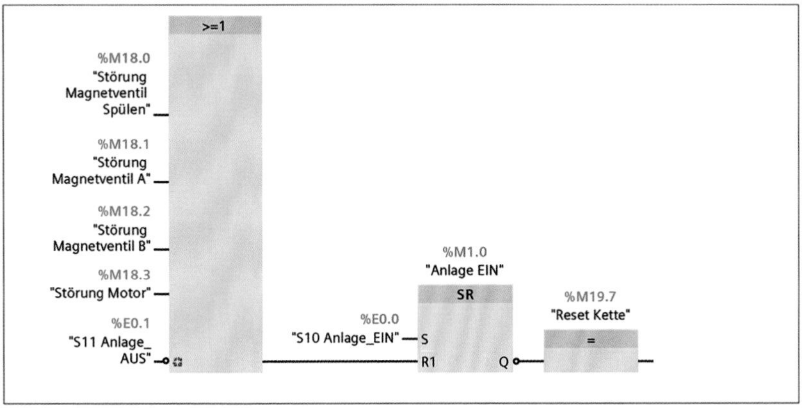

Totally Integrated Automation Portal		

Projekt2021_V16 / PLC_1 [CPU 315F-2 PN/DP] / Programmbausteine

Automatik [FC2]

Automatik Eigenschaften					
Allgemein					
Name	Automatik	**Nummer**	2	**Typ**	FC
Sprache	FUP	**Nummerierung**	Manuell		
Information					
Titel	Automatik Schrittkette	**Autor**		**Kommentar**	
Familie		**Version**	0.1	**Anwenderdefinierte ID**	

Automatik				
Name	**Datentyp**	**Offset**	**Defaultwert**	**Kommentar**
Input				
Output				
InOut				
Temp				
Constant				
▼ Return				
Automatik	Void			

Netzwerk 1: Initialschritt

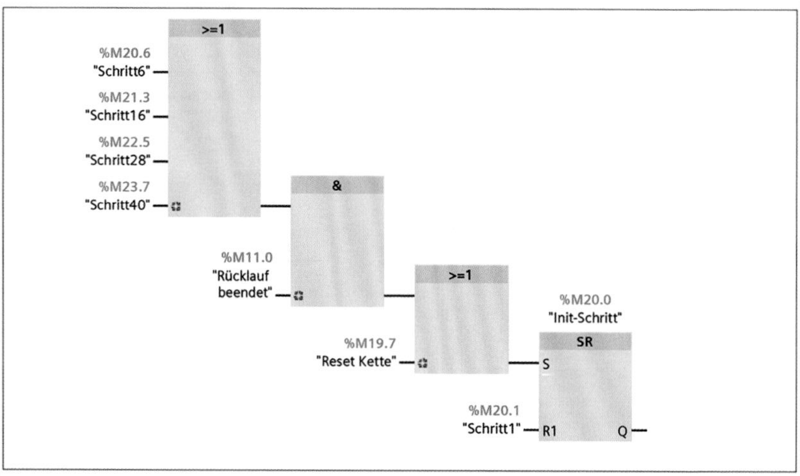

Symbol	Adresse	Typ	Kommentar
"Init-Schritt"	%M20.0	Bool	Initialschritt
"Reset Kette"	%M19.7	Bool	Resetbefehl Schrittkette
"Rücklauf beendet"	%M11.0	Bool	
"Schritt1"	%M20.1	Bool	Spülen

Totally Integrated Automation Portal

Symbol	Adresse	Typ	Kommentar
"Schritt6"	%M20.6	Bool	Rücklauf Mischerdrehzahl Impfstoff einfach
"Schritt16"	%M21.3	Bool	Rücklauf Mischerdrehzahl Impfstoff A
"Schritt28"	%M22.5	Bool	Rücklauf Mischerdrehzahl Impfstoff B
"Schritt40"	%M23.7	Bool	Rücklauf Mischerdrehzahl Impfstoff A + B

Netzwerk 2: Schritt 1, Durchlauferhitzer aufheizen und spülen

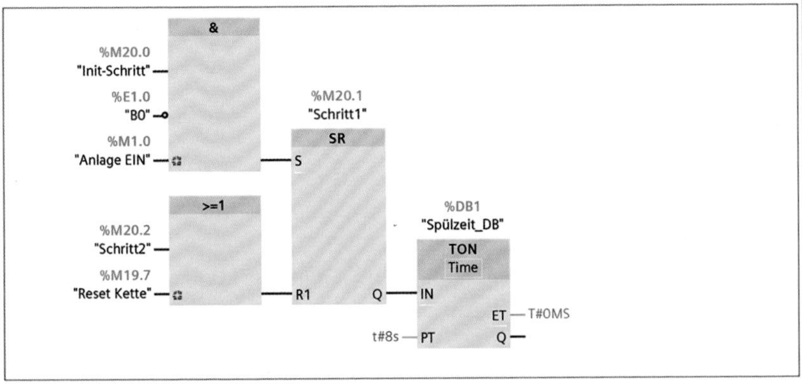

Symbol	Adresse	Typ	Kommentar
"Anlage EIN"	%M1.0	Bool	Merker Anlage EIN
"B0"	%E1.0	Bool	Behälter vorhanden
"Init-Schritt"	%M20.0	Bool	Initialschritt
"Reset Kette"	%M19.7	Bool	Resetbefehl Schrittkette
"Schritt1"	%M20.1	Bool	Spülen
"Schritt2"	%M20.2	Bool	Meldung Behälter hinstellen, Sorte wählen

Netzwerk 3: Schritt 2, Meldung Behälter hinstellen und Aufforderung Sorte wählen

Totally Integrated Automation Portal

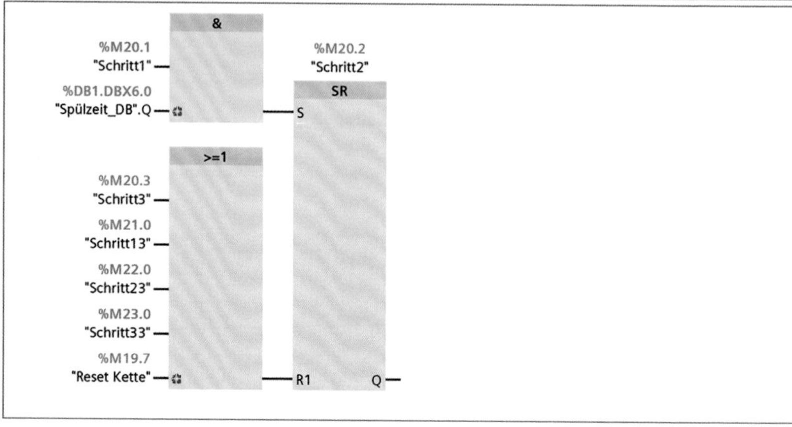

Symbol	Adresse	Typ	Kommentar
"Reset Kette"	%M19.7	Bool	Resetbefehl Schrittkette
"Schritt1"	%M20.1	Bool	Spülen
"Schritt2"	%M20.2	Bool	Meldung Behälter hinstellen, Sorte wählen
"Schritt3"	%M20.3	Bool	Dosierung Komponenten Impfstoff einfach
"Schritt13"	%M21.0	Bool	Dosierung Komponenten Impfstoff A
"Schritt23"	%M22.0	Bool	Dosierung Komponenten Impfstoff B
"Schritt33"	%M23.0	Bool	Dosierung Komponenten Impfstoff A + B
"Spülzeit_DB".Q	%DB1.DBX6.0	Bool	

Netzwerk 4: Schritt 3, Dosierung Komponenten, Parallelkette einfacher Impfstoff

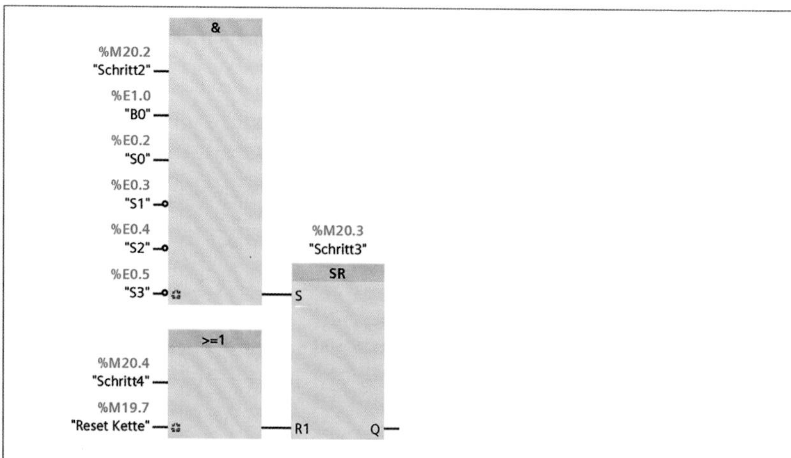

Totally Integrated Automation Portal

Symbol	Adresse	Typ	Kommentar
"B0"	%E1.0	Bool	Behälter vorhanden
"Reset Kette"	%M19.7	Bool	Resetbefehl Schrittkette
"S0"	%E0.2	Bool	Impfstoff einf
"S1"	%E0.3	Bool	Impfstoff mit A
"S2"	%E0.4	Bool	Impfstoff mit B
"S3"	%E0.5	Bool	Impfstoff mit A und B
"Schritt2"	%M20.2	Bool	Meldung Behälter hinstellen, Sorte wählen
"Schritt3"	%M20.3	Bool	Dosierung Komponenten Impfstoff einfach
"Schritt4"	%M20.4	Bool	Hochlauf Mischerdrehzahl Imptstoff einfach

Netzwerk 5: Schritt 4, Hochlauf Mischmotor, Parallelkette einfacher Impfstoff

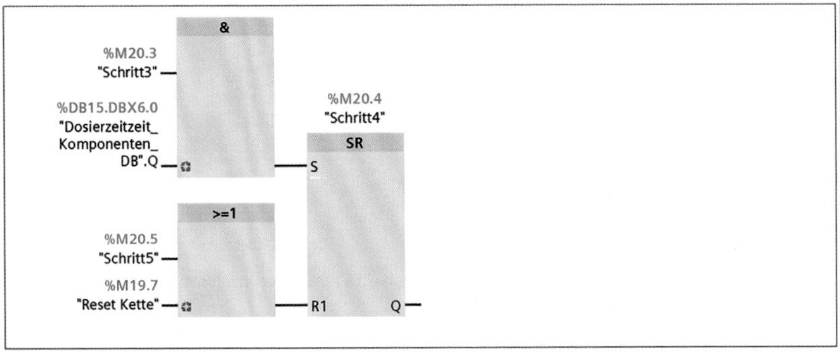

Symbol	Adresse	Typ	Kommentar
"Dosierzeitzeit_Kompo-nenten_DB".Q	%DB15.DBX6.0	Bool	
"Reset Kette"	%M19.7	Bool	Resetbefehl Schrittkette
"Schritt3"	%M20.3	Bool	Dosierung Komponenten Impfstoff einfach
"Schritt4"	%M20.4	Bool	Hochlauf Mischerdrehzahl Imptstoff einfach
"Schritt5"	%M20.5	Bool	Mischen Impfstoff einfach

Netzwerk 6: Schritt 5, Mischen, Parallelkette einfacher Impfstoff

Totally Integrated Automation Portal

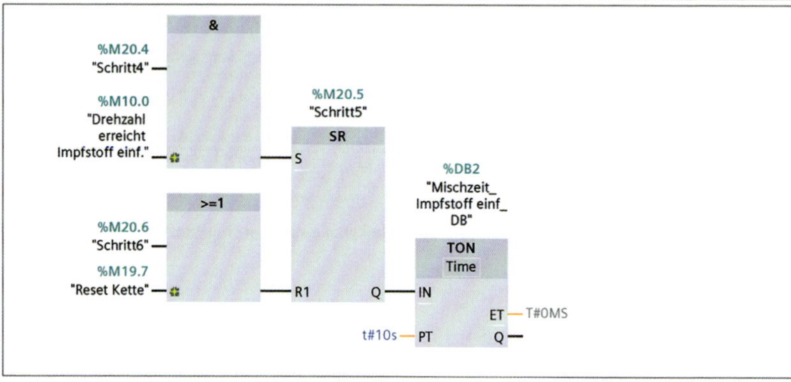

Symbol	Adresse	Typ	Kommentar
"Drehzahl erreicht Impfstoff einf."	%M10.0	Bool	
"Reset Kette"	%M19.7	Bool	Resetbefehl Schrittkette
"Schritt4"	%M20.4	Bool	Hochlauf Mischerdrehzahl Imptstoff einfach
"Schritt5"	%M20.5	Bool	Mischen Impfstoff einfach
"Schritt6"	%M20.6	Bool	Rücklauf Mischerdrehzahl Impfstoff einfach

Netzwerk 7: Schritt 6, Rücklauf Mischmotor, Parallelkette einfacher Impfstoff

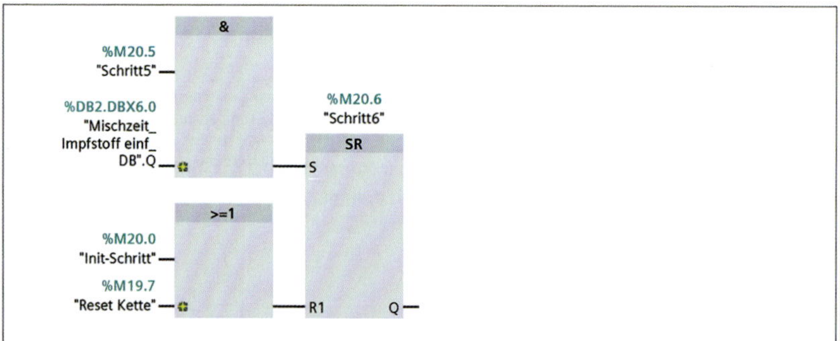

Symbol	Adresse	Typ	Kommentar
"Init-Schritt"	%M20.0	Bool	Initialschritt
"Mischzeit_Impfstoff einf_DB".Q	%DB2.DBX6.0	Bool	
"Reset Kette"	%M19.7	Bool	Resetbefehl Schrittkette
"Schritt5"	%M20.5	Bool	Mischen Impfstoff einfach
"Schritt6"	%M20.6	Bool	Rücklauf Mischerdrehzahl Impfstoff einfach

Netzwerk 8: Schritt 13, Dosierung Komponenten, Parallelkette Impfstoff A

Totally Integrated Automation Portal

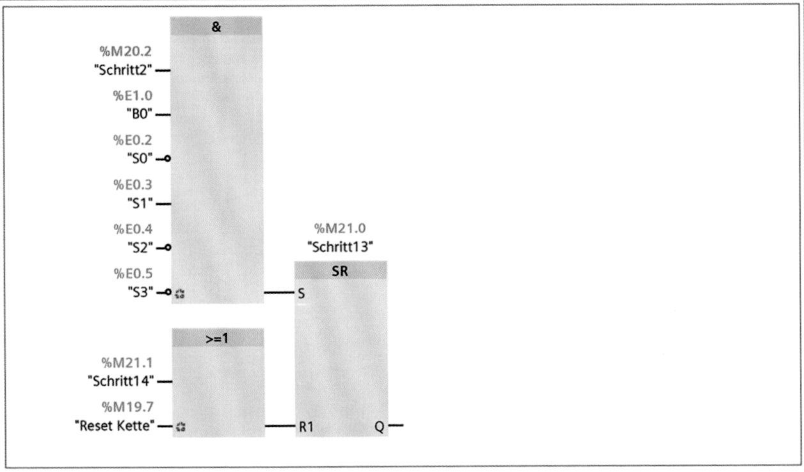

Symbol	Adresse	Typ	Kommentar
"B0"	%E1.0	Bool	Behälter vorhanden
"Reset Kette"	%M19.7	Bool	Resetbefehl Schrittkette
"S0"	%E0.2	Bool	Impfstoff einf
"S1"	%E0.3	Bool	Impfstoff mit A
"S2"	%E0.4	Bool	Impfstoff mit B
"S3"	%E0.5	Bool	Impfstoff mit A und B
"Schritt2"	%M20.2	Bool	Meldung Behälter hinstellen, Sorte wählen
"Schritt13"	%M21.0	Bool	Dosierung Komponenten Impfstoff A
"Schritt14"	%M21.1	Bool	Hochlauf Mischerdrehzahl Imptstoff A

Netzwerk 9: Schritt 14, Hochlauf Mischmotor, Parallelkette Impfstoff A

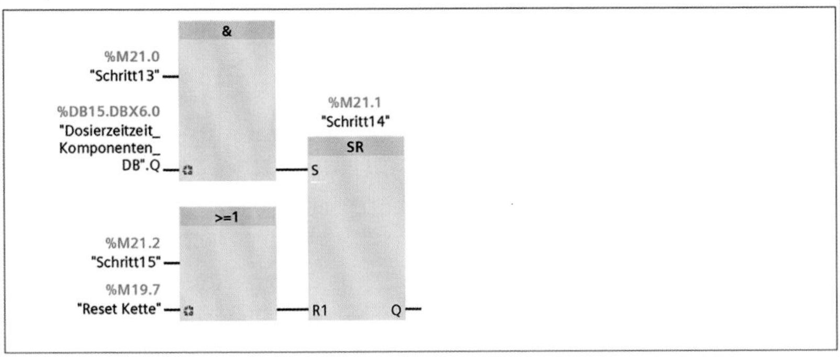

Symbol	Adresse	Typ	Kommentar
"Dosierzeitzeit_Kompo-nenten_DB".Q	%DB15.DBX6.0	Bool	

Totally Integrated Automation Portal

Symbol	Adresse	Typ	Kommentar
"Reset Kette"	%M19.7	Bool	Resetbefehl Schrittkette
"Schritt13"	%M21.0	Bool	Dosierung Komponenten Impfstoff A
"Schritt14"	%M21.1	Bool	Hochlauf Mischerdrehzahl Imptstoff A
"Schritt15"	%M21.2	Bool	Mischen Impfstoff A

Netzwerk 10: Schritt 15, Mischen, Parallelkette Impfstoff A

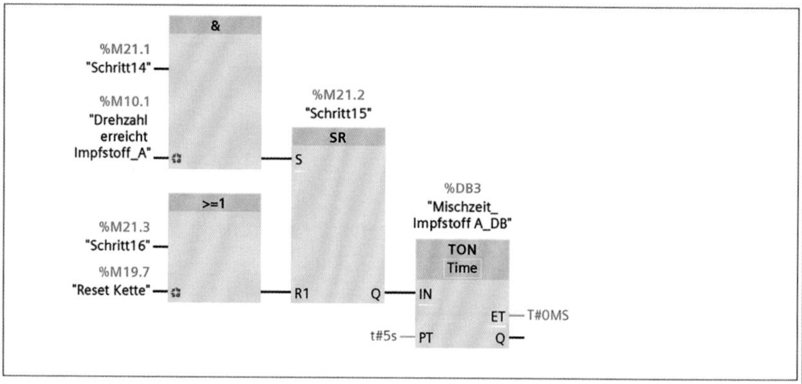

Symbol	Adresse	Typ	Kommentar
"Drehzahl erreicht Impfstoff_A"	%M10.1	Bool	
"Reset Kette"	%M19.7	Bool	Resetbefehl Schrittkette
"Schritt14"	%M21.1	Bool	Hochlauf Mischerdrehzahl Imptstoff A
"Schritt15"	%M21.2	Bool	Mischen Impfstoff A
"Schritt16"	%M21.3	Bool	Rücklauf Mischerdrehzahl Impfstoff A

Netzwerk 11: Schritt 16, Rücklauf Mischmotor, Parallelkette Impfstoff A

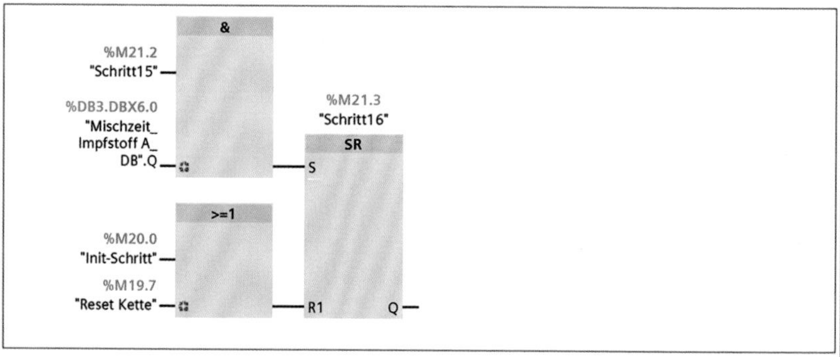

Totally Integrated Automation Portal		

Symbol	Adresse	Typ	Kommentar
"Init-Schritt"	%M20.0	Bool	Initialschritt
"Mischzeit_Impfstoff A_DB".Q	%DB3.DBX6.0	Bool	
"Reset Kette"	%M19.7	Bool	Resetbefehl Schrittkette
"Schritt15"	%M21.2	Bool	Mischen Impfstoff A
"Schritt16"	%M21.3	Bool	Rücklauf Mischerdrehzahl Impfstoff A

Netzwerk 12: Schritt 23, Dosierung Komponenten, Parallelkette Impfstoff B

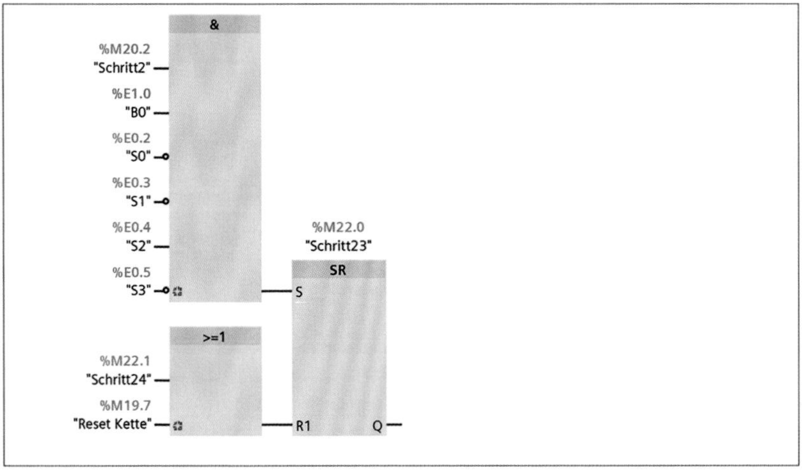

Symbol	Adresse	Typ	Kommentar
"B0"	%E1.0	Bool	Behälter vorhanden
"Reset Kette"	%M19.7	Bool	Resetbefehl Schrittkette
"S0"	%E0.2	Bool	Impfstoff einf
"S1"	%E0.3	Bool	Impfstoff mit A
"S2"	%E0.4	Bool	Impfstoff mit B
"S3"	%E0.5	Bool	Impfstoff mit A und B
"Schritt2"	%M20.2	Bool	Meldung Behälter hinstellen, Sorte wählen
"Schritt23"	%M22.0	Bool	Dosierung Komponenten Impfstoff B
"Schritt24"	%M22.1	Bool	Hochlauf1 Mischerdrehzahl Imptstoff B

Netzwerk 13: Schritt 24, Hochlauf 1Mischmotor, Parallelkette Impfstoff B

Totally Integrated Automation Portal		

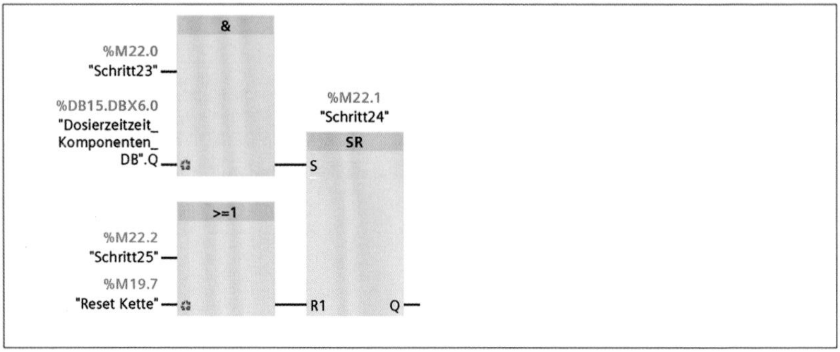

Symbol	Adresse	Typ	Kommentar
"Dosierzeitzeit_Kompo-nenten_DB".Q	%DB15.DBX6.0	Bool	
"Reset Kette"	%M19.7	Bool	Resetbefehl Schrittkette
"Schritt23"	%M22.0	Bool	Dosierung Komponenten Impfstoff B
"Schritt24"	%M22.1	Bool	Hochlauf1 Mischerdrehzahl Imptstoff B
"Schritt25"	%M22.2	Bool	Mischen1 Impfstoff B

Netzwerk 14: Schritt 25, Mischen1, Parallelkette Impfstoff B

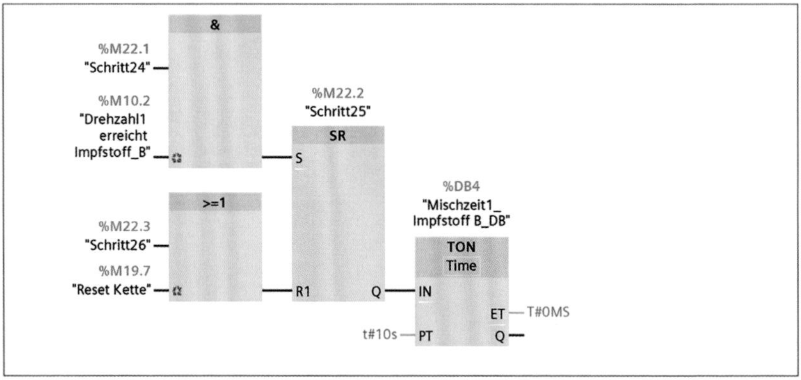

Symbol	Adresse	Typ	Kommentar
"Drehzahl1 erreicht Im-pfstoff_B"	%M10.2	Bool	
"Reset Kette"	%M19.7	Bool	Resetbefehl Schrittkette
"Schritt24"	%M22.1	Bool	Hochlauf1 Mischerdrehzahl Imptstoff B
"Schritt25"	%M22.2	Bool	Mischen1 Impfstoff B
"Schritt26"	%M22.3	Bool	Hochlauf2 Mischerdrehzahl Imptstoff B

Netzwerk 15: Schritt 26, Hochlauf 2 Mischmotor, Parallelkette Impfstoff B

Totally Integrated Automation Portal

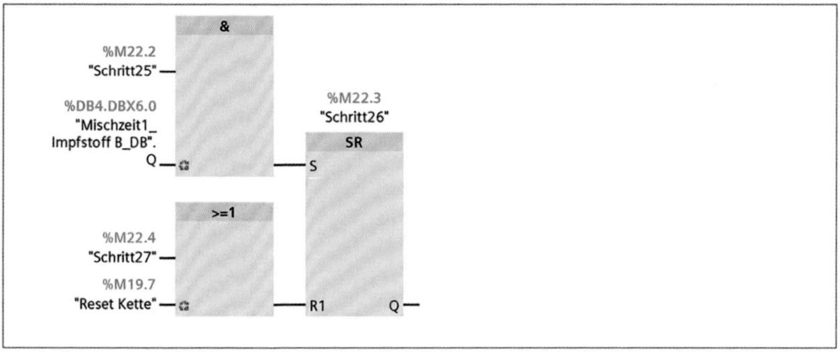

Symbol	Adresse	Typ	Kommentar
"Mischzeit1_Impfstoff B_DB".Q	%DB4.DBX6.0	Bool	
"Reset Kette"	%M19.7	Bool	Resetbefehl Schrittkette
"Schritt25"	%M22.2	Bool	Mischen1 Impfstoff B
"Schritt26"	%M22.3	Bool	Hochlauf2 Mischerdrehzahl Imptstoff B
"Schritt27"	%M22.4	Bool	Mischen2 Impfstoff B

Netzwerk 16: Schritt 27, Mischen 2, Parallelkette Impfstoff B

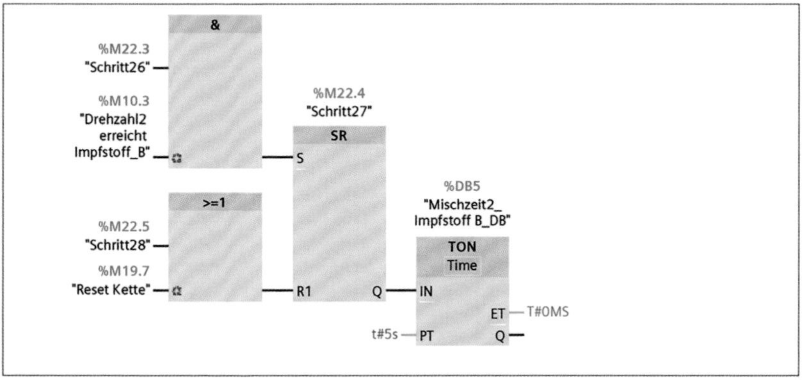

Symbol	Adresse	Typ	Kommentar
"Drehzahl2 erreicht Impfstoff_B"	%M10.3	Bool	
"Reset Kette"	%M19.7	Bool	Resetbefehl Schrittkette
"Schritt26"	%M22.3	Bool	Hochlauf2 Mischerdrehzahl Imptstoff B
"Schritt27"	%M22.4	Bool	Mischen2 Impfstoff B
"Schritt28"	%M22.5	Bool	Rücklauf Mischerdrehzahl Impfstoff B

Netzwerk 17: Schritt 28, Rücklauf Mischmotor, Parallelkette Impfstoff B

Totally Integrated Automation Portal

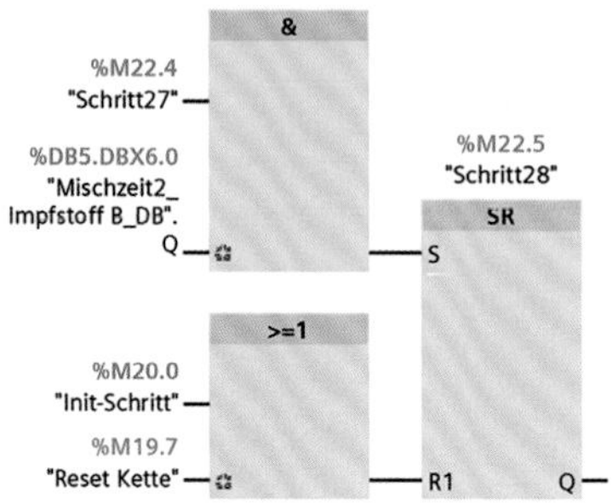

Symbol	Adresse	Typ	Kommentar
"Init-Schritt"	%M20.0	Bool	Initialschritt
"Mischzeit2_Impfstoff B_DB".Q	%DB5.DBX6.0	Bool	
"Reset Kette"	%M19.7	Bool	Resetbefehl Schrittkette
"Schritt27"	%M22.4	Bool	Mischen2 Impfstoff B
"Schritt28"	%M22.5	Bool	Rücklauf Mischerdrehzahl Impfstoff B

Netzwerk 18: Schritt 33, Dosierung Komponenten, Parallelkette Impfstoff A + B

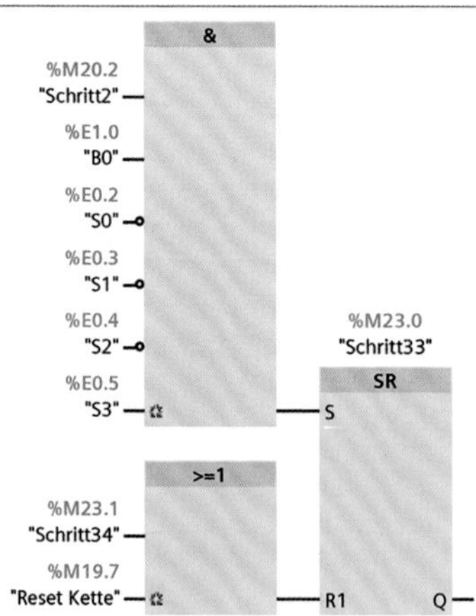

Symbol	Adresse	Typ	Kommentar
"B0"	%E1.0	Bool	Behälter vorhanden
"Reset Kette"	%M19.7	Bool	Resetbefehl Schrittkette
"S0"	%E0.2	Bool	Impfstoff einf
"S1"	%E0.3	Bool	Impfstoff mit A
"S2"	%E0.4	Bool	Impfstoff mit B

Totally Integrated Automation Portal		

Symbol	Adresse	Typ	Kommentar
"S3"	%E0.5	Bool	Impfstoff mit A und B
"Schritt2"	%M20.2	Bool	Meldung Behälter hinstellen, Sorte wählen
"Schritt33"	%M23.0	Bool	Dosierung Komponenten Impfstoff A + B
"Schritt34"	%M23.1	Bool	Hochlauff1 Mischerdrehzahl Imptstoff A + B

Netzwerk 19: Schritt 34, Hochlauf 1 Mischmotor, Parallelkette Impfstoff A + B

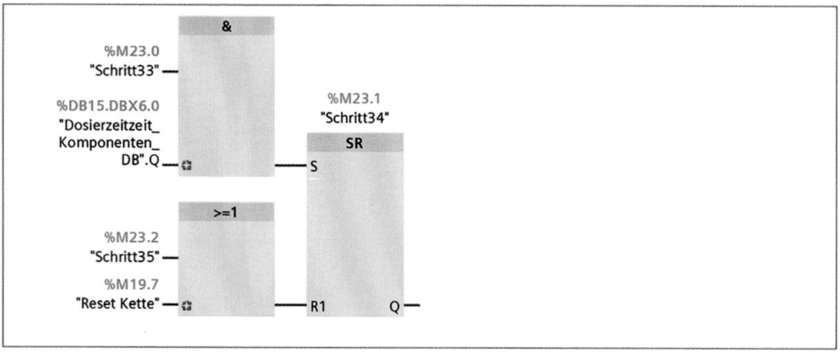

Symbol	Adresse	Typ	Kommentar
"Dosierzeitzeit_Komponenten_DB".Q	%DB15.DBX6.0	Bool	
"Reset Kette"	%M19.7	Bool	Resetbefehl Schrittkette
"Schritt33"	%M23.0	Bool	Dosierung Komponenten Impfstoff A + B
"Schritt34"	%M23.1	Bool	Hochlauff1 Mischerdrehzahl Imptstoff A + B
"Schritt35"	%M23.2	Bool	Mischen1 Impfstoff A + B

Netzwerk 20: Schritt 35, Mischen 1, Parallelkette Impfstoff A + B

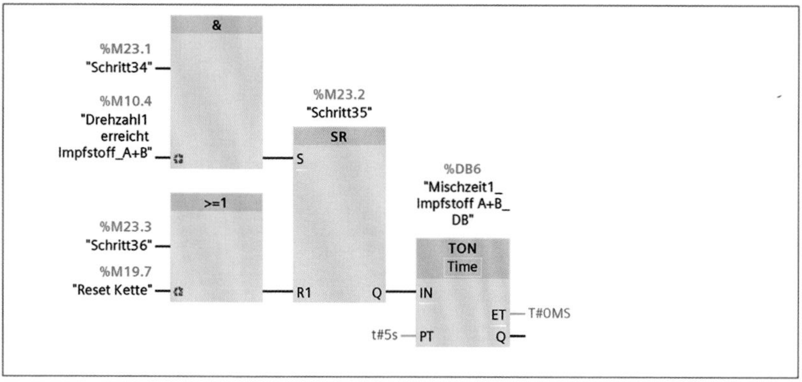

Totally Integrated Automation Portal

Symbol	Adresse	Typ	Kommentar
"Drehzahl1 erreicht Impfstoff_A+B"	%M10.4	Bool	
"Reset Kette"	%M19.7	Bool	Resetbefehl Schrittkette
"Schritt34"	%M23.1	Bool	Hochlauff1 Mischerdrehzahl Imptstoff A + B
"Schritt35"	%M23.2	Bool	Mischen1 Impfstoff A + B
"Schritt36"	%M23.3	Bool	Hochlauf2 Mischerdrehzahl Imptstoff A + B

Netzwerk 21: Schritt 36, Hochlauf 2 Mischmotor, Parallelkette Impfstoff A + B

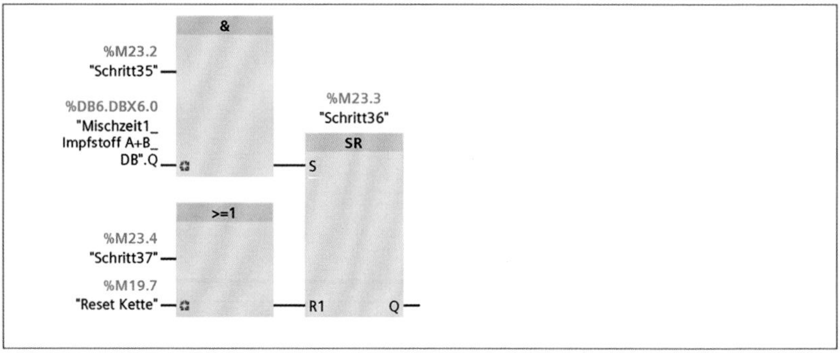

Symbol	Adresse	Typ	Kommentar
"Mischzeit1_Impfstoff A+B_DB".Q	%DB6.DBX6.0	Bool	
"Reset Kette"	%M19.7	Bool	Resetbefehl Schrittkette
"Schritt35"	%M23.2	Bool	Mischen1 Impfstoff A + B
"Schritt36"	%M23.3	Bool	Hochlauf2 Mischerdrehzahl Imptstoff A + B
"Schritt37"	%M23.4	Bool	Mischen2 Impfstoff A + B

Netzwerk 22: Schritt 37, Mischen 2, Parallelkette Impfstoff A + B

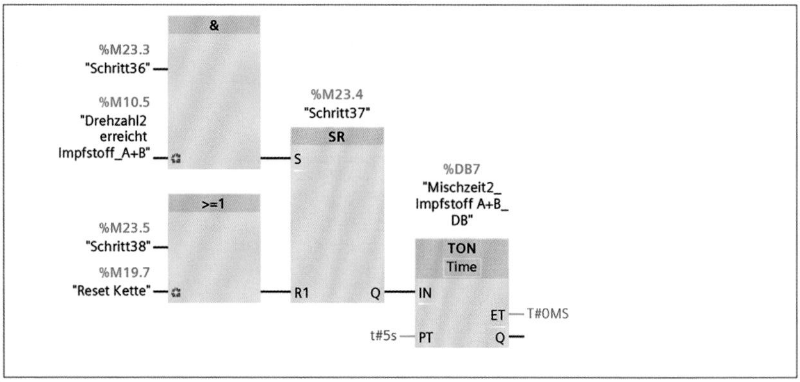

Totally Integrated Automation Portal

Symbol	Adresse	Typ	Kommentar
"Drehzahl2 erreicht Impfstoff_A+B"	%M10.5	Bool	
"Reset Kette"	%M19.7	Bool	Resetbefehl Schrittkette
"Schritt36"	%M23.3	Bool	Hochlauf2 Mischerdrehzahl Imptstoff A + B
"Schritt37"	%M23.4	Bool	Mischen2 Impfstoff A + B
"Schritt38"	%M23.5	Bool	Hochlauf3 Mischerdrehzahl Imptstoff A + B

Netzwerk 23: Schritt 38, Hochlauf 3 Mischmotor, Parallelkette Impfstoff A + B

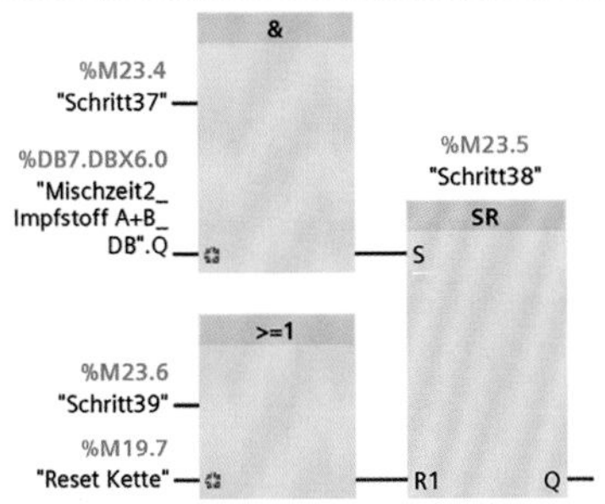

Symbol	Adresse	Typ	Kommentar
"Mischzeit2_Impfstoff A+B_DB".Q	%DB7.DBX6.0	Bool	
"Reset Kette"	%M19.7	Bool	Resetbefehl Schrittkette
"Schritt37"	%M23.4	Bool	Mischen2 Impfstoff A + B
"Schritt38"	%M23.5	Bool	Hochlauf3 Mischerdrehzahl Imptstoff A + B
"Schritt39"	%M23.6	Bool	Mischen3 Impfstoff A + B

Netzwerk 24: Schritt 39, Mischen 3, Parallelkette Impfstoff A + B

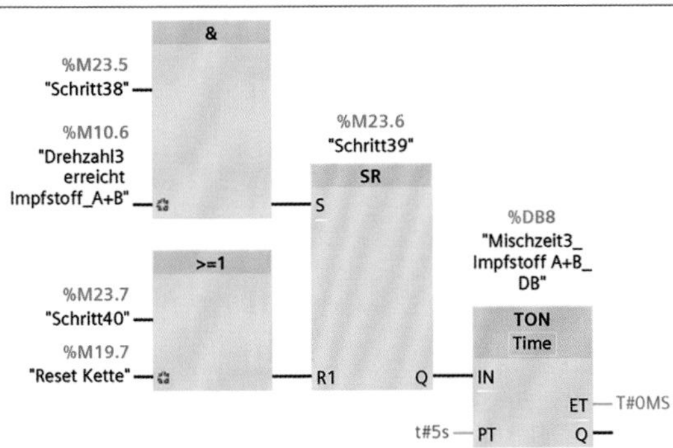

Totally Integrated Automation Portal

Symbol	Adresse	Typ	Kommentar
"Drehzahl3 erreicht Impfstoff_A+B"	%M10.6	Bool	
"Reset Kette"	%M19.7	Bool	Resetbefehl Schrittkette
"Schritt38"	%M23.5	Bool	Hochlauf3 Mischerdrehzahl Imptstoff A + B
"Schritt39"	%M23.6	Bool	Mischen3 Impfstoff A + B
"Schritt40"	%M23.7	Bool	Rücklauf Mischerdrehzahl Impfstoff A + B

Netzwerk 25: Schritt 40, Rücklauf Mischmotor, Parallelkette Impfstoff A + B

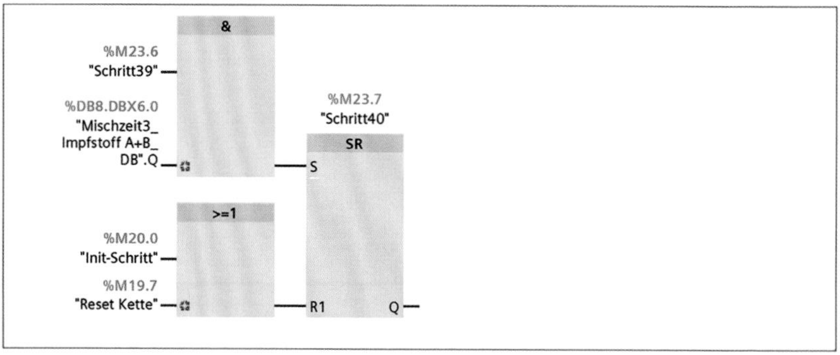

Symbol	Adresse	Typ	Kommentar
"Init-Schritt"	%M20.0	Bool	Initialschritt
"Mischzeit3_Impfstoff A +B_DB".Q	%DB8.DBX6.0	Bool	
"Reset Kette"	%M19.7	Bool	Resetbefehl Schrittkette
"Schritt39"	%M23.6	Bool	Mischen3 Impfstoff A + B
"Schritt40"	%M23.7	Bool	Rücklauf Mischerdrehzahl Impfstoff A + B

Netzwerk 26: Dosierzeit Komponenten

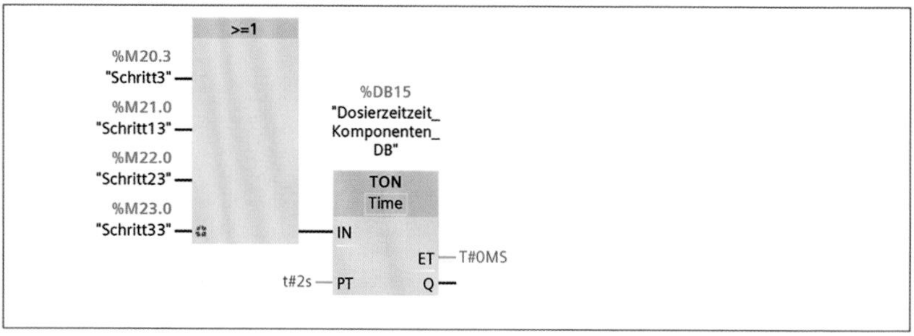

Symbol	Adresse	Typ	Kommentar
"Schritt3"	%M20.3	Bool	Dosierung Komponenten Impfstoff einfach
"Schritt13"	%M21.0	Bool	Dosierung Komponenten Impfstoff A
"Schritt23"	%M22.0	Bool	Dosierung Komponenten Impfstoff B

Totally Integrated Automation Portal

Projekt2021_V16 / PLC_1 [CPU 315F-2 PN/DP] / Programmbausteine

Befehlsausgabe [FC4]

Befehlsausgabe Eigenschaften					
Allgemein					
Name	Befehlsausgabe	**Nummer**	4	**Typ**	FC
Sprache	FUP	**Nummerier-ung**	Automatisch		
Information					
Titel	Befehlsaugabe	**Autor**		**Kommentar**	
Familie		**Version**	0.1	**Anwenderde-finierte ID**	

Befehlsausgabe				
Name	**Datentyp**	**Offset**	**Defaultwert**	**Kommentar**
Input				
Output				
InOut				
Temp				
Constant				
▼ Return				
Befehlsausgabe	Void			

Netzwerk 1: Ansteuerung Durchlauferhitzer

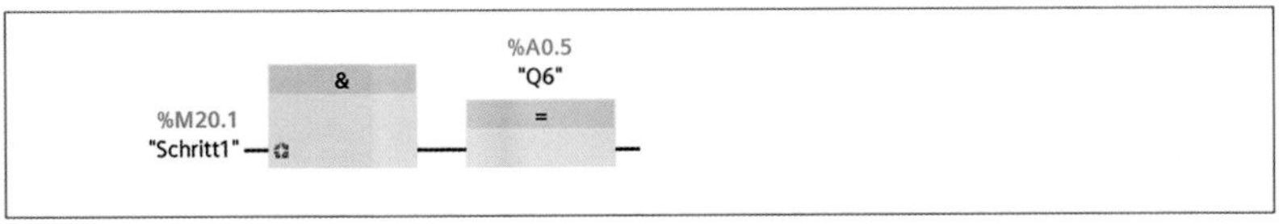

Symbol	Adresse	Typ	Kommentar
"Q6"	%A0.5	Bool	Schütz Durchlauferhitzer Spüllösung
"Schritt1"	%M20.1	Bool	Spülen

Netzwerk 2: Magnetventil Spüllösung

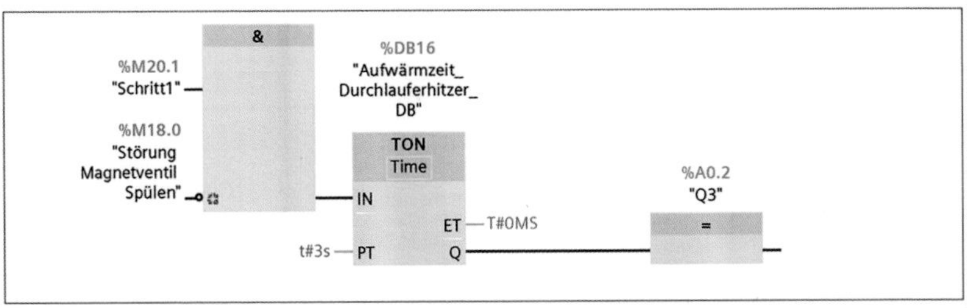

Symbol	Adresse	Typ	Kommentar
"Q3"	%A0.2	Bool	Ventil MM1

Totally Integrated Automation Portal		

Symbol	Adresse	Typ	Kommentar
"Schritt1"	%M20.1	Bool	Spülen
"Störung Magnetventil Spülen"	%M18.0	Bool	

Netzwerk 3: Schütz Motor M1, Zufuhr Impfstoff

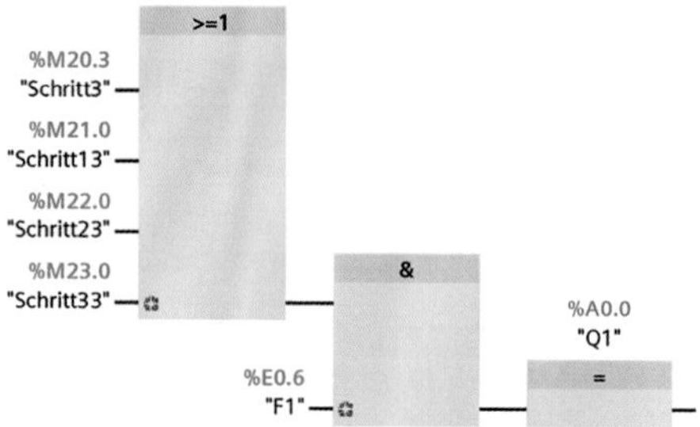

Symbol	Adresse	Typ	Kommentar
"F1"	%E0.6	Bool	Motorschutz M1, Öffner
"Q1"	%A0.0	Bool	Schütz Motor M1
"Schritt3"	%M20.3	Bool	Dosierung Komponenten Impfstoff einfach
"Schritt13"	%M21.0	Bool	Dosierung Komponenten Impfstoff A
"Schritt23"	%M22.0	Bool	Dosierung Komponenten Impfstoff B
"Schritt33"	%M23.0	Bool	Dosierung Komponenten Impfstoff A + B

Netzwerk 4: Magnetventil Komponente A

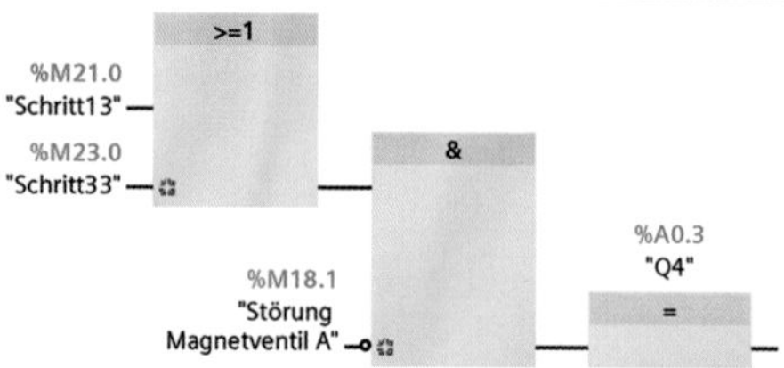

Symbol	Adresse	Typ	Kommentar
"Q4"	%A0.3	Bool	Ventil MM2
"Schritt13"	%M21.0	Bool	Dosierung Komponenten Impfstoff A
"Schritt33"	%M23.0	Bool	Dosierung Komponenten Impfstoff A + B
"Störung Magnetventil A"	%M18.1	Bool	

Netzwerk 5: Magnetventil Komponente B

Totally Integrated Automation Portal		

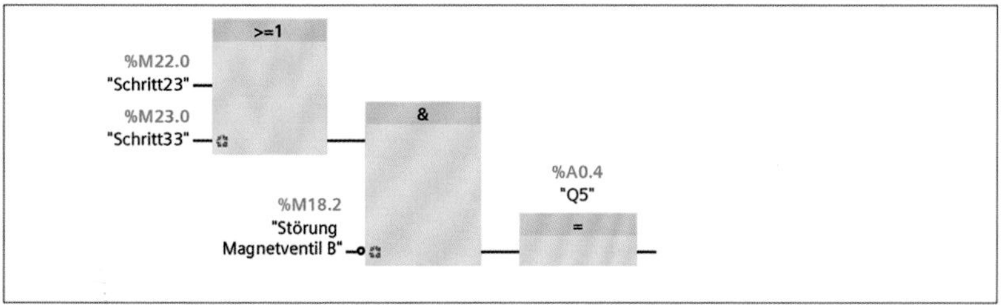

Symbol	Adresse	Typ	Kommentar
"Q5"	%A0.4	Bool	Ventil MM3
"Schritt23"	%M22.0	Bool	Dosierung Komponenten Impfstoff B
"Schritt33"	%M23.0	Bool	Dosierung Komponenten Impfstoff A + B
"Störung Magnetventil B"	%M18.2	Bool	

Netzwerk 6: Schütz Mischmotor

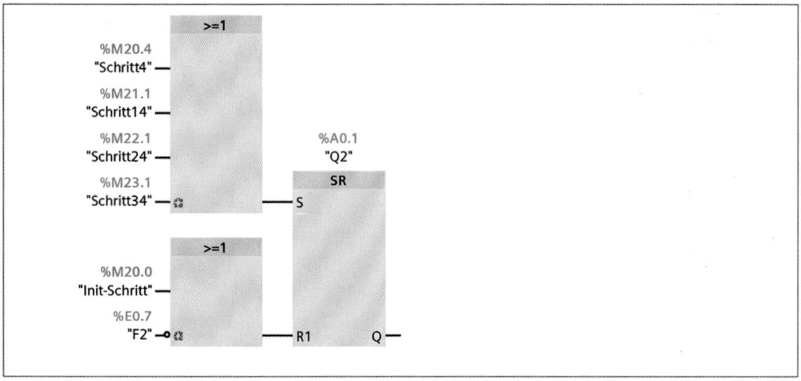

Symbol	Adresse	Typ	Kommentar
"F2"	%E0.7	Bool	Motorschutz M2, Öffner
"Init-Schritt"	%M20.0	Bool	Initialschritt
"Q2"	%A0.1	Bool	Schütz Motor M2
"Schritt4"	%M20.4	Bool	Hochlauf Mischerdrehzahl Imptstoff einfach
"Schritt14"	%M21.1	Bool	Hochlauf Mischerdrehzahl Imptstoff A
"Schritt24"	%M22.1	Bool	Hochlauf1 Mischerdrehzahl Imptstoff B
"Schritt34"	%M23.1	Bool	Hochlauff1 Mischerdrehzahl Imptstoff A + B

Totally Integrated Automation Portal		

Drehzahl Mischmotor [FC5]

Drehzahl Mischmotor Eigenschaften					
Allgemein					
Name	Drehzahl Mischmotor	**Nummer**	5	**Typ**	FC
Sprache	FUP	**Nummerierung**	Automatisch		
Information					
Titel	Ansteuerung der Hoch- und Rücklauframpen ders Mischmotors	**Autor**		**Kommentar**	100% entsprechen 50 Hertz Ansteuerung des Mischmotors
Familie		**Version**	0.1	**Anwenderdefinierte ID**	

Name	Datentyp	Offset	Defaultwert	Kommentar
Input				
Output				
InOut				
▼ Temp				
Meldungen	Word	0.0		
Constant				
▼ Return				
Drehzahl Mischmotor	Void			

Netzwerk 1: Drehzahl null

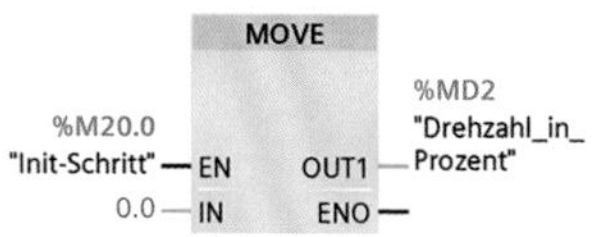

Netzwerk 2: Hochlauf Schritt 4 auf 30 Hz = 60%

Totally Integrated Automation Portal

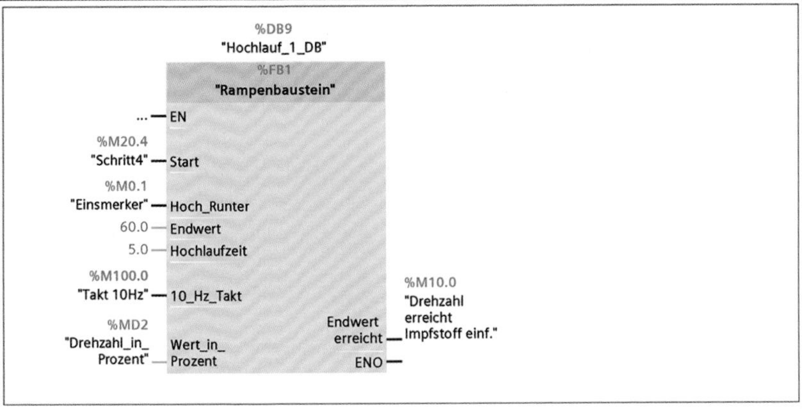

Netzwerk 3: Hochlauf Schritt 14 auf 40 Hz = 80%

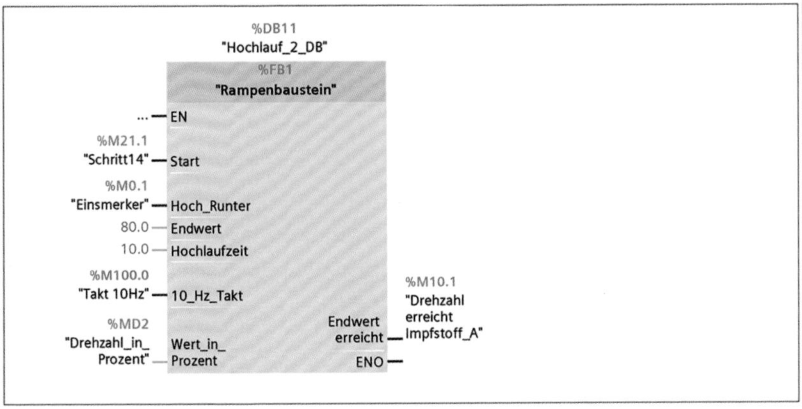

Netzwerk 4: Hochlauf Schritt 24 auf 30 Hz = 60%

Totally Integrated Automation Portal

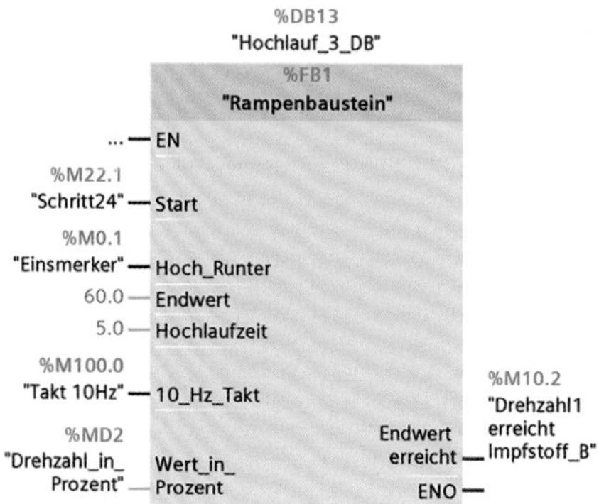

Netzwerk 5: Hochlauf Schritt 26 auf 50 Hz = 100%

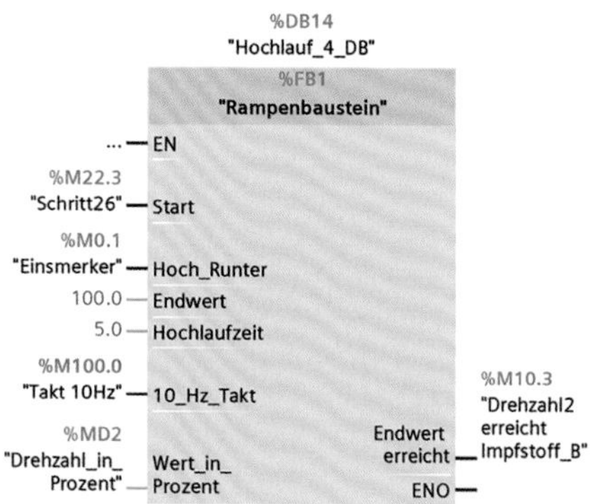

Netzwerk 6: Hochlauf Schritt 34 auf 20 Hz = 40%

Totally Integrated Automation Portal

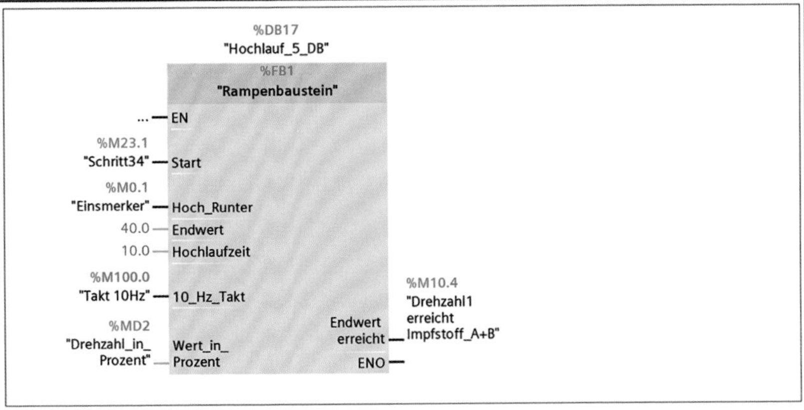

Netzwerk 7: Hochlauf Schritt 36 auf 30 Hz = 60%

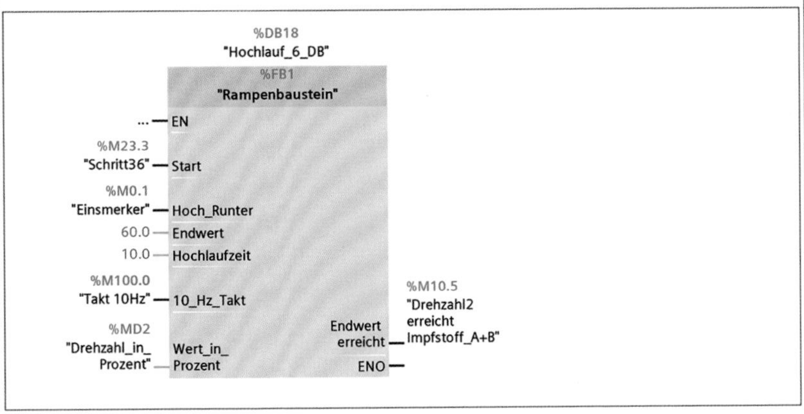

Netzwerk 8: Hochlauf Schritt 38 auf 50 Hz = 100%

Totally Integrated Automation Portal

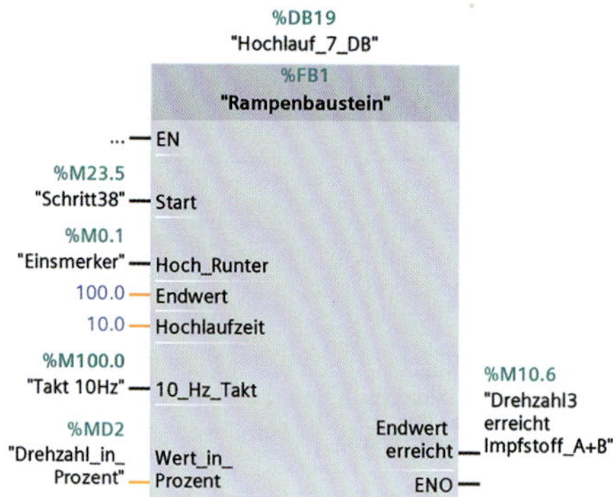

Netzwerk 9: Rücklauf auf 0%

Totally Integrated Automation Portal		

Netzwerk 9: Rücklauf auf 0% (1.1 / 1.2)

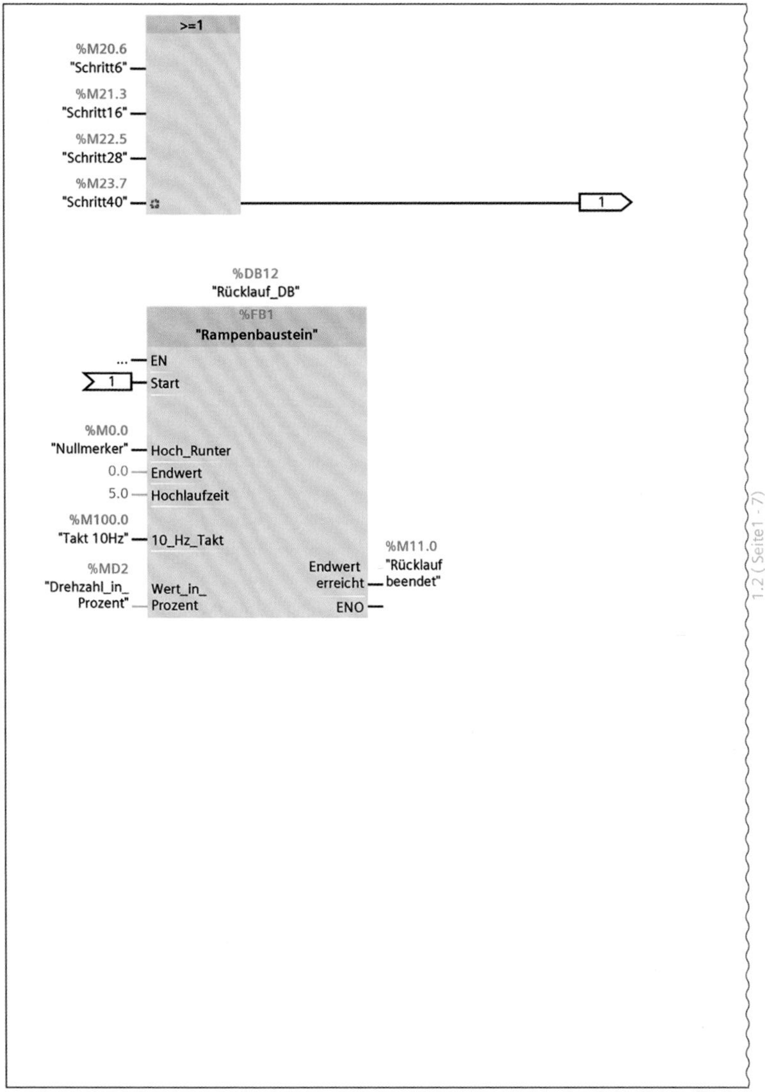

Totally Integrated
Automation Portal

Netzwerk 10: Analogwertausgabe an FU

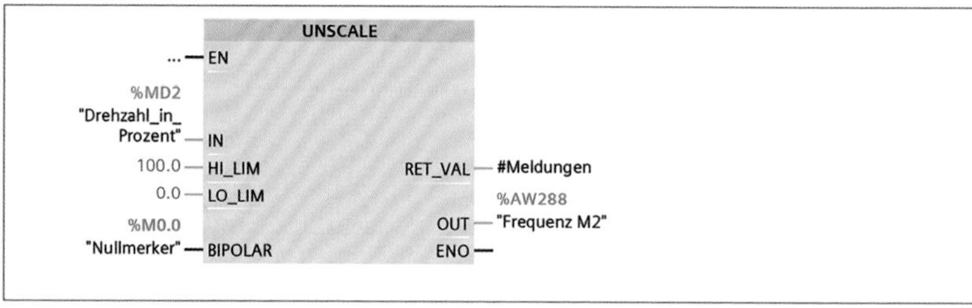

Totally Integrated Automation Portal		

Projekt2021_V16 / PLC_1 [CPU 315F-2 PN/DP] / Programmbausteine

Meldungen und Überwachungen [FC3]

Meldungen und Überwachungen Eigenschaften					
Allgemein					
Name	Meldungen und Überwachungen	**Nummer**	3	**Typ**	FC
Sprache	FUP	**Nummerierung**	Automatisch		
Information					
Titel		**Autor**		**Kommentar**	
Familie		**Version**	0.1	**Anwenderdefinierte ID**	

Meldungen und Überwachungen				
Name	**Datentyp**	**Offset**	**Defaultwert**	**Kommentar**
Input				
Output				
InOut				
Temp				
Constant				
▼ Return				
Meldungen und Überwachungen	Void			

Netzwerk 1: Meldeleuchte "Behälter hinstellen"

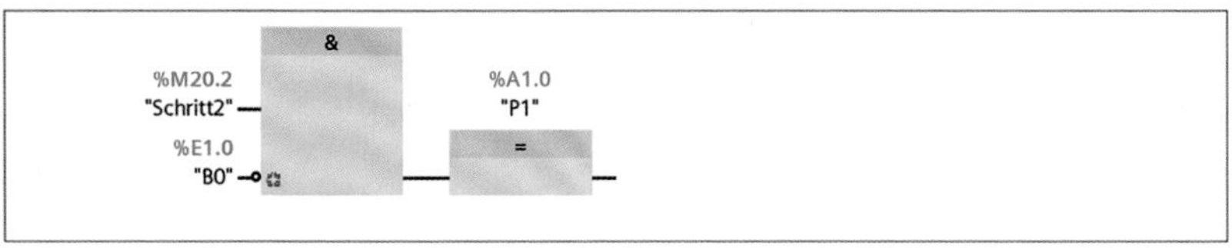

Symbol	Adresse	Typ	Kommentar
"B0"	%E1.0	Bool	Behälter vorhanden
"P1"	%A1.0	Bool	Leuchtmelder „Behälter hinstellen“
"Schritt2"	%M20.2	Bool	Meldung Behälter hinstellen, Sorte wählen

Netzwerk 2: Meldeleuchte "Bitte wählen sie"

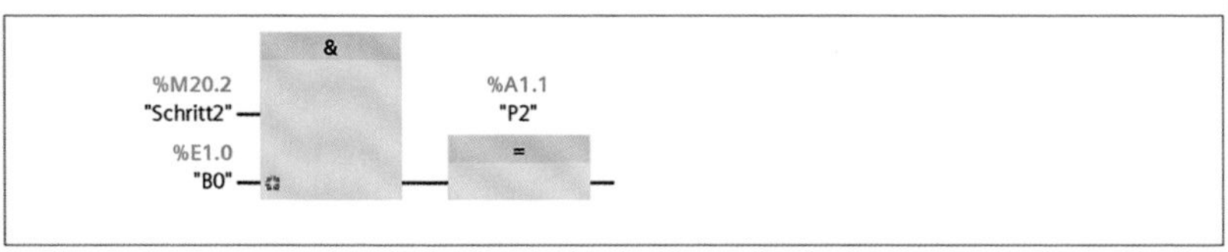

Symbol	Adresse	Typ	Kommentar
"B0"	%E1.0	Bool	Behälter vorhanden
"P2"	%A1.1	Bool	Leuchtmelder „Bitte wählen Sie“

Totally Integrated Automation Portal

Netzwerk 3: Überwachung Magnetventil Kochsalzlösung (1.1 / 1.2)

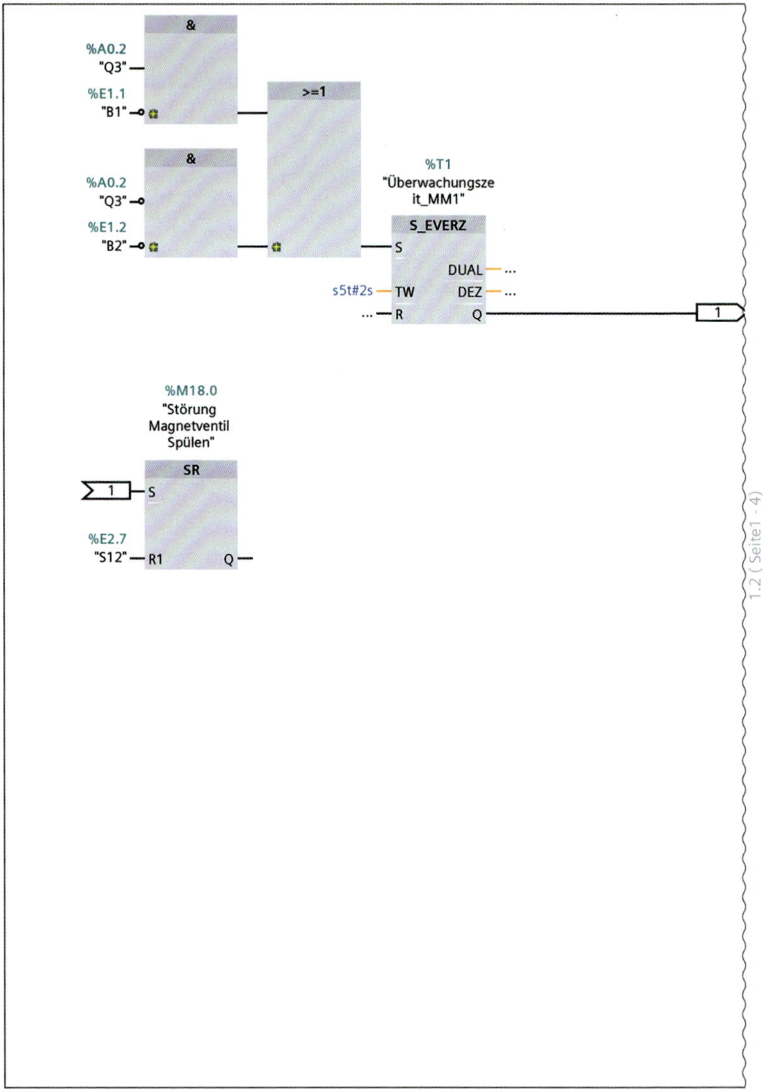

Totally Integrated Automation Portal

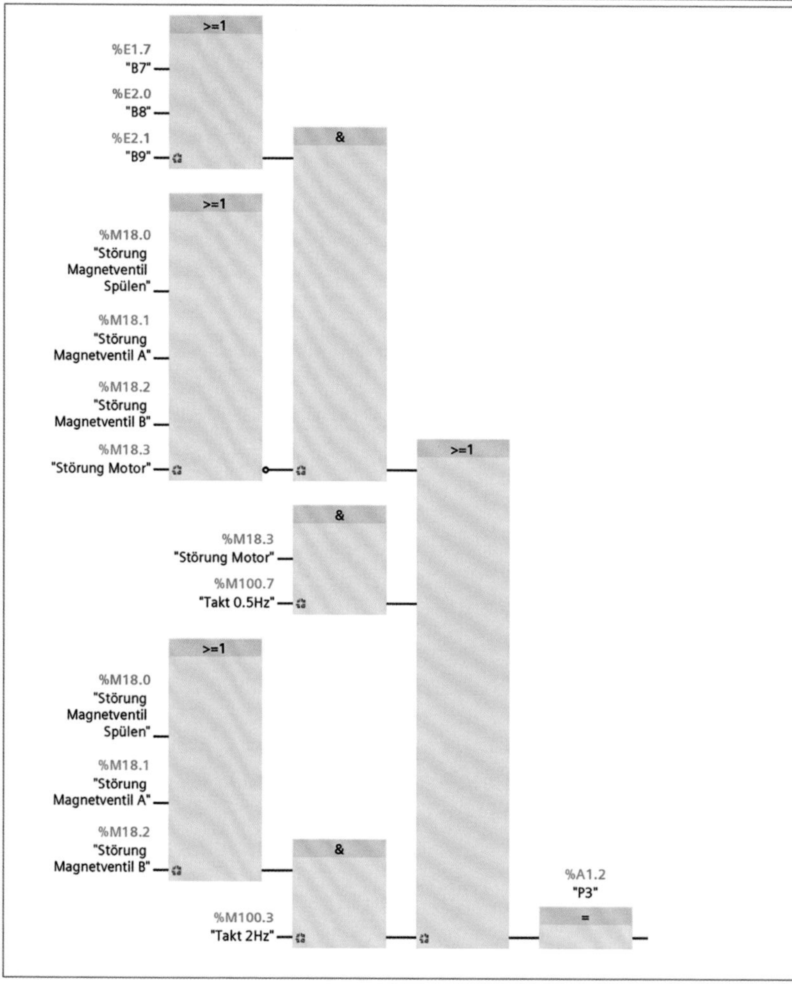

Symbol	Adresse	Typ	Kommentar
"B7"	%E1.7	Bool	Füllstand Behälter Impfstoff niedrig
"B8"	%E2.0	Bool	Füllstand Behälter Komponente A niedrig
"B9"	%E2.1	Bool	Füllstand Behälter Komponente B niedrig
"P3"	%A1.2	Bool	Leuchtmelder „Störung"
"Störung Magnetventil A"	%M18.1	Bool	
"Störung Magnetventil B"	%M18.2	Bool	

Totally Integrated Automation Portal

Netzwerk 5: Überwachung Magnetventil Komponente A (1.1 / 1.2)

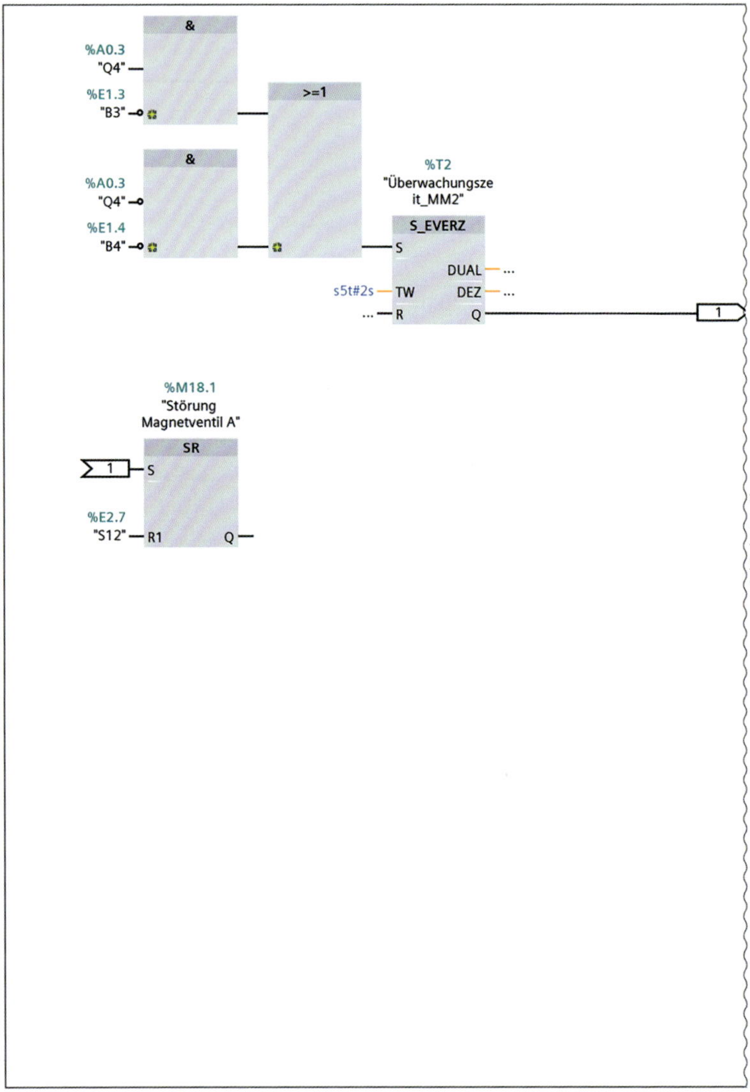

Totally Integrated
Automation Portal

Netzwerk 6: Überwachung Magnetventil Komponente B (1.1 / 1.2)

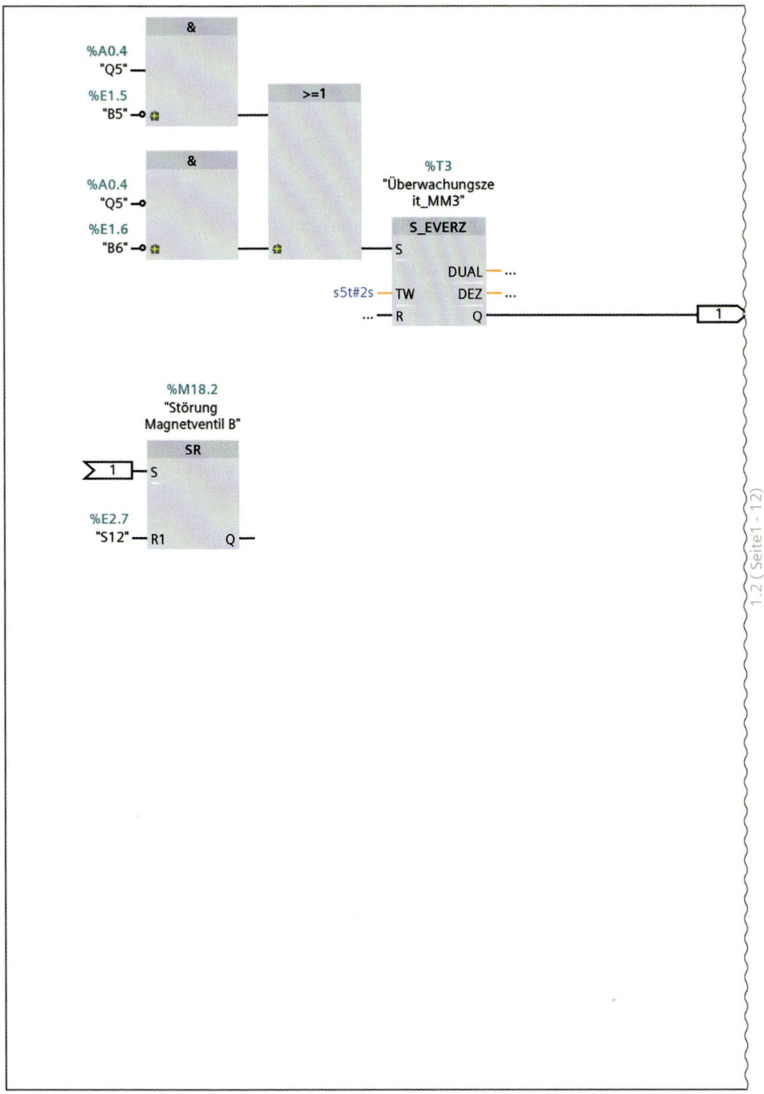

Totally Integrated Automation Portal		

Symbol	Adresse	Typ	Kommentar
"B5"	%E1.5	Bool	Zylinder MM3 geöffnet
"B6"	%E1.6	Bool	Zylinder MM3 geschlossen
"Q5"	%A0.4	Bool	Ventil MM3
"S12"	%E2.7	Bool	Quittiertaster
"Störung Magnetventil B"	%M18.2	Bool	
"Überwachungs-zeit_MM3"	%T3	Timer	

Netzwerk 7: Störung Motor M1

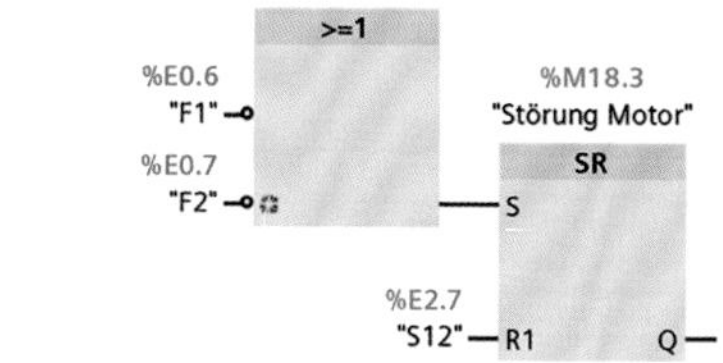

Symbol	Adresse	Typ	Kommentar
"F1"	%E0.6	Bool	Motorschutz M1, Öffner
"F2"	%E0.7	Bool	Motorschutz M2, Öffner
"S12"	%E2.7	Bool	Quittiertaster
"Störung Motor"	%M18.3	Bool	

Netzwerk 8: Hupe

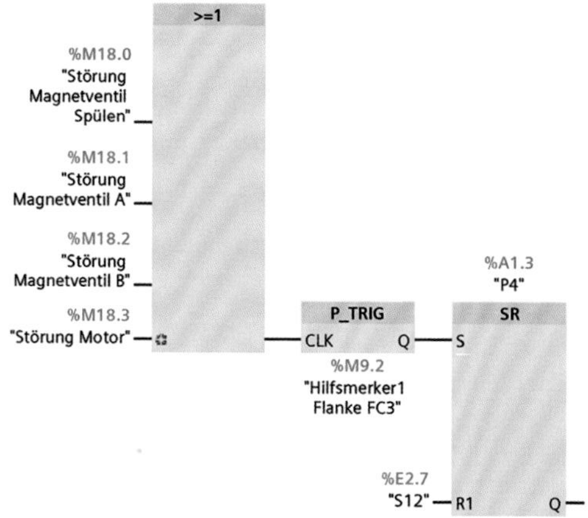

Totally Integrated Automation Portal

Symbol	Adresse	Typ	Kommentar
"Hilfsmerker1 Flanke FC3"	%M9.2	Bool	
"P4"	%A1.3	Bool	Hupe
"S12"	%E2.7	Bool	Quittiertaster
"Störung Magnetventil A"	%M18.1	Bool	
"Störung Magnetventil B"	%M18.2	Bool	
"Störung Magnetventil Spülen"	%M18.0	Bool	
"Störung Motor"	%M18.3	Bool	

Totally Integrated Automation Portal		

Projekt2021_V16 / PLC_1 [CPU 315F-2 PN/DP] / Programmbausteine

Rampenbaustein [FB1]

Rampenbaustein Eigenschaften					
Allgemein					
Name	Rampenbaustein	**Nummer**	1	**Typ**	FB
Sprache	AWL	**Nummerierung**	Automatisch		
Information					
Titel	Baustein zur Bildung der Hoch- und Rücklauframpen	**Autor**		**Kommentar**	
Familie		**Version**	0.1	**Anwenderdefinierte ID**	

Rampenbaustein									
Name	**Datentyp**	**Offset**	**Defaultwert**	**Erreichbar aus HMI/OPC UA/Web API**	**Schreibbar aus HMI/OPC UA/Web API**	**Sichtbar in HMI Engineering**	**Einstellwert**	**Überwachung**	**Kommentar**
▼ Input									
Start	Bool	0.0	false	True	False	False	False		
Hoch_Runter	Bool	0.1	false	True	False	False	False		Hoch = 1, runter = 0
Endwert	Real	2.0	0.0	True	False	False	False		Endwert in Prozent
Hochlaufzeit	Real	6.0	0.0	True	False	False	False		Hochlaufzeit für 0 - 100% in Sekunden
10_Hz_Takt	Bool	10.0	false	True	False	False	False		Werte im FB sind für 10_Hertz_Takt berechnet
▼ Output									
Endwert erreicht	Bool	12.0	false	True	True	True	False		
▼ InOut									
Wert_in_Prozent	Real	14.0	0.0	True	True	True	False		
▼ Static									
Interner Rampenwert	Real	18.0	0.0	True	True	True	False		
Delta Prozent	Real	22.0	0.0	True	True	True	False		Änderung in Prozent pro 10tel Sekunde
HM1	Bool	26.0	false	True	True	True	False		
HM2	Bool	26.1	false	True	True	True	False		
Temp									
Constant									

Totally Integrated Automation Portal

Netzwerk 1:

```
       U      #Start
       SPB    EIN
       CLR
       =      #"Endwert erreicht"
       =      #HM1
       BEA                          //Ende des BAuseins wenn die kein Hoch oder Rücklauf angefordert
// Berechnungen beim Start der Rampe
EIN:   U      #Start
       FP     #HM1
       SPBN   M1
       L      #Wert_in_Prozent
       T      #"Interner Rampenwert"
       CLR
       =      #"Endwert erreicht"
       L      10.0
       L      #Hochlaufzeit
       /R                           //Prozent pro 10tel Sekunde
       T      #"Delta Prozent"
// Neuer Takt
M1:    U      #"10_Hz_Takt"
       FP     #HM2
       SPBN   Ende
       L      #"Interner Rampenwert"
       L      #"Delta Prozent"
       UN     #Hoch_Runter
       SPB    m3
// Hochzählen
       +R
       T      #"Interner Rampenwert"
       L      #Endwert
       <=R
       SPB    Ende
       S      #"Endwert erreicht"
       T      #"Interner Rampenwert"
       SPA    Ende
// Runterzählen
m3:    -R
       T      #"Interner Rampenwert"
       L      #Endwert
       >=R
       SPB    Ende
       S      #"Endwert erreicht"
       T      #"Interner Rampenwert"
       SPA    Ende
Ende:  L      #"Interner Rampenwert"
       T      #Wert_in_Prozent
```

Totally Integrated Automation Portal		

Projekt2021_V16 / PLC_1 [CPU 315F-2 PN/DP] / PLC-Variablen

Standard-Variablentabelle [80]

PLC-Variablen

	Name	Datentyp	Adresse	Remanenz	Erreichbar aus HMI/OPC UA/Web API	Schreibbar aus HMI/OPC UA/Web API	Sichtbar in HMI Engineering	Überwachung	Kommentar
	S10 Anlage_EIN	Bool	%E0.0		True	True	True		Anlage Ein, Taster, Schließer
	S11 Anlage_AUS	Bool	%E0.1		True	True	True		Anlage Aus, Taster Öffner
	S0	Bool	%E0.2		True	True	True		Impfstoff einf
	S1	Bool	%E0.3		True	True	True		Impfstoff mit A
	S2	Bool	%E0.4		True	True	True		Impfstoff mit B
	S3	Bool	%E0.5		True	True	True		Impfstoff mit A und B
	F1	Bool	%E0.6		True	True	True		Motorschutz M1, Öffner
	F2	Bool	%E0.7		True	True	True		Motorschutz M2, Öffner
	B0	Bool	%E1.0		True	True	True		Behälter vorhanden
	B1	Bool	%E1.1		True	True	True		Zylinder MM1 geöffnet
	B2	Bool	%E1.2		True	True	True		Zylinder MM1 geschlossen
	B3	Bool	%E1.3		True	True	True		Zylinder MM2 geöffnet
	B4	Bool	%E1.4		True	True	True		Zylinder MM2 geschlossen
	B5	Bool	%E1.5		True	True	True		Zylinder MM3 geöffnet
	B6	Bool	%E1.6		True	True	True		Zylinder MM3 geschlossen
	Q1	Bool	%A0.0		True	True	True		Schütz Motor M1
	Q2	Bool	%A0.1		True	True	True		Schütz Motor M2
	Q3	Bool	%A0.2		True	True	True		Ventil MM1
	Q4	Bool	%A0.3		True	True	True		Ventil MM2
	Q5	Bool	%A0.4		True	True	True		Ventil MM3
	P1	Bool	%A1.0		True	True	True		Leuchtmelder „Behälter hinstellen"
	P2	Bool	%A1.1		True	True	True		Leuchtmelder „Bitte wählen Sie"
	P3	Bool	%A1.2		True	True	True		Leuchtmelder „Störung"
	Frequenz M2	Int	%AW288		True	True	True		
	Init-Schritt	Bool	%M20.0		True	True	True		Initialschritt
	Schritt1	Bool	%M20.1		True	True	True		Spülen
	Schritt2	Bool	%M20.2		True	True	True		Meldung Behälter hinstellen, Sorte wählen
	Schritt3	Bool	%M20.3		True	True	True		Dosierung Komponenten Impfstoff einfach
	Schritt4	Bool	%M20.4		True	True	True		Hochlauf Mischerdrehzahl Imptstoff einfach
	Schritt5	Bool	%M20.5		True	True	True		Mischen Impfstoff einfach
	Schritt6	Bool	%M20.6		True	True	True		Rücklauf Mischerdrehzahl Impfstoff einfach

Totally Integrated Automation Portal		

	Name	Datentyp	Adresse	Remanenz	Erreichbar aus HMI/OPC UA/Web API	Schreibbar aus HMI/OPC UA/Web API	Sichtbar in HMI Engineering	Überwachung	Kommentar
	Schritt14	Bool	%M21.1		True	True	True		Hochlauf Mischerdrehzahl Imptstoff A
	Schritt15	Bool	%M21.2		True	True	True		Mischen Impfstoff A
	Schritt16	Bool	%M21.3		True	True	True		Rücklauf Mischerdrehzahl Impfstoff A
	Schritt24	Bool	%M22.1		True	True	True		Hochlauf1 Mischerdrehzahl Imptstoff B
	Schritt25	Bool	%M22.2		True	True	True		Mischen1 Impfstoff B
	Schritt26	Bool	%M22.3		True	True	True		Hochlauf2 Mischerdrehzahl Imptstoff B
	Nullmerker	Bool	%M0.0		True	True	True		Feste Null
	Reset Kette	Bool	%M19.7		True	True	True		Resetbefehl Schrittkette
	Einsmerker	Bool	%M0.1		True	True	True		Feste Eins
	Hilfsmerker Flanke FC2	Bool	%M9.1		True	True	True		
	Hilfsmerker1 Flanke FC3	Bool	%M9.2		True	True	True		
	Drehzahl erreicht Impfstoff einf.	Bool	%M10.0		True	True	True		
	Drehzahl erreicht Impfstoff_A	Bool	%M10.1		True	True	True		
	Drehzahl1 erreicht Impfstoff_B	Bool	%M10.2		True	True	True		
	Drehzahl2 erreicht Impfstoff_B	Bool	%M10.3		True	True	True		
	Drehzahl1 erreicht Impfstoff_A+B	Bool	%M10.4		True	True	True		
	Drehzahl2 erreicht Impfstoff_A+B	Bool	%M10.5		True	True	True		
	Drehzahl3 erreicht Impfstoff_A+B	Bool	%M10.6		True	True	True		
	Rücklauf beendet	Bool	%M11.0		True	True	True		
	Takt 10Hz	Bool	%M100.0		True	True	True		Taktmerker der CPU 10Hertz
	Takt 2Hz	Bool	%M100.3		True	True	True		Taktmerker der CPU 2Hertz
	Takt 0.5Hz	Bool	%M100.7		True	True	True		Taktmerker der CPU 0,5Hertz
	Schritt27	Bool	%M22.4		True	True	True		Mischen2 Impfstoff B
	Schritt28	Bool	%M22.5		True	True	True		Rücklauf Mischerdrehzahl Impfstoff B
	Schritt34	Bool	%M23.1		True	True	True		Hochlauff1 Mischerdrehzahl Imptstoff A + B
	Schritt35	Bool	%M23.2		True	True	True		Mischen1 Impfstoff A + B
	Schritt36	Bool	%M23.3		True	True	True		Hochlauf2 Mischerdrehzahl Imptstoff A + B
	Schritt37	Bool	%M23.4		True	True	True		Mischen2 Impfstoff A + B
	Schritt38	Bool	%M23.5		True	True	True		Hochlauf3 Mischerdrehzahl Imptstoff A + B
	Schritt39	Bool	%M23.6		True	True	True		Mischen3 Impfstoff A + B

Totally Integrated Automation Portal		

	Name	Datentyp	Adresse	Remanenz	Erreichbar aus HMI/OPC UA/Web API	Schreibbar aus HMI/OPC UA/Web API	Sichtbar in HMI Engineering	Überwachung	Kommentar
	Schritt40	Bool	%M23.7		True	True	True		Rücklauf Mischerdrehzahl Impfstoff A + B
	Anlage EIN	Bool	%M1.0		True	True	True		Merker Anlage EIN
	Drehzahl_in_Prozent	Real	%MD2		True	True	True		
	P4	Bool	%A1.3		True	True	True		Hupe
	Schritt13	Bool	%M21.0		True	True	True		Dosierung Komponenten Impfstoff A
	Schritt23	Bool	%M22.0		True	True	True		Dosierung Komponenten Impfstoff B
	Schritt33	Bool	%M23.0		True	True	True		Dosierung Komponenten Impfstoff A + B
	Q6	Bool	%A0.5		True	True	True		Schütz Durchlauferhitzer Spüllösung
	Störung Magnetventil Spülen	Bool	%M18.0		True	True	True		
	Störung Magnetventil A	Bool	%M18.1		True	True	True		
	Störung Magnetventil B	Bool	%M18.2		True	True	True		
	B7	Bool	%E1.7		True	True	True		Füllstand Behälter Impfstoff niedrig
	B8	Bool	%E2.0		True	True	True		Füllstand Behälter Komponente A niedrig
	B9	Bool	%E2.1		True	True	True		Füllstand Behälter Komponente B niedrig
	S12	Bool	%E2.7		True	True	True		Quittiertaster
	Störung Motor	Bool	%M18.3		True	True	True		
	Überwachungszeit_MM2	Timer	%T2		True	True	True		
	Überwachungszeit_MM3	Timer	%T3		True	True	True		
	Überwachungszeit_MM1	Timer	%T1		True	True	True		

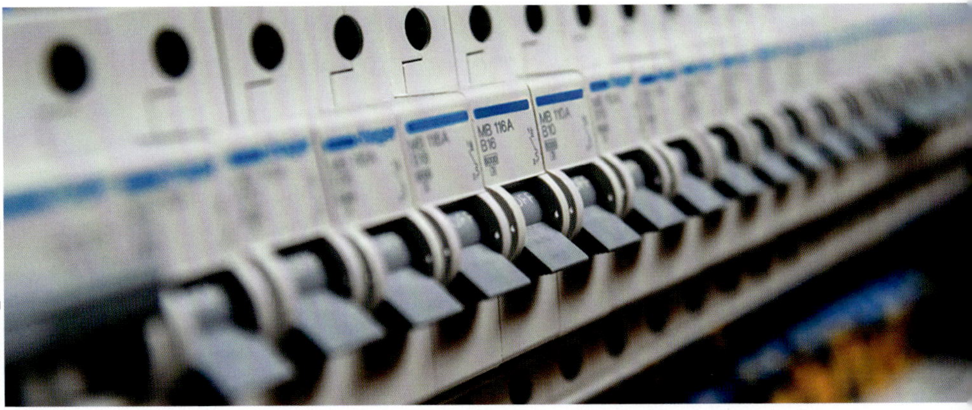

Unterbrechungsfreie Stromversorgung – Auswahl der richtigen Batterietechnologie für langlebige und sichere DC-USV-Systeme

Peter Behrends

Die Komplexität von Prozessen und Abläufen in der Industrie und Medizintechnik erfordert in zunehmendem Maße die ausfallsichere Verfügbarkeit von prozessrelevanten Systemen und Komponenten. Dies beginnt ganz elementar bei der unterbrechungsfreien Stromversorgung (USV) und dem damit verbundenen Schutz vor Stromausfällen, Flicker, Schwankungen oder Spannungseinbrüchen der 12-V- bzw. 24-V-DC-Stromversorgung.

Unabhängig davon, ob es sich bei den zu versorgenden Komponenten um Embedded-Industrie-PCs, IIoT-Gateways, Steuerungen, Motorantriebe, Sensorik oder Sicherheitstechnik handelt, beim Ausfall derartiger Komponenten beginnt in einer zunehmend vernetzten Welt – Stichwort Industrie 4.0 – eine Kaskade von Problemen und Risikofaktoren, die es unbedingt zu vermeiden gilt. Für diese Aufgabe kommen immer öfter dezentrale und kompakte DC-USV-Systeme zum Einsatz, die direkt an der Maschine oder sogar in die Systeme integriert werden (**Bild 1**).

Die Anforderungen an eine unterbrechungsfreie DC-Stromversorgung sind vielfältig und individuell. Nicht zuletzt soll eine derartige „Versicherung gegen Stromausfälle“ möglichst kostengünstig, langlebig, flexibel und zuverlässig umgesetzt werden. Um diese Ziele optimal zu erreichen, bedarf es einer genauen Analyse der Applikation und detaillierter Kenntnisse der Vor- und Nachteile unterschiedlicher Batterietechnologien sowie einer gesamtheitlichen Betrachtung der TCO (Total Cost of Ownership).

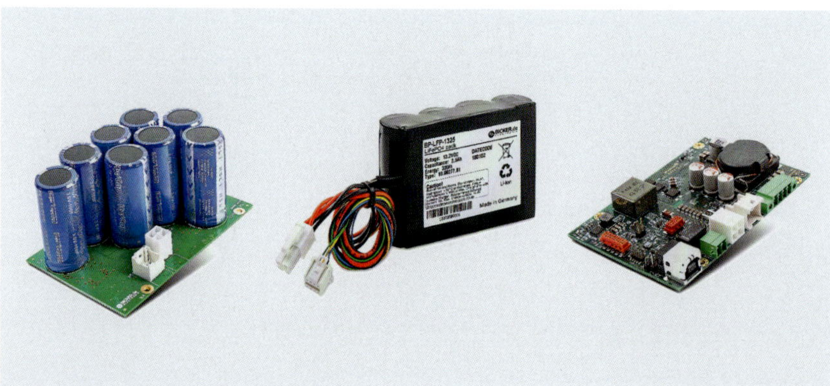

Bild 1: : Modulares DC-USV-System UPSI

Batterietechnologien für DC-USV-Systeme

Im Wesentlichen sind folgende Batterietechnologien für den Einsatz in derartigen DC-USV-Systemen relevant:

- Supercaps (Ultrakondensatoren),
- Lithium-Ionen-Batterien (insbesondere Lithium-Eisen-Phosphat $LiFePO_4$),
- Reinblei-Zinn-Batterien (Cyclon-Zellen),
- klassische Blei-Gel-Batterien.

In **Bild 2** sind die verschiedenen Technologien und deren Eigenschaften im direkten Vergleich dargestellt:

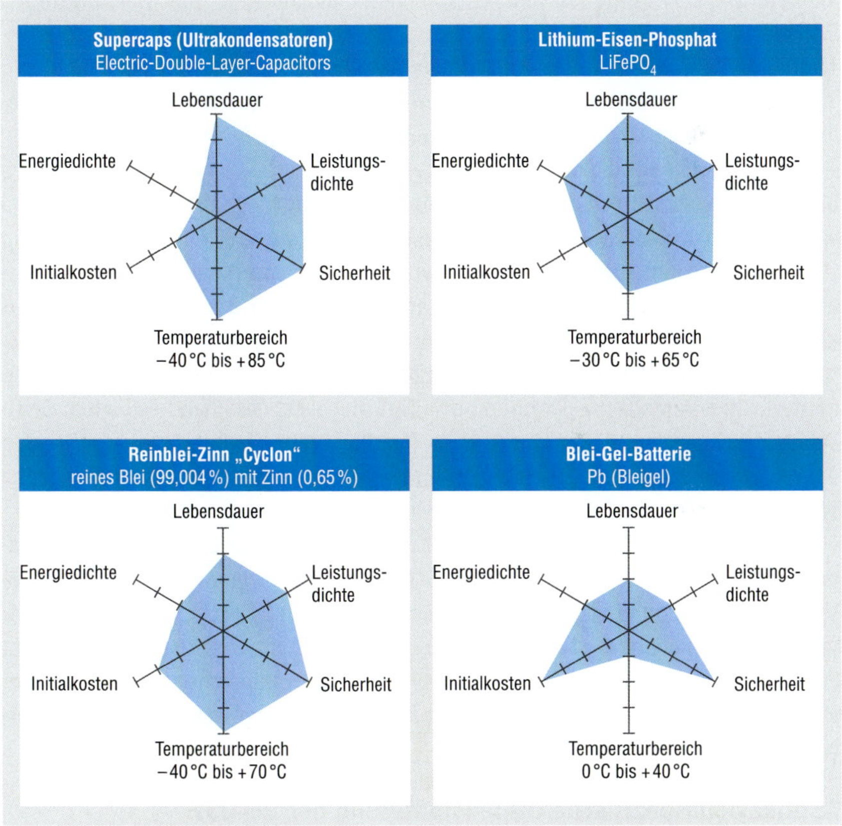

Bild 2: Vergleich der Eigenschaften auf Basis herstellerspezifischer Beispiele. Die jeweiligen Parameter werden von innen nach außen besser.

Dezentrale USV-Systeme mit umfangreichen Features

Große, zentrale USV-Systeme mit sehr vielen parallel und in Reihe geschalteten Akkuzellen für die Versorgung ganzer Gerätegruppen sind sehr wartungsintensiv und aufgrund der eingesetzten AC/DC-Eingangswandler und DC/AC-Ausgangswandler in der Regel wenig energieeffizient. Im Gegensatz dazu sind die hier dargestellten dezentralen DC-USV-Systeme kompakt ausgeführt und erreichen einen hohen Wirkungsgrad von bis zu 97 %.

Gerade im Bereich Industrie 4.0/IIoT mit seiner verteilten Systemarchitektur, aber auch bei autarken Systemen ist dieser dezentrale Ansatz unumgänglich. Viele kleinere DC-USV-Einheiten mit entsprechend langlebigen und wartungsfreien Energiespeichern nahe an den einzelnen Verbrauchern erhöhen zudem die Gesamtverfügbarkeit der Anlage und senken den Wartungsaufwand signifikant.

Intelligente DC-USV-Systeme verfügen über ein Echtzeit-Monitoring und können mittels integrierter Kommunikationsschnittstellen fernüberwacht und -gesteuert werden. Mithilfe der USV-Management-Software lassen sich Betriebsdaten übersichtlich visualisieren, Parameter anpassen und mögliche Alarm- und Hinweisroutinen definieren. Die individuelle Einbindung und Überwachung kann zudem anhand umfangreicher Befehlssätze auf Basis des Kommunikationsprotokolls umgesetzt werden. Bei PC-basierten Applikationen besteht darüber hinaus die Möglichkeit, das System bei längerer Absenz der Versorgungsspannung kontrolliert herunterzufahren und wichtige Betriebsdaten zu sichern. Zusätzlich verhindert die automatische Trennung des Batteriepacks, dass nach erfolgtem Shut-Down der Energiespeicher durch den Wandler weiter belastet wird und so in die Tiefenentladung gerät, welche bei einigen Batterie-Chemien äußerst negative Folgen im Hinblick auf die Lebensdauer hätte.

Die integrierte Reboot-Funktion leitet nach wiederkehrender Versorgungsspannung selbstständig den Neustart des PC-Systems ein, ohne dass eine aufwendige Vorort-Intervention eines Service-Mitarbeiters notwendig wäre, z. B. bei vollkommen autarken Rechnersystemen an unzugänglichen Standorten. Zusätzlich erlaubt es die Batterie-Start-Funktion, den (getrennten) Energiespeicher manuell zu aktivieren und so das System initial aus der Batterie heraus zu starten, um beispielsweise eine Diagnose durchzuführen.

Applikationsspezifische Dimensionierung der DC-USV

Zunächst sollte im Rahmen der Dimensionierung einer DC-USV hinterfragt werden, welche Systemkomponenten bei einem Stromausfall tatsächlich abgesichert werden müssen. Beispielsweise kann in einem Industrie-PC-System der Anteil des Energieverbrauches für ein integriertes Display bei rund 40 % liegen. Das heißt, wenn das Display bei einem Stromausfall nicht zwingend weiter betrieben werden muss, sondern lediglich die Rechnereinheit, lassen sich bis zu 40 % Batteriekapazität und somit Platz und Kosten einsparen.

Zur Berechnung der benötigten Batteriekapazität wird die definierte Leistungsaufnahme im USV-Betrieb mit der gewünschten Überbrückungszeit multipliziert. Je nach Applikation kann sich die geforderte Überbrückungszeit im Sekunden-, Minuten- oder Stundenbereich bewegen. Soll beispielsweise ein System mit einer mittleren Leistungsaufnahme von 100 W bei Stromausfall für 80 s überbrückt werden, benötigen wir eine Batteriekapazität von 8.000 Ws (Wattsekunden) bzw. 8.000 J (Joule). Bei längeren Überbrückungszeiten findet die Berechnung entsprechend in Wh statt. Die tatsächlich benötigte Batteriekapazität liegt jedoch höher als der rein rechnerisch ermittelte nominale Wert, da Wirkungsgradverluste und niedrigere Spannungen aufgrund von Temperaturänderungen berücksichtigt werden müssen, sowie die Tatsache, dass Batteriezellen in Abhängigkeit vom Entladestrom und der Temperatur unterschiedlich nutzbare Kapazitäten aufweisen und letztlich auch altern. Zudem kann die auf den Zellen angegebene Batteriekapazität nicht voll genutzt werden, da die Einhaltung der Grenzwerte für Überspannung (OV) und Unterspannung (UV) immer eine gewisse Restkapazität erfordert. Generell sollten auch immer Leistungsreserven eingeplant werden. Einige Stromversorgungshersteller setzen hierfür eigens programmierte Berechnungstabellen und -formeln ein, um all diese Parameter und entsprechende Sicherheitspuffer bei der Kapazitätsberechnung zu berücksichtigen.

Einfluss der Betriebstemperatur

Für die gezielte Auswahl einer passenden Batterietechnologie spielt die Platzierung und die damit verbundene Betriebstemperatur eine wichtige Rolle. Besteht die Möglichkeit, DC-USV und Energiespeicher von der heißen Maschinenumgebung zu separieren, so sind klassische Lithium-Ionen-Batterien eine gute Wahl, da sie aufgrund der hohen Energiedichte verhältnismäßig kostengünstig sind.

Muss der Energiespeicher nah an der Maschine oder in einer wärmeren Umgebung platziert werden und damit höhere Einsatztemperaturen verkraften, eignen sich Lithium-Eisenphosphat-Batterien ($LiFePO_4$) oder wartungsfreie Superkondensatoren (EDLC = Electric Double Layer Capacitor), kurz Supercaps, wesentlich besser.

Bei extrem niedrigen oder hohen Temperaturen und entsprechend großem Energiebedarf bieten sich schließlich Reinblei-Zinn-Zellen als besonders robuste und langlebige Energiespeicher an.

Generell gilt in diesem Zusammenhang die RGT-Regel (Reaktionsgeschwindigkeit-Temperatur-Regel), welche besagt, dass sich die Reaktionsgeschwindigkeit einer chemischen Reaktion bei einer Temperaturerhöhung um 10 K (Kelvin) mindestens verdoppelt. Übertragen auf elektronische Bauteile und Batteriezellen bedeutet dies vereinfacht formuliert, dass sich bei einer Temperaturerhöhung von 10 °C die Lebensdauer der Komponenten halbiert. Deshalb sollten der Analyse und Optimierung des Temperatur- und Wärmemanagements einer Applikation besonderes Augenmerk geschenkt werden.

Energie- und Leistungsdichte

Da sich die genannten Batterietechnologien neben dem Arbeitstemperaturbereich auch hinsichtlich des Gewichts, der Kosten, Zyklenanzahl, Lade-/Entladeströme, Sicherheit sowie Leistungs- und Energiedichte (siehe **Bild 3**) teilweise deutlich unterscheiden, gilt es, diese Aspekte genau gegeneinander abzuwägen. Dieser Prozess sollte im Rahmen einer professionellen Design-In-Beratung seitens des Stromversorgungsherstellers und bereits zu einem sehr frühen Zeitpunkt der Applikationsentwicklung stattfinden.

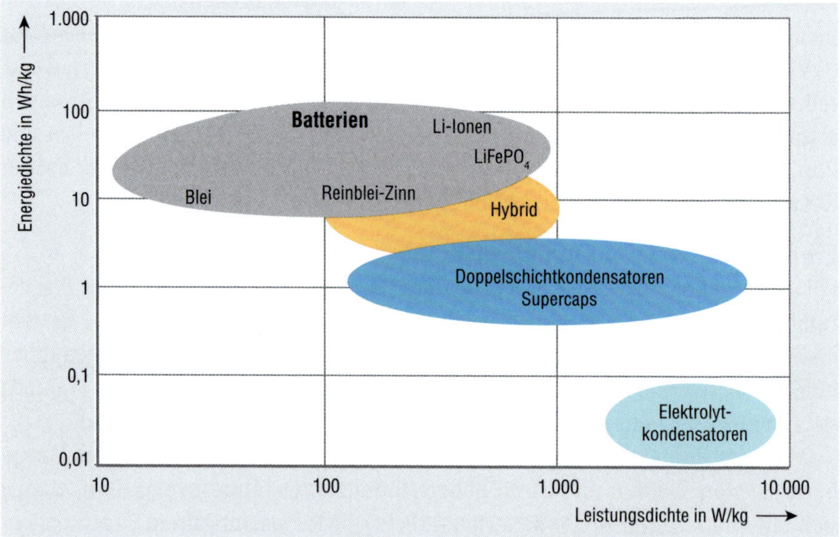

Bild 3: Energie- und Leistungsdichte verschiedener Energiespeicher im Vergleich

Steuerungs- und Ladetechnik von DC-USV-Systemen

Neben der reinen Batterietechnik spielt selbstverständlich auch die Steuerungs- und Ladeeinheit des DC-USV-Systems und deren funktionale Ausstattung eine entscheidende Rolle. Beim UPSI-System leitet die Steuerungseinheit der USV im Normalbetrieb die DC-Eingangsspannung direkt an den Ausgang weiter und lädt parallel den Energiespeicher. Gleichzeitig misst und überwacht das DC-USV-System alle relevanten Parameter, Ströme und Spannungen. Unterschreitet die Eingangsspannung den unteren Schwellwert aufgrund starker Spannungsschwankungen oder eines kompletten Stromausfalls, trennt ein MOSFET den Eingang ab und der DC-Ausgang bzw. die angeschlossene Last wird aus dem Energiespeicher heraus versorgt. Der Wechsel vom Netz- in den Backup-USV-Betrieb erfolgt innerhalb weniger Mikrosekunden.

Für den Lade- und Entladeprozess wurde beim UPSI-System ein bidirektionaler Wandler (Buck-Boost) als zentrales Element implementiert (**Bild 4**). Dadurch ist es möglich, Bauteile und Kosten einzusparen, sowie gleichzeitig einen sehr effizienten und sicheren Betrieb zu gewährleisten.

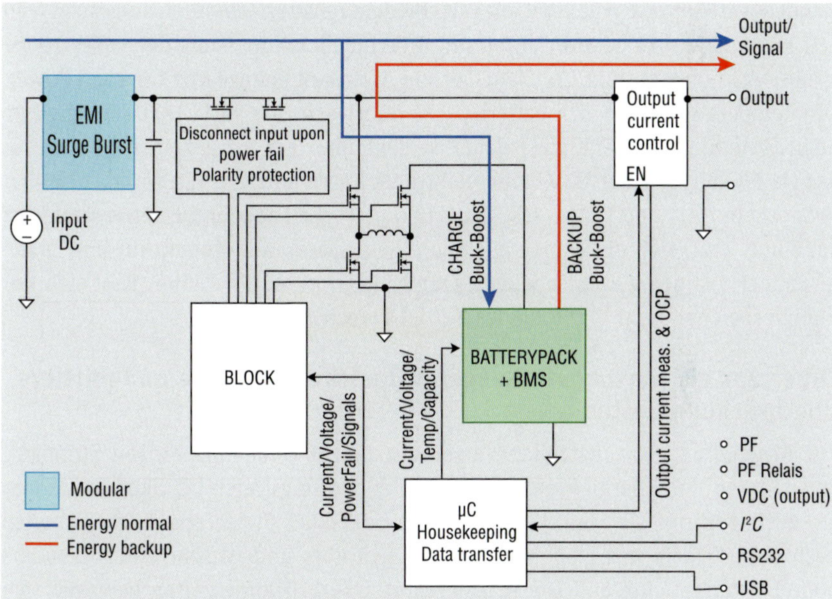

Bild 4: Blockschaltdiagramm DC-USV mit bidirektionalem Buck-Boost-Wandler

PowerSharing vermeidet Überdimensionierung der Stromversorgung

Im Normalbetrieb teilt das DC-USV-System die eingehende Leistung gleichmäßig zwischen der zu versorgenden Last und dem Lader des Energiespeichers auf, sodass die Eingangsleistung konstant gehalten werden kann. Beispielsweise besitzt die 24-V-DC-USV UPSI-2406 eine nominale Leistung von circa 140 W im Backup-

Betrieb. Die sehr leistungsstarke Ladeschaltung kann den Energiespeicher mit bis zu 4 A laden. Angenommen, die Applikation wäre für 120 W ausgelegt und der Lader würde gleichzeitig mit 4 A den Batteriepack laden, ergäbe sich ein Gesamtleistungsbedarf von ca. 216 W (120 W für den laufenden Betrieb plus 4 A · 24 V für die Ladung des Energiespeichers). Unter Berücksichtigung des Wirkungsgrades wird unter Umständen ein Netzteil der 300-W-Klasse am Eingang notwendig, um ein 120-W-System zu versorgen. Da dies weder energie- noch kosteneffizient wäre, drosselt die DC-USV den Ladestrom in Abhängigkeit von der Last und begrenzt somit die Leistung am Eingang. Eine Überdimensionierung des speisenden Netzteils lässt sich somit vermeiden, was wiederum Geld und Platz spart.

Flexibler Einsatz unterschiedlicher Batterietechnologien

Damit das UPSI-System flexibel mit verschiedenen Batteriechemien eingesetzt werden kann, sind drei Ladeverfahren mit individueller Anpassung der Ladeschlussspannung implementiert: Constant Current, Constant Voltage und Constant Power. Die Temperaturkurven der Batteriepacks überwacht das BMS (Batterie-Management-System). Jeder Energiespeicher verfügt über ein Batteriemanagement-IC, das via I²C-Bus mit der USV-Steuerelektronik kommuniziert. Ein Mikrocontroller (µC) erkennt Art und Daten des Akkus und passt die Lade- und Entladeparameter an. Somit kann sich ein Kunde auch zu einem späteren Zeitpunkt für eine andere Batterietechnologie entscheiden. Durch die Hot-Swap-Funktion lässt sich der Energiespeicher sogar während des Betriebs wechseln.

Supercaps als wartungsfreie Energiespeicher für kurze und mittlere Überbrückungszeiten

Zur Absicherung von instabilen Versorgungsnetzen oder kurzzeitigen Stromausfällen bieten sich Energiespeicher mit absolut wartungsfreien Ultrakondensatoren an, auch bekannt als Superkondensatoren oder kurz Supercaps. Diese arbeiten nach dem Prinzip des Doppelschicht-Kondensators und weisen eine besonders hohe Leistungsdichte auf. Die realisierbaren Überbrückungszeiten bewegen sich bis in den Minutenbereich, je nach zu versorgender Last. PC-gestützte Systeme können bei einem sich abzeichnenden längeren Ausfall kontrolliert heruntergefahren, Aktoren in eine definierte Grundposition bewegt oder der aktuelle Prozessschritt in der Automation abgeschlossen werden, um nur einige Anwendungsbeispiele zu nennen.

Im Gegensatz zu Batterien, die Energie über den Umweg einer chemischen Reaktion speichern, basieren Supercaps auf elektrophysikalischen Prinzipien und sind innerhalb kürzester Zeit geladen und einsatzbereit, arbeiten in einem weiten

Betriebstemperaturbereich (−40 °C bis +85 °C) und überzeugen mit einer hohen Strombelastbarkeit, Leistungsdichte und Zuverlässigkeit. Aufgrund der hohen Zyklenfestigkeit (>500.000 Be- und Entladezyklen) haben Energiespeicher mit Doppelschicht-Kondensatoren eine besonders lange Lebensdauer. Für die versorgte Applikation bedeutet dies eine Erhöhung der langjährigen Verfügbarkeit bei gleichzeitiger Minimierung des Wartungsaufwandes. Auch nach dem Erreichen der EOL (End of Life) ist ein Doppelschicht-Kondensator nicht defekt, sondern weist lediglich eine vordefinierte Minderung der Kapazität und einen höheren ESR (Ersatzserienwiderstand) auf.

Doppelschicht-Kondensatoren – Hocheffiziente Energiespeicher

Prinzipiell bestehen Kondensatoren aus zwei Elektrodenflächen, die sich in geringem Abstand gegenüberstehen, und einem Dielektrikum als nichtleitende Isolationsschicht dazwischen. Schließt man die Elektroden an eine Spannungsquelle an, so werden diese – vereinfacht beschrieben – gegenpolig aufgeladen und erzeugen aufgrund des elektrischen Potentials zwischen den beiden Elektrodenflächen ein elektrisches Feld. Sind beide Elektrodenflächen vollständig positiv bzw. negativ geladen, kommt der Stromfluss zum Erliegen, d. h. der Kondensator ist geladen und speichert die elektrische Energie, sodass diese durch den Anschluss eines Verbraucherstromkreises wieder entnommen werden kann. Die Speicherkapazität oder kurz Kapazität C eines Kondensators hängt hierbei wesentlich von der Oberflächengröße der Elektroden und ihrem Abstand zueinander ab. Auch die Beschaffenheit des Dielektrikums fließt in Form der Dielektrizitätszahl in die Formel für die Kapazitätsberechnung eines Kondensators ein:

$$C\,[\mathrm{F}] = \varepsilon \cdot A/d$$

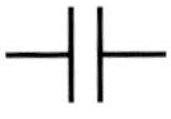

C Kapazität
ε Dielektrizitätszahl
A Plattenfläche
d Plattenabstand

Bei der Entwicklung von Doppelschicht-Kondensatoren bzw. Supercaps wurden diese Parameter an einigen Stellen entscheidend optimiert, sodass, im Vergleich zu Keramik-, Tantal- oder Elektrolytkondensatoren, auf wesentlich kleinerem Raum hohe Kapazitäten (bis zu mehreren tausend Farad) realisiert werden können: Zum einen bestehen die Elektroden aus Aktivkohle, also reinem Kohlenstoff mit einer besonders großen Oberfläche von bis zu 1.000 m^2/g. Zum anderen wurde das Dielektrikum durch einen elektrisch leitenden Elektrolyten und einen ionendurchlässigen Separator ersetzt.

Bild 5 zeigt den prinzipiellen Aufbau eines Doppelschicht-Kondensators. Beim Ladevorgang wandern die negativen Anionen durch den Separator hindurch zur positiven Elektrode, die positiven Kationen bewegen sich zur negativen Elektrode. An den beiden Grenzschichten zwischen Kohlenstoff-Elektroden und Elektrolyt bilden sich die nur wenige Molekülschichten dünnen Helmholtz-Doppelschichten. Durch den extrem kleinen Abstand entstehen elektrische Ladungsträger-Schichten mit besonders hoher Leistungsdichte, die sich wie zwei Kondensatoren gleicher Kapazität verhalten, welche über den Elektrolyten in Reihe miteinander verbunden sind. Die Kombination aus großer Elektrodenfläche und minimalen Abständen an den Grenzschichten macht den Doppelschicht-Kondensator letztlich zu einem Kapazitätsriesen mit kompakten Abmessungen.

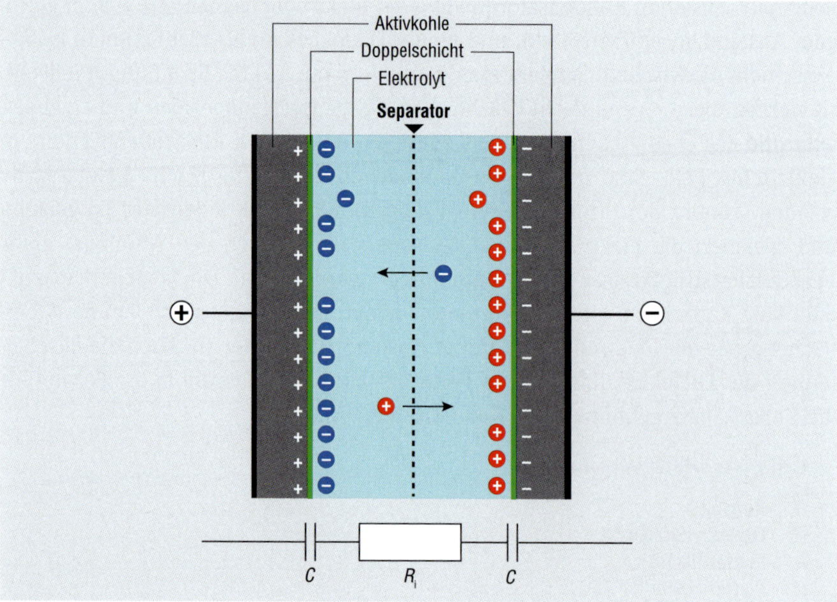

Bild 5: Schematischer Aufbau eines Doppelschicht-Kondensators (EDLC/Supercap)

Optimale Zellspannung verlängert Supercap-Lebensdauer

Obgleich die Temperaturfestigkeit und Lebensdauer von Doppelschicht-Kondensatoren im Vergleich zu anderen Energiespeichern besonders hoch sind, verändert sich im Laufe der Lebenszeit deren Kapazität (*C*) und Innenwiderstand (ESR Equivalent Serial Resistor). Das Ende der Lebensdauer eines Supercaps ist erreicht, wenn die Kapazität auf 70 % des ursprünglichen Wertes sinkt oder der Innenwiderstand sich verdoppelt. Hierbei hängt die effektive Lebensdauer entscheidend von der Umgebungstemperatur, der Zellspannung und den Lade-/Entladeströmen ab. Minus-Temperaturen bereiten den Supercaps – im Gegensatz zu Standard-Lithium-Ionen-Batterien – keine allzu großen Probleme, obgleich der Innenwiderstand bei niedrigen Temperaturen aufgrund der verminderten Ionenbeweglichkeit im Elektrolyten ansteigt, dies jedoch durch die resultierende Wärmeentwicklung im Supercap schnell wieder ausgeglichen wird. Hohe Temperaturen beeinflussen allerdings die Lebensdauer negativ.

Ein wichtiger Faktor ist daneben auch die gewählte Zellspannung. **Bild 6** zeigt den direkten Zusammenhang von Temperatur und Lebensdauer bei unterschiedlichen Zellspannungen eines Supercaps mit einer nominellen Zellspannung von je 3,0 V und einer Kapazität von 100 F. Für die Supercap-Energiespeicher-Module BP-SUC (Open-Frame) und BP-SUC-D (DIN-Rail) von Bicker Elektronik wurde beispielsweise eine ausgewogene Lösung mit einer reduzierten Zellspannung von 2,6 V (nominell 3,0 V) pro Supercap gewählt, um den langjährigen Betrieb im definierten Betriebstemperaturbereich von –30 °C bis +70 °C sicherzustellen.

Da die gespeicherte Energiemenge im Kondensator abhängig von der Zellspannung im Quadrat zu- oder abnimmt ($W = 0{,}5 \cdot C \cdot U^2$), galt es bei der Entwicklung

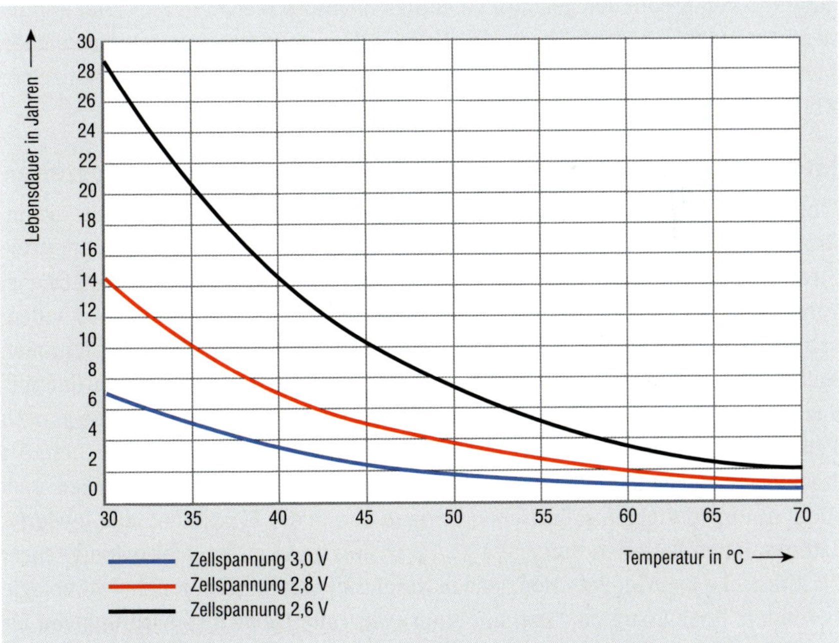

Bild 6: Zusammenhang von Temperatur und Lebensdauer bei unterschiedlichen Supercap-Zellspannungen

die Reduzierung der Zellspannung genau abzuwägen. Zumal sich die nutzbare Energiemenge aufgrund der Tatsache weiter reduziert, da die Supercaps in der Praxis nur bis zu einer minimalen Spannung U_{min} von ca. 1,0 V entladen werden.

Bereits beim Absinken der Kondensator-Nennspannung U_{max} auf die Hälfte ihres Wertes werden rund 75 % der gespeicherten Energie abgegeben. Es steht somit die effektive Energiemenge

$$W_{effektiv} = 0{,}5 \cdot C\,(U_{2max} - U_{2min})^2$$

für die Applikation zur Verfügung. Eine Tiefenentladung unterhalb von U_{min} ist somit technisch nicht sinnvoll, obgleich eine vollständige Entladung dem Supercaps keinen Schaden zufügen würde.

Komplett entladene Supercaps sind insbesondere für die längere Lagerung sowie den sicheren Transport vorteilhaft. Allerdings neigen Supercaps generell zu einer hohen Selbstentladung, was die Langzeitspeicherung von Energie wie in herkömmlichen Batterien unmöglich macht. Zudem erfordert die Reihenschaltung einzelner Supercaps zur Erhöhung der Nennspannung eines Energiespeichers zwingend ein sogenanntes Cell-Balancing für den Ladungsausgleich, da ansonsten aufgrund von produktionstechnisch bedingten Unterschieden in Kapazität und Innenwiderstand ein Ungleichgewicht beim Ladezustand der Supercaps entstehen könnte, welches zu Kapazitätseinbußen und der möglichen Überladung einzelner Kondensatoren führen kann.

Lithium-Ionen-Technologie ermöglicht längere Überbrückungszeiten

Obgleich die schnellen und leistungsfähigen Supercap-Energiespeicher beeindruckende Eigenschaften und Einsatzmöglichkeiten für die unterbrechungsfreie Stromversorgung bieten, lassen sich längere Überbrückungszeiten und die Absicherung von Anwendungen mit erhöhtem Energiebedarf mit Doppelschicht-Kondensatoren meist nicht mehr wirtschaftlich sinnvoll umsetzen, da dies nur mit großen Batteriepack-Volumen und hohen Kosten zu lösen wäre. Hier kommen Energiespeicher auf Blei- oder Lithium-Basis mit hoher Kapazität zum Einsatz, die je nach Leistungsbedarf Überbrückungszeiten bis zu mehreren Stunden ermöglichen. Als Nachfolger der herkömmlichen Blei-Schwefelsäure-Batteriechemie haben sich nicht nur bei portablen elektrischen Geräten und in der Elektromobilität moderne Lithium-Ionen-Batterien durchgesetzt. Zwar sind diese in der Anschaffung teurer als klassische Blei-Gel-Batterien, jedoch lassen sich mit Lithium-Ionen-Technologie besonders hohe Energiedichten mit einer Platz- und Gewichtseinsparung von bis zu 75 % realisieren. Lithium ist das leichteste Metall des Periodensystems und besitzt gleichzeitig ideale elektrochemische Eigenschaften für die Realisierung hoher spezifischer Energiedichten (Wh/kg). Ebenfalls vielfach größer als bei Blei-Gel-Batterien ist die Anzahl der Ladezyklen, die realisierbare Entladetiefe DoD (Depth of Discharge) sowie die Lebensdauer. Neben zahlreichen weiteren Materialkombinationen haben sich unter anderem drei Kathodenmaterialien für Energiespeicher etabliert (**Bild 7**). Die verschiedenen Kathodenmaterialen entsprechender Lithium-Ionen-Batteriezellen bedingen neben unterschiedlichen Nennspannungen eine Vielzahl weiterer Eigenschaften.

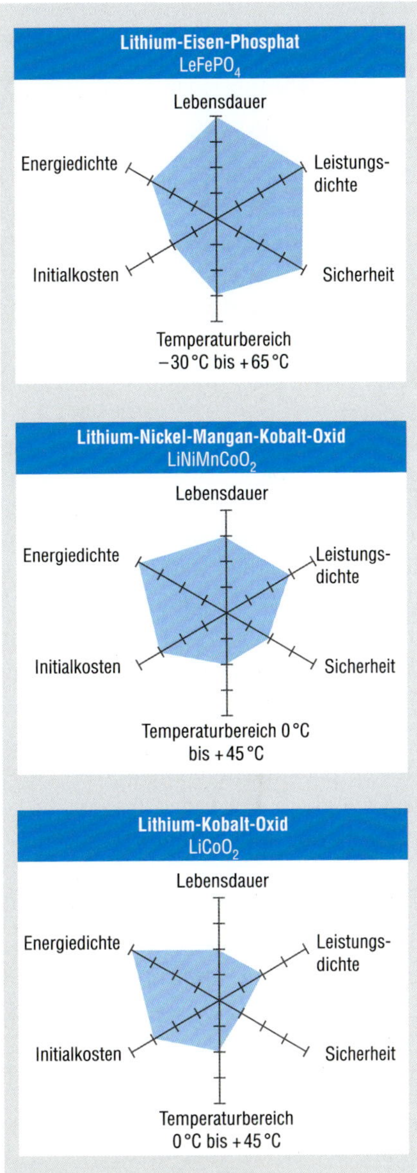

Bild 7: Vergleich der Eigenschaften auf Basis herstellerspezifischer Beispiele. Die jeweiligen Parameter werden von innen nach außen besser.

Aufbau und Funktionsweise von Lithium-Ionen-Zellen

Eine Lithium-Ionen-Zelle (**Bild 8**) besteht, vereinfacht gesagt, aus einer Kathode und einer Anode umgeben von einer extrem reinen und wasserfreien Elektrolyt-Flüssigkeit, welche für den optimalen Transport der Lithium-Ionen verantwortlich ist (bei einem festen Elektrolyt spricht man von Lithium-Polymer-Batterien).

Die Anode besteht aktuell meist aus Kohlenstoff (C) in Form von Graphit zur Einlagerung der Lithium-Ionen aus dem Aktivmaterial der Kathode. Der mikroporöse Separator, welcher nur für die Lithium-Ionen durchlässig ist, trennt die Kathode (mit Aluminiumelektrode) elektrisch von der Anode (mit Kupferelektrode). Die beiden Elektroden werden beim Ladevorgang über eine Spannungsquelle verbunden, welche einen externen

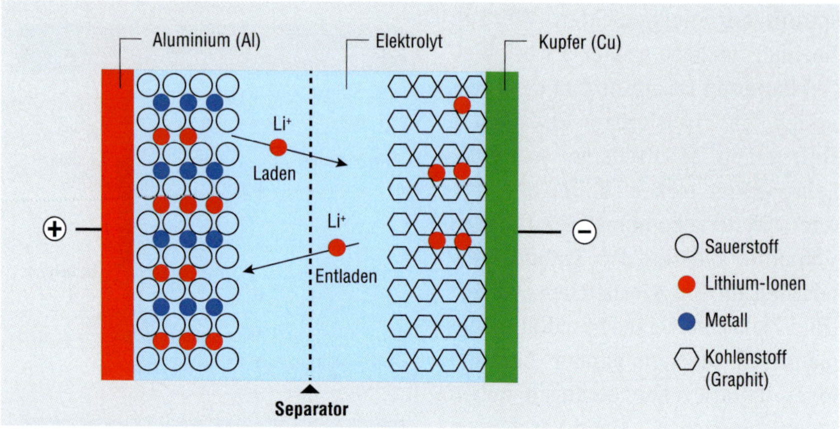

Bild 8: Schematischer Aufbau einer Lithium-Ionen-Zelle (stark vereinfacht)

Elektronenfluss von der Kathode zur Anode in Gang setzt. Durch die Entfernung von Elektronen aus den Kathodenmaterial-Verbindungen beginnen sich die Lithium-Atome in der Kathode zu ionisieren. Die positiv geladenen Lithium-Ionen (Li^+) lösen sich aus dem Verbund des Kathodenmaterials und diffundieren nun durch den Separator zur negativen Anode, verbinden sich mit den Elektronen wieder zu neutralen Lithium-Atomen und lagern sich in der molekularen Graphit-Schichtstruktur der Anode ein ($LiC_6 \longleftrightarrow C_6 + Li^+ + e^-$).

Beim Entladevorgang über einen angeschlossenen Verbraucher findet der Prozess der Elektronen- und Lithium-Ionen-Bewegung in umgekehrter Richtung statt und die durch den Ladevorgang aufgenommene Energie wird über den Entladestrom an den Verbraucher abgegeben.

Zyklenlebensdauer von Lithium-Ionen-Batterien

Bei jedem Vollzyklus (Laden/Entladen) ist die Lithium-Ionen-Zelle chemischen, thermischen und mechanischen Belastungen (Ausdehnung) unterworfen, die eine Alterung der Zelle verursachen. Insbesondere das Laden mit hohen Strömen (Schnellladung) sowie bei tiefen Temperaturen kann zu Lithium-Plating an der Anode führen. Hierbei lagern sich die Lithium-Ionen nicht wie vorgesehen in die Graphit-Schichtstruktur der Anode ein, sondern werden an der Oberfläche der Graphitanode metallisch abgeschieden und führen so zu erheblichen Leistungseinbußen oder gar Kurzschlüssen innerhalb der Zelle.

Hohe Ladeschlussspannungen führen ebenfalls zu einer starken Wärmeentwicklung, Ausdehnung und Belastung der Lithium-Ionen-Zelle – ebenso eine Überladung. Auf den Energiespeicher optimierte Lade- und Entladeprofile mit angepassten Ladeschlussspannungen und Entladetiefen DoD (Depth of Discharge) sowie der Einsatz eines Batterie-Management-Systems (BMS) schonen die Materialien der Lithium-Ionen-Zelle und sorgen für eine lange Lebensdauer. Hinsichtlich der Lagerung von Lithium-Ionen-Batterien sollten diese trotz der äußerst geringen Selbstentladung regelmäßig nachgeladen werden, um eine Tiefenentladung und die damit verbundene Destabilisierung der Zellchemie zu vermeiden.

Thermal Runaway bei Lithium-Ionen-Zellen

Bei der Auswahl eines Lithium-Ionen-Energiespeichers für DC-USV-Systeme empfiehlt sich ein genauer Blick auf das eingesetzte Kathodenmaterial, denn Lithium-Ionen-Technologie sorgt insbesondere in sicherheitstechnischer Hinsicht immer wieder für negative Schlagzeilen mit Bildern von brennenden Elektroautos oder schmelzenden Mobiltelefonen (**Bild 9**). Die hohe erzielbare Energiedichte aufgrund der elektrochemischen Vorteile von Lithium birgt u. a. auch ein erhöhtes Brandrisiko, weshalb Lithium-Ionen-Batterien besonderen Transport- und Luftfrachtbestimmungen unterliegen.

Gerade bei Zellen mit chemisch und thermisch instabilem Kathodenmaterial wie Lithium-Kobalt-Oxid (LCO) oder Lithium-Nickel-Mangan-Kobalt-Oxid (NMC) können starke Wärmeentwicklungen bei Überladung, interne oder externe Kurzschlüsse, mechanische Beschädigungen, produktionsbedingte Verunreinigungen oder starke äußere Hitzeeinwirkungen eine zellinterne exothermische chemische Reaktion auslösen. Die freiwerdende Wärmeenergie erhöht die Reaktionsgeschwindigkeit der Zellchemie und lässt die zellinterne Temperatur weiter ansteigen. Dieser sich selbstbeschleunigende Prozess kann bei Überschreitung einer spezifischen Temperaturgrenze nicht mehr gestoppt werden. Diese Temperatur-

Bild 9: Schwerwiegende Folgen eines Thermal Runaway: Mobiltelefon und Batterie sind komplett zerstört

grenze ist abhängig von der eingesetzten Zell-Chemie und beträgt beispielsweise 150 °C bei Lithium-Kobalt-Oxid (LCO). Es kommt zum Thermal Runaway (thermisches Durchgehen), was letztlich zum Brand oder zur Explosion der Zelle führen kann. Da der im Kathodenmaterial gebundene Sauerstoff in einem solchen Fall freigesetzt wird, ist ein derartiger Brand nur sehr schwer zu löschen.

Deshalb müssen Lithium-Ionen-Energiespeicher mit Schutzschaltungen gegen Übertemperatur (OTP), Überstrom (OCP), Überspannung (OVP) und Kurzschluss (SCP) ausgestattet sein sowie die direkte Einwirkung von Hitze und mechanische Beschädigungen der Zellen verhindert werden.

Lithium-Eisen-Phosphat ($LiFePO_4$) – die sichere und langlebige Lithium-Ionen-Technologie

Mit Lithium-Eisen-Phosphat ($LiFePO_4$) steht für das Kathodenmaterial eine wesentlich stabilere chemische Verbindung mit erhöhter Sicherheit zur Verfügung. Im Falle einer Überladung ist die entstehende Wärmeenergie wesentlich geringer und selbst beim „Nageltest“ (interner Kurzschluss der Zelle durch Eindringen eines metallischen Körpers) ist ein thermisches Durchgehen der Zelle nahezu ausgeschlossen, da Lithium-Eisen-Phosphat im Fehlerfall nur wenig bis gar keinen Sauerstoff abgibt und die spezifische Temperatur für einen Thermal Runaway mit 270 °C wesentlich höher liegt als bei anderen Kathodenmaterialien.

Insgesamt sind $LiFePO_4$-Zellen wesentlich unempfindlicher gegenüber Hitze und selbst der Einsatz bei Minus-Temperaturen ist möglich. Der Temperaturbereich handelsüblicher $LiFePO_4$-Zellen erstreckt sich hierbei von –30 °C bis +65 °C. Wobei der Arbeitstemperaturbereich für die $LiFePO_4$-Batteriepacks BP-LFP/BP-LFP-D von Bicker Elektronik bewusst auf –20 °C bis +55 °C spezifiziert wurde: Einerseits ist bei extremen Minustemperaturen keine praktikable Ladung der Zellen mehr möglich. Andererseits erreichen die Zellen innerhalb eines Batteriepacks im Normalbetrieb bei einer Umgebungstemperatur von +55 °C aufgrund der Eigenerwärmung bereits eine Zelltemperatur von +65 °C (und würden somit bei höheren Umgebungstemperaturen überlastet) – ein wichtiges Detail, welches man beim Produktvergleich von verschiedenen Zell- und Batteriepacks hinsichtlich der Temperaturangaben berücksichtigen sollte.

Ausgestattet mit einem Hochleistungs-Batterie-Management-System (BMS) sind $LiFePO_4$-Energiespeicher sowohl als geschrumpfte Batteriepacks BP-LFP (**Bild 10**), als auch in einer robusten DIN-Rail-Gehäusevariante BP-LFP-D bei Bicker Elektronik verfügbar.

Aufgrund der etwas niedrigeren Zellspannung von 3,2 V ist die Energiedichte von $LiFePO_4$-Zellen zwar nicht ganz so hoch wie bei NMC/LCO-Zellen, jedoch

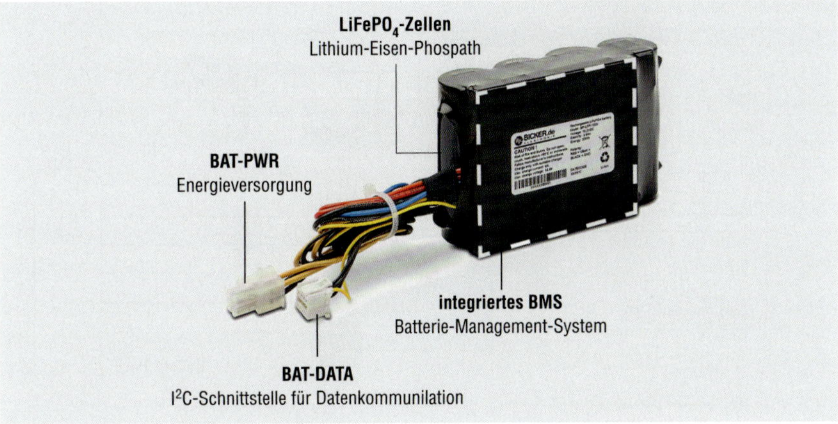

Bild 10: $LiFePO_4$-Batteripack BP-LFP von Bicker Elektronik mit integriertem BMS

wird dieser vermeintliche Nachteil bereits nach kurzer Einsatzdauer durch eine rund zehnfach höhere Zyklenfestigkeit (> 3.000 Lade- und Entladezyklen bei 80 % der Anfangskapaziät) mehr als ausgeglichen. NMC/LCO-Zellen altern zyklisch wesentlich schneller und weisen bereits nach ca. 300 Zyklen nur noch 80 % der Anfangskapazität auf. Dahingehend relativieren sich auch die etwas höheren Initialkosten beim Einsatz von Lithium-Eisen-Phosphat.

Darüber hinaus verfügen Lithium-Eisenphosphat-Energiespeicher im direkten Vergleich zu anderen Lithium-Ionen-Batterien über eine höhere Leistungsdichte, die hohe Lade- und Entladeströme sowie eine erhöhte Impulsbelastbarkeit ermöglicht.

Nicht zuletzt leistet die $LiFePO_4$-Batterietechnologie durch den Verzicht auf giftige Schwermetalle wie Nickel oder dem seltenen Rohstoff Kobalt einen aktiven Beitrag zum Schutz von Mensch und Umwelt bei. All diese Vorteile prädestinieren Lithium-Eisen-Phosphat-Batteriezellen als sichere und besonders langlebige Energiespeicher für DC-USV-Systeme.

Batterie-Management-System (BMS)

Wie bereits erwähnt, benötigen gerade Lithium-Ionen-Energiespeicher hinsichtlich der Optimierung von Lebensdauer und Sicherheit zwingend ein Batterie-Management-System (BMS), welches entweder extern oder als integraler Bestandteil des Energiespeichers umgesetzt werden kann. Das BMS überwacht und steuert den kompletten Lade- und Entladevorgang jeder Batteriezelle des Energiespeichers (**Bild 11**). Zu den Aufgaben des BMS zählen:

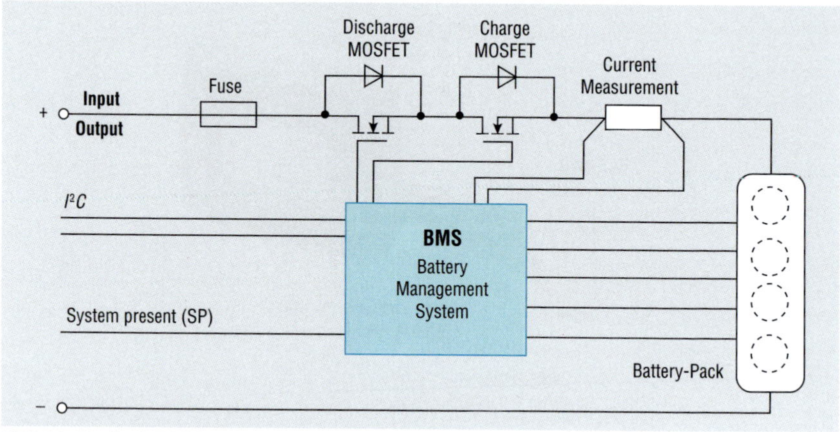

Bild 11: Blockschaltbild Battery Management System (BMS) mit Batteriepack

- Batterietyp-Authentifizierung zur automatischen Einstellung der passenden Ladeschlussspannung (BMS übermittelt Batterie-ID an UPSI-Steuereinheit),
- Ladezustandsanzeige und SOC-Überwachung (State of Charge),
- Überwachung der Zellspannungen,
- Stromfluss-Überwachung,
- Battery-Health- und Zyklen-Monitoring,
- Temperaturüberwachung des Batteriepacks mit Abschaltung bei Über-/Untertemperatur,
- Schutz vor Über-/Unterspannung an den Zellen, Überstrom und Tiefenentladung,
- Trennung des Hauptstrompfades bei Kurzschluss.

Eine weitere Kernaufgabe des BMS (Batterie-Management-System) ist das Cell-Balancing. Innerhalb eines Energiespeichers werden zur Erhöhung der Nennspannung mehrere Einzelzellen in Reihe geschaltet. Aufgrund von Fertigungstoleranzen und unterschiedlich starker Alterung der Zellen unterscheiden sich diese in Kapazität und Innenwiderstand. Die Leistungsfähigkeit und Gesamtkapazität des Lithium-Ionen-Batteriepacks richtet sich in diesem Fall nach der „schwächsten" Zelle im Verbund, da diese beim Ladevorgang als erste den Spannungsgrenzwert für die Ladebegrenzung erreicht und somit die vollständige Aufladung der restlichen Zellen verhindert (**Bild 12**). Dies beeinflusst Lebensdauer, Zyklenanzahl und Kapazität des Energiespeichers negativ und kann letztlich sogar die Beschädigung des Batteriepacks hervorrufen.

Das Cell-Balancing (aktiv oder passiv) gleicht diese Unterschiede zwischen den einzelnen Verbund-Batteriezellen durch eine entsprechende Beschaltung aus und

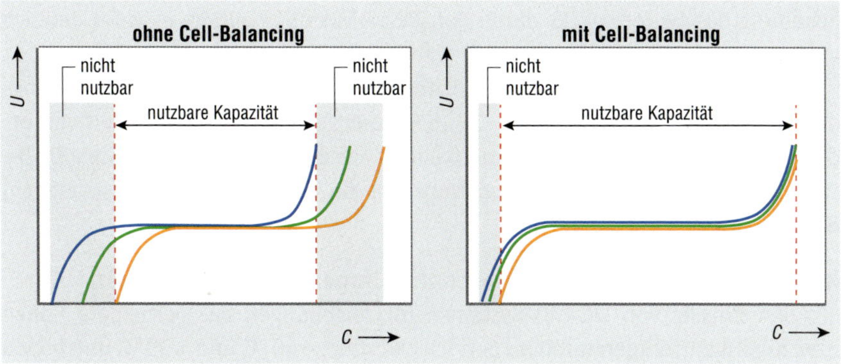

Bild 12: Das Cell-Balancing gleicht die Ladekurven einzelner Zellen an, sodass die maximale Kapazität des Batteriepacks erreicht wird.

sorgt für eine ausgewogene und gleichmäßige Ladung aller Zellen, sodass die volle Kapazität des Lithium-Ionen-Batteriepacks nutzbar bleibt und keine kritischen Extremsituationen an einzelnen Zellen entstehen. Durch das übergeordnete Cell-Balancing kann die Lebensdauer des Batteriepacks entscheidend verlängert werden.

Zusatzfunktionen von BMS und Energiespeicher

Beim modularen DC-USV-System UPSI und den zugehörigen Energiespeichern integriert Bicker Elektronik zwei spezielle Features für zusätzliche Sicherheit und höhere Lebensdauer der Batteriepacks: den Batterie-Relax-Modus und die System-Present-Funktion.

Batterie-Relax-Modus verlängert Lebensdauer von Lithium-Ionen-Batterien

Mit dem Batterie-Relax-Modus greift Bicker Elektronik die Problematik auf, dass in vielen DC-USV-Systemen der Batteriepack oft über sehr lange Zeit (ggf. über Monate) auf Ladeschlussspannung am Lader betrieben wird, um die volle USV-Bereitschaft jederzeit zu gewährleisten. Wenn jedoch Lithium-Ionen-Zellen über derart lange Zeiträume unter ständiger Belastung im Ladeschluss-Zustand bleiben, nimmt die Lebensdauer der Zellen nach einigen Monaten stark ab. Zur Schonung der Zellen ist es daher notwendig, dass nach einer definierten Zeit der Lade-MOSFET bei Ladeschluss deaktiviert wird. Der Entlade-MOSFET bleibt weiterhin aktiv, sodass eine Entladung jederzeit möglich ist. Bei detektierter Entladung (USV-Betrieb nach Stromausfall) wird der zuvor deaktivierte Lade-MOSFET wieder unmittelbar zugeschaltet, sodass der Stromfluss über die Body-Diode nur wenige Mikrosekunden andauert und der Lader in den regulären Betriebsmodus zurückkehrt. Die

Schonung des Batteriepacks durch den Relax-Modus resultiert in einer deutlich verlängerten Lebensdauer und somit einer erhöhten Systemverfügbarkeit.

Bei der System-Present-Funktion bleibt der Ausgang des Batteriepacks solange deaktiviert (Ausgangsspannung = 0 V) bis dieser mit der DC-USV-Einheit verbunden und freigeschaltet wird. Da die Bauteile auf der BMS-Platine im Standby-Betrieb laufen, erhöht diese Stromsparfunktion die Lagerfähigkeit des (geladenen) Batteriepacks.

Reinblei-Zinn-Batterien für extreme Umgebungsbedingungen

Für den Einsatz von DC-USV-Systemen in Umgebungen mit permanent hohen bzw. niedrigen Temperaturen im Bereich zwischen −40 °C und +70 °C und hohen Entladeströmen bieten sich Reinblei-Zinn-Batteriezellen, wie die „Hawker Cyclon“, als Energiespeicher an.

Im Gegensatz zur herkömmlichen Bleibatterie verwenden die extrem robust aufgebauten Zellen gewickelte, dünne Elektroden-Gitter aus reinem Blei (99,004 %) mit einer Zinn-Legierung (0,65 %). Die optimierten elektrochemischen Prozesse in den ventilgeregelten Cyclon-Zellen (VRLA) ermöglichen die hohe Temperaturbeständigkeit und eine besonders lange Lebensdauer.

Die konstruktive Gebrauchsdauer wird unter Erhaltungsladebedingung mit bis zu 15 Jahren bei 20 °C spezifiziert. Klassische Blei-Gel-Batterien haben unter gleichen Bedingungen eine wesentliche kürzere Lebensdauer von max. drei bis fünf Jahren bei 20 °C. Bei Anwendung der bereits beschriebenen RGT-Regel wird deutlich, dass beispielsweise bei einer Betriebstemperatur von +60 °C eine Standard-Blei-Gel-Batterie bereits nach ca. drei Monaten das Lebensende (EOL End-Of-Life) erreicht hätte und ausgetauscht werden müsste.

Die Reinblei-Zinn-Batterien sind besonders stoß- und vibrationsresistent und können in jeder Lage eingebaut, geladen und entladen werden. Ein komplexes BMS-System wie für Lithium-Ionen-Batterien ist nicht notwendig. Jedoch ist die korrekte und temperaturgeführte Ladung derartiger Zellen anspruchsvoll und erfordert eine optimal abgestimmte *U-I*-Kennlinie. Ebenfalls sind Gewicht und Volumen im Vergleich zu Lithium-Ionen-Batterien wesentlich größer.

Integrierte DC-USV-Kompaktlösungen

Neben Chemie und Aufbau einzelner Supercaps und Batteriezellen (zylindrisch, prismatisch oder als Pouch-Zelle) spielt für die konkrete Umsetzung in einer Applikation die Auswahl der Bauform des kompletten DC-USV-Systems, bestehend aus Energiespeicher, Steuerungs- und Ladeeinheit, ebenfalls eine wichtige Rolle. Abhängig von Laststrom, Überbrückungszeit, Platzangebot und Temperaturbereich resultiert zunächst die Kapazität und Technologie des Energiespeichers.

Für die Implementierung bieten sich entweder besonders kompakte Bauformen, welche alle Komponenten auf einem Modul vereinen, oder modular aufgebaute DC-USV-Systeme an. Beispielsweise kann das Supercap-DC-USV-Modul der UPSIC-Serie (**Bild 13**) mit einer Grundfläche von nur 135 mm x 79,5 mm direkt in kompakte Robotik- und Automatisierungssysteme zur Absicherung einzelner Aktoren oder Sensoren integriert werden oder Low-Power-Embedded-Computersysteme absichern. Zusätzlich steht noch eine erweiterte Version UPSIC-D im DIN-Rail-Gehäuse zur Verfügung.

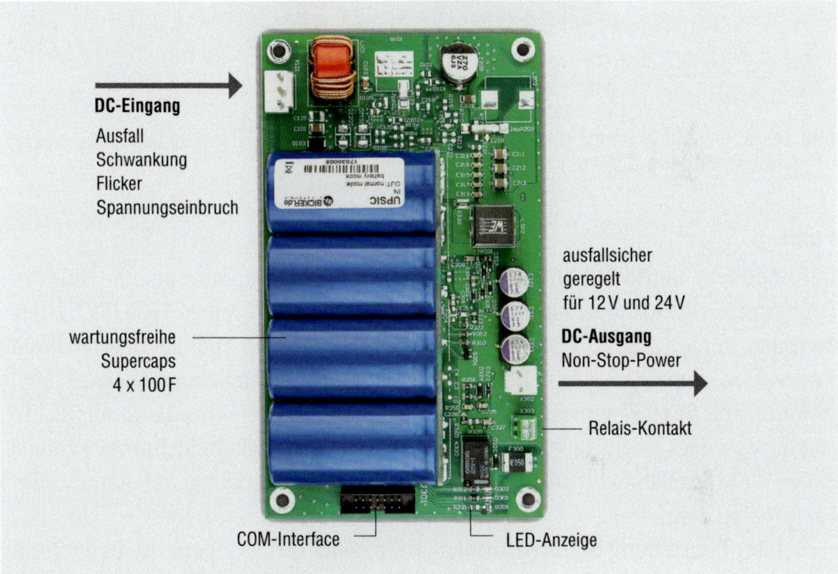

Bild 13: Kompaktes DC-USV-Modul als Open-Frame-Version

Modulare DC-USV-Systeme für maximale Flexibilität

Bei größerem Energiebedarf, z. B. in der Steuerungs-, Sicherheits- und Regeltechnik, bieten sich modulare und flexible DC-USV-Systeme mit separaten Energiespeichern an. Diese können bei Bedarf zu einem späteren Zeitpunkt gegen Energiespeicher höherer Kapazität oder mit alternativer Batterietechnologie ausgetauscht werden. Für die Anwendung der genannten DC-USV-Lösungen innerhalb von Schaltschränken bieten einige Hersteller neben voll integrierbaren Open-Frame-Versionen auch besonders robuste und geschlossene DIN-Rail-Versionen der Energiespeicher mit Aluminiumgehäuse und Schnell-Montage-Halterung für die Hutschiene an (**Bild 14**).

Bild 14: DC-USV-Systeme UPSI-D im DIN-Rail-Gehäuse mit Energiespeichern BP-SUP-D (Supercaps) und BP-LFP-D (LiFePO4)

Fazit

In Anbetracht der höchst unterschiedlichen Anforderungsprofile an eine unterbrechungsfreie DC-Stromversorgung sollte bei der Auswahl eines DC-USV-Systems zunächst immer die individuelle Design-In-Beratung und applikationsspezifische Konzeption gemeinsam mit dem Stromversorgungshersteller an oberster Stelle stehen. Eine flexibel einsetzbare Steuerungs- und Ladeelektronik vorausgesetzt, ist ein passender Energiespeicher hinsichtlich Zuverlässigkeit, Sicherheit, Lebensdauer, Leistungsfähigkeit und Kosten unter Berücksichtigung der dargestellten Faktoren zu definieren.

Bei der Beurteilung der Investitionskosten sollte insbesondere die Betrachtung der TCO (Total-Cost-Of-Ownership) über die gesamte Nutzungsdauer eines industriellen oder medizintechnischen Systems im Mittelpunkt stehen. Vermeintlich günstige Batterietechnologien können sich wie dargestellt unter bestimmten Anwendungsbedingungen bereits nach kurzer Einsatzdauer durch hohen Wartungsaufwand oder gar frühzeitigen Ausfall als Mehrkosten- und Unsicherheitsfaktor entpuppen. Hingegen kann ein durchdachtes und bedarfsgerechtes Konzept hinsichtlich der tatsächlich abzusichernden Komponenten die Gesamtkosten für das DC-USV-System deutlich senken, ohne das Risiko zu erhöhen.

Darüber hinaus verlängert die Investition in ein effektives Wärmemanagement nicht nur die Lebensdauer des Energiespeichers, sondern aller elektronischen Komponenten eines Endgerätes. In Kombination mit besonders zyklenfesten Energiespeichern auf Basis von wartungsfreien Supercaps oder sicheren Lithium-Eisenphosphat-Batteriezellen mit Hochleistungs-BMS erhalten Systementwickler eine sichere, langlebige und kosteneffiziente Absicherung gegen Ausfälle und Schwankungen der Stromversorgung.

Hinsichtlich der verfügbaren Batterietechnologien wird man in den nächsten Jahren, nicht zuletzt getrieben durch die rasante Entwicklung der Elektromobilität, vielversprechende Weiter- und Neuwicklungen sehen, die letztlich auch für Energiespeicher in DC-USV-Systemen hochinteressant sein können. Gerade in der Lithium-Ionen-Technologie versprechen neue Anodenmaterialien wie Silizium und weiterentwickelte Zellbauformen enorme Fortschritte hinsichtlich Leistungsfähigkeit und Sicherheit.

Hersteller von DC-USV-Systemen werden mit Ihren Entwicklungsingenieuren diese Entwicklungen genau beobachten und entsprechende Komponenten für den Einsatz in neuen Energiespeichern prüfen und qualifizieren, um so für jedes Anforderungsprofil die passende Lösung liefern zu können.

Einsatz von Fehlerstrom-Schutzeinrichtungen (RCDs) in der Industrie

Günter Grünebast

Fehlerstrom-Schutzeinrichtungen (RCDs) allgemein

Der Oberbegriff „Fehlerstrom-Schutzeinrichtungen (RCDs)" kennzeichnet eine Gruppe von Schaltgeräten, die zum Schutz gegen elektrischen Schlag und bei bestehenden Brandrisiken verwendet werden. Sie schützen elektrische Anlagen, Personen oder Nutztiere vor gefährlichen Fehlerströmen und können dem Brandschutz dienen. In bekannter Weise werden sie zum Beispiel zur Realisierung der Schutzmaßnahme „Automatische Abschaltung der Stromversorgung" nach DIN VDE 0100-410 eingesetzt. In diesem Beitrag wird zur besseren Übersicht anstelle des Terminus „Fehlerstrom-Schutzeinrichtungen" ausschließlich die Abkürzung RCD verwendet.

RCDs (engl. **R**esidual **C**urrent **D**evices) bilden fortlaufend die Summe der Augenblickswerte aller Ströme, die über die aktiven zu überwachenden Leiter in eine elektrische Anlage fließen, welche an einem geerdeten Stromversorgungssystem betrieben wird. Im fehlerfreien Fall ergibt diese Summe immer den Wert Null. Bei einem Isolationsfehler zur Erde addieren sich diese Ströme hingegen nicht zu Null, da abhängig vom Fehler- oder Erdschleifenwiderstand nun ein Reststrom (engl. residual current) nicht über die aktiven Leiter, sondern über die Erde fließt. Überschreitet dieser Reststrom den Wert des Bemessungsfehlerstromes $I_{\Delta n}$ einer RCD, bewirkt die RCD eine sichere Trennung der elektrischen Anlage vom speisenden Netz.

Sowohl für die Erfassung als auch für die Bewertung des Reststromes kann eine integrierte Hilfsspannungsquelle (Netzspannung) erforderlich sein. In Deutschland wird bei Schutzeinrichtungen, welche die Erfassung und Bewertung des Reststromes netzspannungsunabhängig vornehmen, der Begriff *„Fehlerstrom"* verwendet (z. B. Fehlerstrom-Schutzschalter, RCCB), während der Begriff *„Differenzstrom"* auf eine netzspannungsabhängige Erfassung und Bewertung hinweist (z. B. Differenzstrom-Überwachungsgerät, RCM). *Fehlerströme* sind üblicherweise ohmsch und fließen aufgrund von Isolationsfehlern. *Ableitströme* hingegen sind üblicherweise kapazitiv oder induktiv und sind betriebsbedingte Ströme, die beispielsweise aufgrund von erforderlichen EMV-Maßnahmen durch Filter fließen. Fehlerströme und Ableitströme stellen aus technischer Sicht betrachtet auch *Differenzströme* dar. Dem Begriff Differenzstrom werden somit mehrere Bedeutungen zuteil.

Schutz mit Fehlerstrom-Schutzeinrichtungen (RCDs)

Gemäß DIN VDE 0100-530 dürfen RCDs für den *Fehlerschutz* (Schutz bei indirektem Berühren), für den *zusätzlichen Schutz* (Schutz bei direktem Berühren, auch bekannt als Personenschutz) und für den *Schutz bei Brandrisiken* in allen Netzsystemen außer in reinen TN-C-Systemen verwendet werden.

Für den Schutz von Steckdosen in Endstromkreisen für die Benutzung durch Laien und zur allgemeinen Verwendung dürfen nach DIN VDE 0100-410 nur RCDs mit einem Bemessungsfehlerstrom $I_{\Delta n} \leq 30\,\text{mA}$ verwendet werden. Gleiches gilt für die Versorgung von ortsveränderlichen Betriebsmitteln für den Außenbereich sowie für den zusätzlichen Schutz.

RCDs zum Schutz von Leuchtenstromkreisen in Wohnungen müssen ebenfalls einen Bemessungsfehlerstrom $I_{\Delta n} \leq 30\,\text{mA}$ aufweisen. Bei bestehenden Brandrisiken dürfen ausschließlich RCDs mit einem Bemessungsfehlerstrom $I_{\Delta n} \leq 300\,\text{mA}$ verwendet werden. Zur Realisierung des Fehlerschutzes können in Abhängigkeit des Schleifenwiderstandes der elektrischen Anlage auch RCDs mit höheren Bemessungsfehlerströmen gewählt werden. Des Weiteren dürfen bestimmte Bauarten von RCDs zur Schutzpegelerhöhung eingesetzt werden. Eine Schutzpegelerhöhung ist ein ergänzender Schutz, der jedoch eine gegebenenfalls geforderte Schutzmaßnahme (z. B. automatische Abschaltung der Stromversorgung nach DIN VDE 0100-410) nicht ersetzt.

Bild 1 zeigt beispielhaft einen Schutz bei indirektem Berühren (Fehlerschutz) in einem TT-System mithilfe eines Fehlerstrom-Schutzschalters. Ein geeigneter Wert des Bemessungsfehlerstromes $I_{\Delta n}$ ergibt sich in diesem Fall aus der maximal zulässigen Berührspannung $U_{\text{L zul.}}$ (50 V) und dem Wert des Erdungswiderstandes R_A.

Abhängig vom zu erreichenden Schutzumfang bzw. von den zu erwartenden Fehlerströmen (Wechselfehlerströme, Gleichfehlerströme) sind RCDs mit geeigneten Auslösecharakteristiken (Typ) zu verwenden. **Tabelle 1** zeigt eine Übersicht.

Anmerkungen

- Je nach Ausführung und Hersteller ist bei RCDs vom Typ B eine definierte Auslösung bei Wechselfehlerströmen bis zu 150 kHz möglich. Die Verwendung von RCDs des Typs B mit einem derart erweiterten Erfassungsbereich ist empfehlenswert, da im industriellen Bereich oftmals Frequenzumrichter zur Anwendung gelangen, deren Schaltfrequenz weit über die normative Anforderung von nur 1 kHz für RCDs vom Typ B hinausgeht. Schaltfrequenzen im zweistelligen kHz-Bereich sind üblich. Somit wird im Fehlerfall das gesamte Fehlerstromspektrum sicher erfasst. RCDs vom Typ B in der Ausführung SK

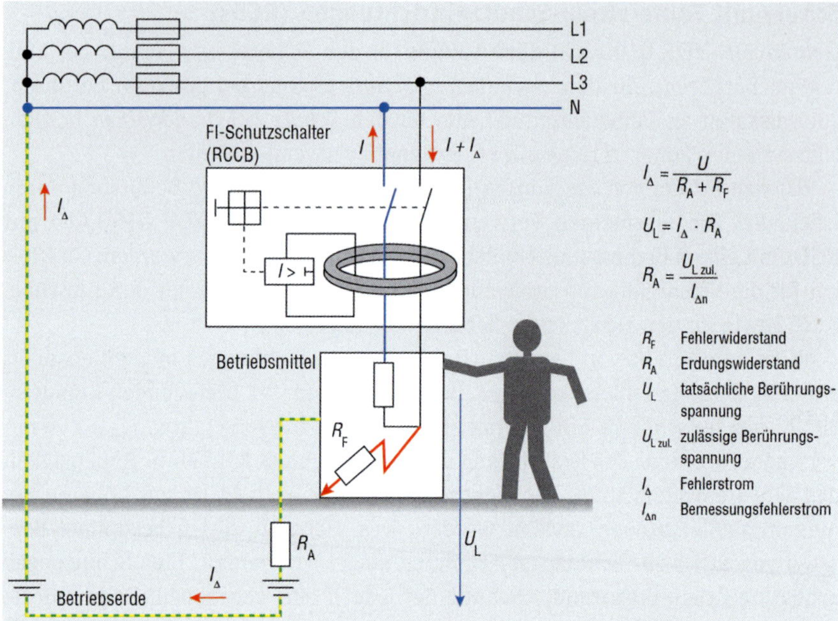

Bild 1: Fehlerschutz in einem TT-System mithilfe eines Fehlerstrom-Schutzschalters

Typ	Schutz	Symbol
AC	bei sinusförmigen Wechselfehlerströmen der Bemessungsfrequenz (z. B. 50 Hz)	
A	bei sinusförmigen Wechselfehlerströmen und bei pulsierenden Gleichfehlerströmen der Bemessungsfrequenz (z. B. 50 Hz)	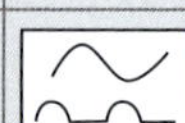
F	bei sinusförmigen Wechselfehlerströmen und bei pulsierenden Gleichfehlerströmen der Bemessungsfrequenz (z. B. 50 Hz) sowie bei einem Gemisch von Wechselfehlerströmen mit unterschiedlichen Frequenzen	
B	bei sinusförmigen Wechselfehlerströmen und bei pulsierenden Gleichfehlerströmen der Bemessungsfrequenz (z. B. 50 Hz) sowie bei Wechselfehlerströmen bis mindestens 1 kHz und bei glatten Gleichfehlerströmen und Gleichfehlerströmen, die aus Gleichrichterschaltungen an zwei oder drei Außenleitern in Wechselspannungsnetzen resultieren	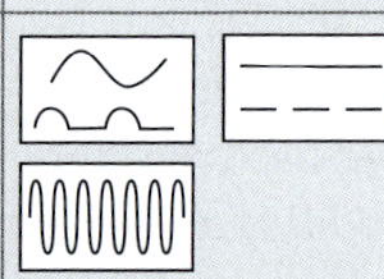
B+	wie bei Typ B, jedoch ist hier eine Auslösung bei Wechselfehlerströmen bis 20 kHz mit einem maximalen Auslösewert von 420 mA sichergestellt	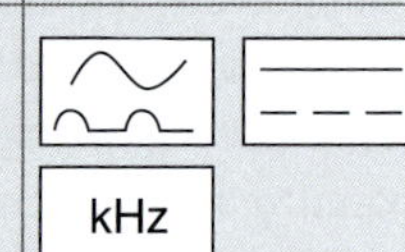

Tabelle 1: Auslösecharakteristiken von RCDs

(Sonderkennlinie) erweisen sich hierbei als besonders vorteilhaft, da sie einen durchgängig definierten Auslösefrequenzbereich bis 150 kHz aufweisen.

- Weitere Informationen zu RCDs vom Typ B und B+ können der technischen Information „Allstromsensitive Fehlerstrom-Schutzeinrichtungen“ von Doepke Schaltgeräte [1] entnommen werden.
- RCDs vom Typ F erfassen keine glatten Gleichfehlerströme und dürfen daher eine RCD vom Typ B oder B+ nicht ersetzen.
- RCDs vom Typ AC sind in Deutschland nicht zugelassen.
- RCDs sind zum Freischalten von Stromkreisen geeignet (Trenneigenschaft).
- RCDs dürfen nicht zum betriebsmäßigen Schalten von Stromkreisen vorgesehen werden.

Aufbau von Fehlerstrom-Schutzeinrichtungen (RCDs)

Prinzipiell bestehen RCDs aus einer Stromerfassungseinrichtung, einer Auswerteeinheit sowie einer Abschaltvorrichtung, welche auch eine Trenneigenschaft aufweist. Je nach Bauart können diese Komponenten entweder in einem Gehäuse integriert (z. B. Fehlerstrom-Schutzschalter, RCCB) oder separat ausgeführt sein (z. B. modulares Fehlerstromgerät, MRCD).

Die *Stromerfassungseinrichtung* wird auch als Summenstromwandler bezeichnet. Alle zu überwachenden Leiter werden durch den Summenstromwandler geführt (außer dem Schutzleiter). Die *Auswerteeinheit* kann bei einem Fehlerstrom-Schutzschalter (RCCB) vom Typ A in einfachster Ausführung aus einer kleinen Leiterplatte mit nur wenigen passiven Bauteilen bestehen, die mit dem Summenstromwandler und einem Auslöserelais verbunden ist, das im Fehlerfall auf eine *Abschaltvorrichtung* wirkt. Bei einem modularen Fehlerstromgerät (MRCD) kann die Auswerteeinheit indes sehr umfangreich sein. So können beispielsweise der Bemessungsfehlerstrom und die Auslösezeit einstellbar sein. Eine optische Anzeige kann den momentanen Fehlerstrom wiedergeben. Üblicherweise besteht die Abschaltvorrichtung bei Fehlerstrom-Schutzschaltern aus einem integrierten Schaltschloss mit Schaltkontakten. Bei einem modularen Fehlerstromgerät ist die Abschaltvorrichtung ein separater Leistungsschalter. Wird ein Differenzstrom vom Summenstromwandler erfasst und in der Auswerteeinheit das Überschreiten eines vorgegebenen maximal zulässigen Wertes festgestellt, erfolgt eine allpolige Trennung der zu überwachenden elektrischen Anlage vom versorgenden Netz mithilfe der Abschaltvorrichtung. **Bild 2** zeigt als Blockschaltbild den Aufbau eines Fehlerstrom-Schutzschalters.

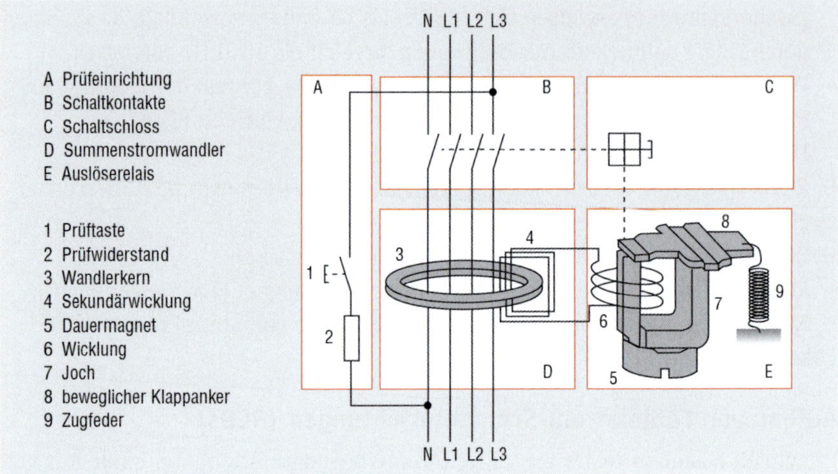

Bild 2: Aufbau eines Fehlerstrom-Schutzschalters

Anmerkung

In Deutschland sind für die Schutzmaßnahme „Automatische Abschaltung der Stromversorgung" in elektrischen Anlagen, die nicht durch technisch geschultes Personal bedient und regelmäßig gewartet werden, nur RCDs zulässig, deren Fehlerstromerfassung und Auswertung netzspannungsunabhängig funktioniert. RCDs vom Typ B und B+ benötigen für die Erfassung und Auswertung von glatten Gleichfehlerströmen jedoch eine aufwendige und somit netzspannungsabhängige integrierte elektronische Schaltung. Sie gelten dennoch als netzspannungsunabhängig, da eine Auslösung bei Fehlerströmen vom Typ A auch ohne Netzspannung gewährleistet ist. Bei einer Netzspannung ≥ 50 V (diese stellt zugleich die maximal zulässige Berührspannung dar) erkennen RCDs vom Typ B und B+ auch glatte Gleichfehlerströme und Fehlerströme mit verschiedenen Frequenzanteilen.

Im industriellen Einsatz, also in Anlagen, die üblicherweise von elektrotechnisch unterwiesenen Personen bedient und regelmäßig gewartet werden, dürfen beispielsweise auch modulare Fehlerstromgeräte (MRCDs), die eine netzspannungsabhängige Funktion aufweisen, verwendet werden. Die verschiedenen Bauarten von RCDs werden im nächsten Abschnitt näher erläutert.

Bauarten von Fehlerstrom-Schutzeinrichtungen (RCDs)

Nachfolgend sind verschiedene Bauarten von RCDs aufgeführt. Die aktuelle Errichtungsbestimmung DIN VDE 0100-530 zieht beim Einsatz von RCDs als Auswahlkriterium auch die Zugänglichkeit einer elektrischen Anlage heran.

In elektrischen Anlagen, die für Laien, Kinder oder behinderte Personen zugänglich sind (wie z. B. Hausinstallationen und ähnliche Anwendungen), dürfen die folgenden Bauarten von RCDs verwendet werden:

RCCB Fehlerstrom-Schutzschalter ohne eingebauten Überstromschutz

RCBO Fehlerstrom-Schutzschalter mit eingebautem Überstromschutz

In elektrischen Anlagen, die nur für unterwiesene Personen oder Elektrofachkräfte zugänglich sind (z. B. im industriellen Bereich), dürfen zusätzlich noch folgende Bauarten von RCDs verwendet werden:

CBR Leistungsschalter mit Fehlerstromschutz

MRCD modulares Fehlerstromgerät

Folgende Schaltgeräte dienen lediglich einer Schutzpegelerhöhung und sind somit nicht für die Schutzmaßnahme „Automatische Abschaltung der Stromversorgung“ zugelassen:

SRCD Ortsfeste Fehlerstrom-Schutzeinrichtung in Steckdosenausführung

PRCD Ortsveränderliche Fehlerstrom-Schutzeinrichtung ohne eingebauten Überstromschutz

Fehlerstrom-Schutzeinrichtungen (RCDs), die für die Schutzmaßnahme „Automatische Abschaltung der Stromversorgung“ geeignet sind

RCCB

RCCBs (**R**esidual **C**urrent operated **C**ircuit-**B**reaker without integral overcurrent protection) sind Fehlerstrom-Schutzschalter ohne eingebauten Überstromschutz. Sie sind auch als FI-Schutzschalter bekannt. **Bild 3** zeigt einen RCCB vom Typ B in der Ausführung SK, in **Bild 4** ist ein Blockschaltbild eines RCCBs vom Typ B zu sehen.

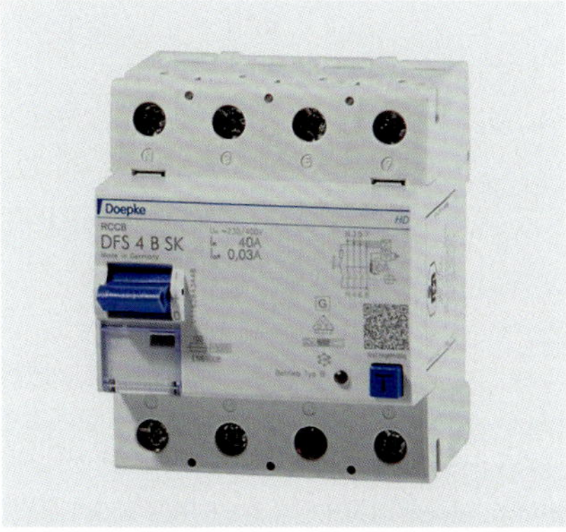

Bild 3: RCCB vom Typ B in der Ausführung SK

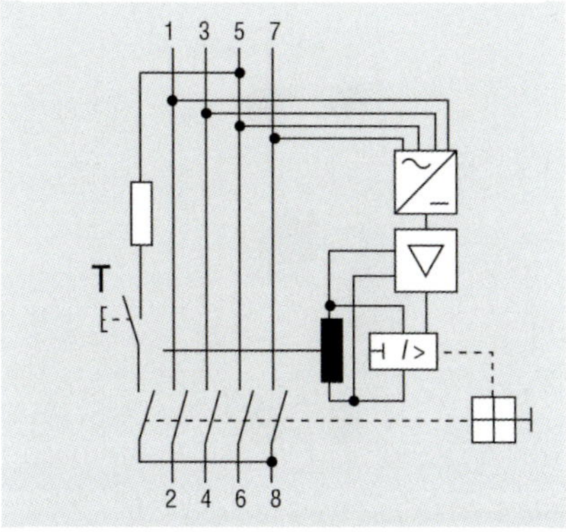

Bild 4: Blockschaltbild eines RCCBs vom Typ B

Produktnormen:
- Typ AC und A: DIN EN 61008-1 (VDE 0664-10)
- Zusätzlich für Typ B und F: DIN EN 62423 (VDE 0664-40)
- Zusätzlich für Typ B+: DIN VDE 0664-400 (VDE 0664-400)

Typische Eigenschaften, Merkmale sowie Besonderheiten:
- Bemessungsstrom: 16 A bis 125 A
- Bemessungsfehlerstrom: 10 mA bis 500 mA
- Bemessungsspannung: bis 500 V
- Aufbau: 2-polig und 4-polig
- Wartungsloser Einsatz und von Laien sicher zu bedienen
- Anbau von Zusatzkomponenten (z. B. Hilfsschalter, Fernantrieb) ist möglich
- Spezielle Ausführungen für den Einsatz in widrigen Umgebungen (z. B. Schadgase) sind unter anderem in der Ausführung HD verfügbar.
- Sie sind insbesondere für den industriellen Einsatz auch in erhöht stoßstromfester, kurzzeitverzögerter (KV) oder selektiver Ausführung (S) erhältlich.

Montageart:
Schnellbefestigung auf Hutschiene nach DIN EN 60715, unabhängige Einbaulage

Typische Einsatzgebiete:
In Stromversorgungen von Wohn- und Zweckgebäuden sowie Industrieanlagen

RCBO

RCBOs (Residual Current operated Circuit-Breaker with integral Overcurrent protection), auch als FI/LS-Schalter bekannt, sind Fehlerstrom-Schutzschalter mit eingebautem Überstromschutz. **Bild 5** zeigt einen RCBO vom Typ F, in **Bild 6** ist ein Blockschaltbild zu sehen.

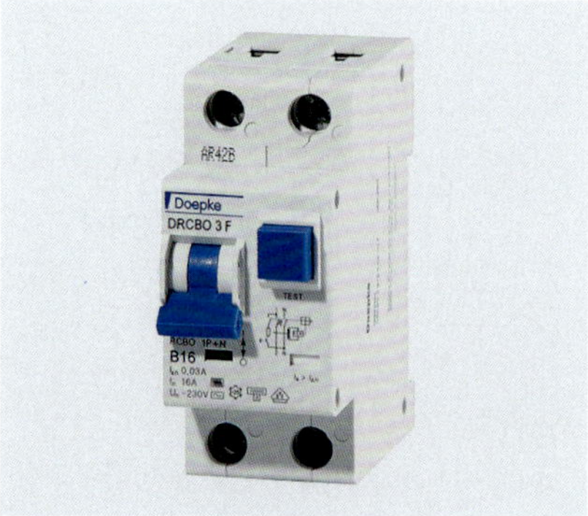

Bild 5: RCBO vom Typ F (1-polig + N)

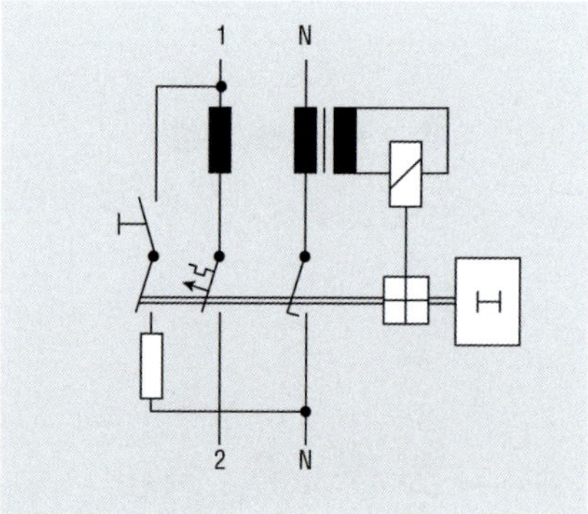

Bild 6: Blockschaltbild eines RCBOs vom Typ F (1-polig + N)

Produktnormen:
- Typ AC und A: DIN EN 61009-1 (VDE 0664-20)
- Zusätzlich für Typ B und F: DIN EN 62423 (VDE 0664-40)
- Zusätzlich für Typ B+: DIN VDE 0664-401 (VDE 0664-401)

Typische Eigenschaften, Merkmale sowie Besonderheiten:
- Bemessungsstrom: 6 A bis 63 A
- Bemessungsfehlerstrom: 10 mA bis 500 mA
- Aufbau: 1-polig + N, 3-polig + N
- Wartungsloser Einsatz und von Laien sicher zu bedienen
- Anbau von Zusatzkomponenten (z. B. Hilfsschalter) ist möglich
- Kombination der vorteilhaften Schutzeigenschaften von Fehlerstrom-Schutzschaltern und Leitungs-Schutzschaltern
- Selbsttätiger Schutz vor thermischer Überlastung

Montageart:
Schnellbefestigung auf Hutschiene nach DIN EN 60715, unabhängige Einbaulage

Typische Einsatzgebiete:
Schutz von Steckdosenstromkreisen

Für platzkritische Anwendungen im Industriebereich sind allstromsensitive RCBOs vom Typ B in 2-poliger Ausführung in nur 2,5 TE Baubreite und in 4-poliger Ausführung in nur 4,5 TE Baubreite für Bemessungsströme bis 32 A verfügbar.

RCBOs nach Anhang G der Produktnorm DIN EN 61009-1 bestehen aus einer Fehlerstromeinheit und einem Leitungsschutzschalter nach DIN EN 60898-1. Sie sind zur Montage am Aufstellungsort entsprechend den Anweisungen des Herstellers bestimmt.

CBR

CBRs (**C**ircuit-**B**reaker incorporating **R**esidual current protection) sind Leistungsschalter mit Fehlerstromschutz.

CBRs bestehen werkseitig prinzipiell aus zwei fest miteinander verbundenen Blöcken, wobei ein Block ein Leistungsschalter nach DIN EN 60947-2 ist und der andere Block eine Fehlerstromerfassung enthält, die mechanisch mit dem Leistungsschalter verkoppelt ist. CBRs werden vorwiegend im Industriebereich verwendet, wenn eine RCD gefordert wird, ein RCCB aber aufgrund eines hohen Bemessungsstromes nicht mehr zur Anwendung kommen kann. CBRs mit einem Bemessungsfehlerstrom $I_{\Delta n} = 30\,\text{mA}$ erfüllen auch die Anforderungen an eine RCD für den zusätzlichen Schutz (Personenschutz) im industriellen Bereich. **Bild 7** zeigt einen CBR vom Typ A, in **Bild 8** ist ein Blockschaltbild zu sehen.

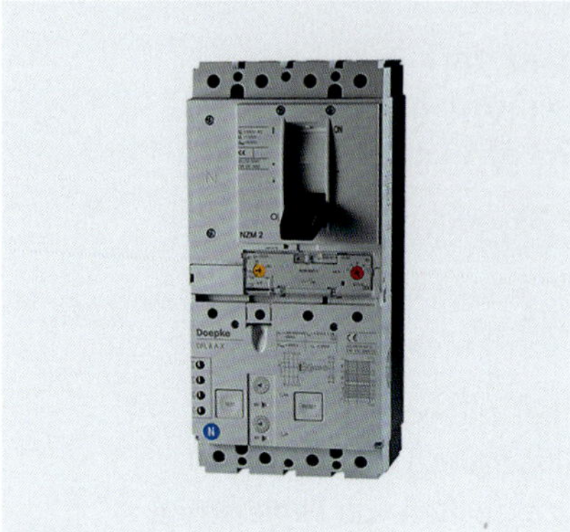

Bild 7: CBR vom Typ A

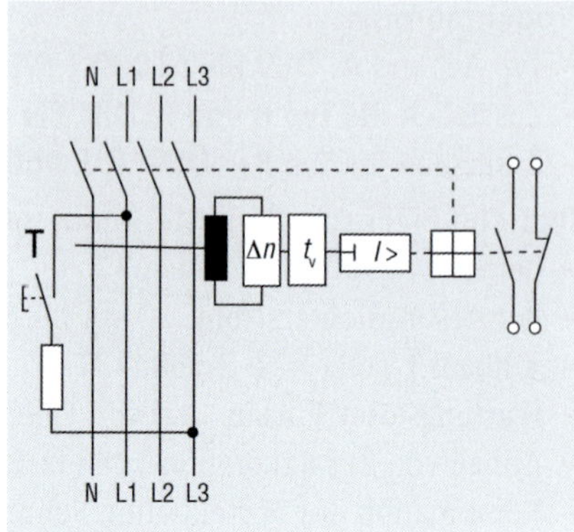

Bild 8: Blockschaltbild eines RCBR vom Typ A

Produktnorm:

Typ A und Typ B: DIN EN 60947-2 (VDE 0660-101), Anhang B

Typische Eigenschaften, Merkmale sowie Besonderheiten:

- Bemessungsstrom: 100 A bis 250 A
- Bemessungsfehlerstrom: 30 mA; 100 mA bis 3.000 mA (meist einstellbar)
- Bemessungsspannung: bis 690 V
- Grenznichtansprechzeit einstellbar für Bemessungsfehlerströme > 30 mA
- Überlastauslösung und Kurzschlussauslösung einstellbar
- Aufbau: 3-polig und 4-polig
- Hohes Kurzschlussschaltvermögen (bis 50 kA)
- Kombination der vorteilhaften Schutzeigenschaften eines Fehlerstrom-Schutzschalters und eines Leistungsschalters
- Integrierte Hilfsschalter

Montageart:

Auf Montageplatte, unabhängige Einbaulage

Typische Einsatzgebiete:

Gestaffelte Stromversorgungsanlagen mit hoher Kurzschlussleistung in Zweckgebäuden im Industriebereich

MRCD

Ein MRCD (**M**odular **R**esidual **C**urrent **D**evice), auch bekannt als modulare Fehlerstrom-Schutzeinrichtung, ist ein modulares Fehlerstromgerät ohne integrierte Abschaltvorrichtung. Die Auswerteeinheit eines MRCDs ist auch unter dem Begriff Fehlerstrom-Steuerrelais geläufig.

MRCDs bestehen üblicherweise aus einer *Auswerteeinheit* und einem meist separaten *Summenstromwandler*. In Verbindung mit einem als Abschaltvorrichtung geeigneten *Leistungsschalter* nach DIN EN 60947-2 mit Unterspannungsauslöser werden sie vorwiegend in industriellen Anlagen eingesetzt, wo eine RCD gefordert wird, ein RCCB oder CBR aber aufgrund eines sehr hohen Bemessungsstromes nicht mehr verwendet werden kann. Bezüglich geeigneter Leistungsschalter sind die Herstellerangaben des MRCD zu beachten. Mittels eines vom Hersteller vorgegebenen Leistungsschalters kann ein MRCD mit einem Bemessungsfehlerstrom $I_{\Delta n}$ = 30 mA auch die Anforderungen an eine RCD für den zusätzlichen Schutz (Personenschutz) im industriellen Bereich erfüllen. **Bild 9** zeigt ein MRCD vom Typ B, in **Bild 10** ist ein Blockschaltbild zu sehen.

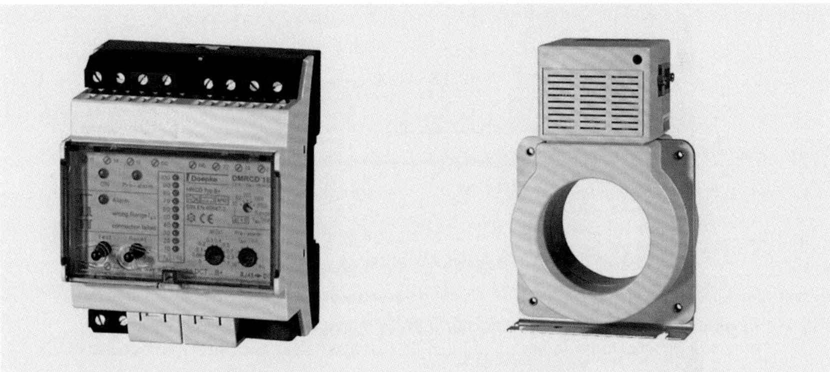

Bild 9: MRCD vom Typ B (Auswerteeinheit und Summenstromwandler)

Produktnorm:

Typ A und Typ B: DIN EN 60947-2 (VDE 0660-101), Anhang M

Typische Eigenschaften, Merkmale sowie Besonderheiten:

- Bemessungsstrom des überwachten Stromkreises: abhängig von der Größe des Summenstromwandlers, mehrere 100 A sind möglich
- Bemessungsfehlerstrom: 30 mA; 0,1 A bis10 A (meist an der Auswerteeinheit einstellbar)
- Bemessungsspannung des überwachten Stromkreises: bis 690 V
- Grenznichtansprechzeit einstellbar für Bemessungsfehlerströme > 30 mA
- Mit Bemessungsfehlerstrom $I_{\Delta n}$ = 30 mA: ohne Verzögerung, mit geeignetem Leistungsschalter für den zusätzlichen Schutz (Personenschutz) einsetzbar
- Anzeige des Fehlerstroms mithilfe einer Mehrfach-LED-Anzeige

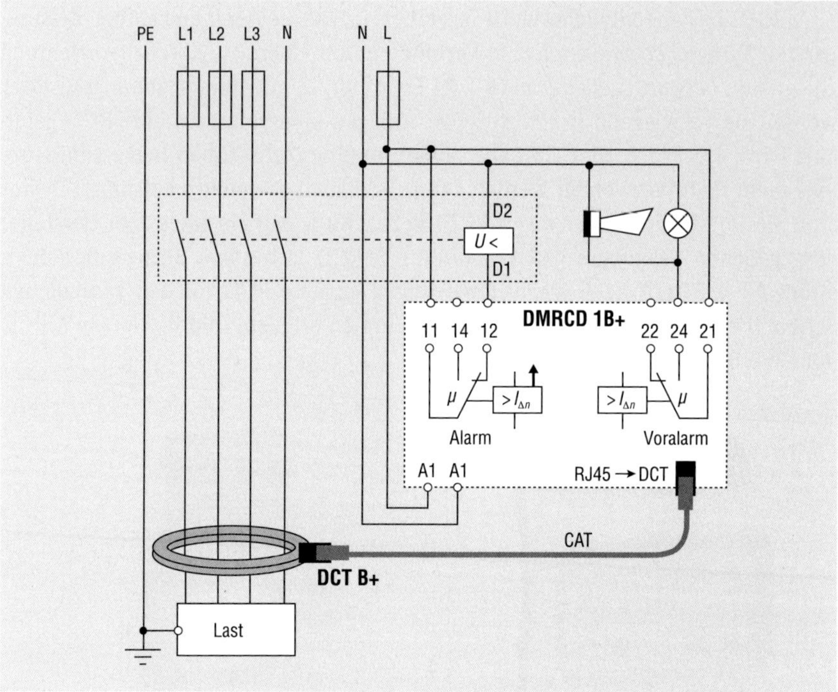

Bild 10: Blockschaltbild eines MRCDs vom Typ B bestehend aus einer Auswerteeinheit, einem Summenstromwandler und einem Leistungsschalter mit Unterspannungsauslöser

- Einstellung einer Voralarmschwelle (mit eigenem Relaiskontakt)
- Kombination der vorteilhaften Eigenschaften einer Fehlerstrom-Schutzeinrichtung (RCD) mit mehreren Einstellmöglichkeiten (z. B. Bemessungsfehlerstrom, Ansprechzeit) und weiteren Funktionen (darunter Anzeige des Fehlerstroms, Voralarm)

Montageart:
Schnellbefestigung auf Hutschiene nach DIN EN 60715 oder auf Montageplatte, unabhängige Einbaulage

Typische Einsatzgebiete:
In Stromversorgungen von Zweckgebäuden sowie Industrieanlagen. Bei Verwendung eines MRCDs vom Typ B mit einem geeigneten Leistungsschalter zum Schalten von reinen DC-Strömen ist die Realisierung der Schutzmaßnahme „Automatische Abschaltung der Stromversorgung“ auch in DC-Systemen (z. B. in größeren Rechenzentren, PV-Anlagen) möglich.

Fehlerstrom-Schutzeinrichtungen (RCDs) zur Schutzpegelerhöhung

SRCDs (fixed **S**ocket-outlet with **R**esidual **C**urrent **D**evice), ortsfeste Fehlerstrom-Schutzeinrichtungen in Steckdosenausführung nach DIN VDE 0662, bestehen aus einer handelsüblichen Steckdose sowie einer üblicherweise hilfsspannungsabhängigen Fehlerstromerfassung mit Auslösemechanismus und Schaltkontakten und bilden eine feste Baueinheit zur ortsfesten Installation.

PRCDs (**P**ortable **R**esidual **C**urrent **D**evice without integral overcurrent protection), ortsveränderliche Fehlerstrom-Schutzeinrichtungen ohne eingebauten Überstromschutz nach DIN VDE 0661, bestehen aus einem Stecker, einer Fehlerstromerfassung (mit Schaltwerk und Schaltkontakten) und mindestens einer Steckdose bzw. einer entsprechenden Anschlussmöglichkeit (Leitung).

SRCDs und PRCDs sind nicht zur Verwendung in der festen Installation vorgesehen und dürfen *nicht* zur Realisierung der Schutzmaßnahme „Automatische Abschaltung der Stromversorgung“ oder für den zusätzlichen Schutz eingesetzt werden, sondern dienen lediglich zur Schutzpegelerhöhung.

Fehlerstrom-Schutzeinrichtungen (RCDs) mit verzögerter Auslösung

RCDs sind je nach Bauart auch in erhöht stoßstromfester bzw. kurzzeitverzögerter, darüber hinaus in selektiver oder zeitverzögerter Ausführung erhältlich. Insbesondere für den industriellen Einsatz sind RCDs mit verzögerter Auslösung vorteilhaft. In Stromversorgungssystemen der Industrie verursachen betriebsbedingte Schalthandlungen oftmals Spannungsspitzen oder Einbrüche, die wiederum kurzzeitige Stoßströme zur Folge haben können. Auch die zunehmende Verwendung von frequenzgesteuerten Betriebsmitteln, beispielsweise Frequenzumrichtern, führt zu höheren Ableitströmen, die insbesondere beim Anfahren und Stoppen sowie bei Laständerungen von Maschinen kurzzeitig sehr hohe Werte annehmen können. RCDs können nicht zwischen betriebsbedingten Ableitströmen und echten Fehlerströmen unterscheiden. Werden standardmäßige RCDs verwendet, sind unerwünschte Auslösungen häufig die Folge. Um eine möglichst hohe Anlagenverfügbarkeit zu gewährleisten, empfiehlt sich daher die Verwendung von RCDs mit verzögerter Auslösung.

Erhöht stoßstromfeste und kurzzeitverzögerte Ausführung

Müssen beispielsweise in industriellen Anlagen Steckdosenstromkreise mit RCCBs geschützt werden, empfiehlt sich der Einsatz von RCCBs in erhöht stoßstromfester oder kurzzeitverzögerter Ausführung. Diese RCCBs sind herstellerabhängig meist mit einem Kürzel, zum Beispiel „KV“, gekennzeichnet. Auch mit einem Bemessungsfehlerstrom von 30 mA lösen sie innerhalb der normativ geforderten

Auslösezeit von 40 ms bei einem 5-fachen Bemessungsfehlerstrom aus. Dennoch bieten sie eine bestimmte Nichtauslösezeit (je nach Ausführung mehrere µs bis einige ms), um nicht (z. B. durch Stoßströme) unerwünscht auszulösen.

Eine besonders hohe Immunität erzielt man mit RCCBs, die zusätzlich die Kennzeichnung „G“ tragen. Dieser Buchstabe steht umgangssprachlich für „gewitterfest“. Diese RCCBs dürfen bei einem Ableit- oder Fehlerstrom bis zu 500 A innerhalb von 10 ms nicht auslösen. Die Anforderungen hierzu sind in der ÖVE-Norm E 8601 aufgeführt.

Erhöht stoßstromfeste, kurzzeitverzögerte und „gewitterfeste“ RCCBs müssen die maximal zulässigen Auslösezeiten für Standard-RCDs einhalten und können mit einem Bemessungsfehlerstrom von 30 mA folglich auch für den Schutz von Steckdosen in Endstromkreisen, die für die Benutzung durch Laien und zur allgemeinen Verwendung bestimmt sind, und für den zusätzlichen Schutz (Personenschutz) eingesetzt werden. RCCBs vom Typ F oder B bzw. B+ weisen eine bereits durch die Produktnorm geforderte erhöhte Stoßstromfestigkeit standardmäßig auf.

Selektive Ausführung

Für einen gestaffelten Anlagenschutz empfiehlt sich die Verwendung von RCDs in selektiver Ausführung. RCDs in selektiver Ausführung sind mit dem Buchstaben „S“ gekennzeichnet. RCBOs und insbesondere RCCBs sind in selektiver Ausführung mit Bemessungsfehlerströmen ≥ 100 mA erhältlich. Im Vergleich zu erhöht stoßstromfesten oder kurzzeitverzögerten Ausführungen weisen RCDs in selektiver Ausführung noch höhere Auslöseverzögerungen auf. Sie sind daher nicht zum Schutz von Endstromkreisen mit Steckdosen oder für den zusätzlichen Schutz geeignet. RCCBs in selektiver Ausführung weisen gemäß Produktnorm eine Nichtauslösezeit von 50 ms bei einem 5-fachen Bemessungsfehlerstrom auf.

Zeitverzögerte Ausführung

Müssen Teile einer elektrischen Anlage im industriellen Bereich mit hohen Bemessungsströmen geschützt werden, können CBRs oder MRCDs verwendet werden. Sie weisen für Bemessungsfehlerströme ≥ 100 mA üblicherweise eine vom Bediener einstellbare Grenznichtansprechzeit auf. Die kürzeste Grenznichtansprechzeit (bei 2-fachem Bemessungsfehlerstrom) liegt bei 60 ms. Werte bis zu 1 s sind möglich. Damit lässt sich eine sehr hohe Anlagenverfügbarkeit realisieren.

Überstrom- und Kurzschlussschutz für Fehlerstrom-Schutzeinrichtungen (RCDs)

RCDs müssen in Abhängigkeit ihrer jeweiligen Produktnorm Überströmen und Kurzschlüssen unter bestimmten Bedingungen standhalten. Der Schutz vor solch hohen Strömen erfolgt beispielsweise durch vorgeschaltete Sicherungen. Hersteller von RCDs sind dazu angehalten, entsprechende Angaben zu definieren. Während neben RCBOs auch CBRs und MRCDs über einen eigenen Überstromschutz verfügen, ist dies bei RCCBs nicht der Fall.

Hersteller von RCCBs sind verpflichtet, sowohl zur Überstrom-Schutzeinrichtung (OCPD) als auch zur Kurzschluss-Schutzeinrichtung (SCPD) Angaben zu machen. Die Werte für diese Schutzeinrichtungen müssen jedoch nicht zwangsläufig gleich sein. Beispielsweise kann der Wert für die Überstrom-Schutzeinrichtung für einen RCCB mit einem Bemessungsstrom von 125 A nur 80 A betragen, während der Wert der Kurzschluss-Schutzeinrichtung 125 A beträgt. Der Überstromschutz kann auch durch nachgeschaltete Leitungsschutzschalter unter Berücksichtigung von Gleichzeitigkeitsfaktoren realisiert werden. In der Regel wird für den Überstrom- und den Kurzschlussschutz jedoch nur eine Sicherung verwendet.

Fehlerstrom-Schutzeinrichtungen (RCDs) für raue Umgebungsbedingungen

Die Umgebungsbedingungen für RCDs sind in den jeweiligen Produktnormen festgelegt. Beispielsweise müssen RCCBs für Umgebungstemperaturen von –5 °C bis +40 °C ausgelegt sein. Sind sie mit einem „Schneeflocke"-Symbol gekennzeichnet, erweitert sich der Temperaturbereich auf –25 °C. Die relative Luftfeuchte darf bei +40 °C einen Wert von 50 % nicht überschreiten. Gleichwohl können insbesondere im industriellen Bereich davon abweichende Umgebungsbedingungen vorliegen. Besteht die Notwendigkeit, RCDs in Umgebungen mit einem erweiterten Temperaturbereich oder erhöhter Luftfeuchtigkeit sowie erhöhten Anteilen von Schadgasen zu verwenden, sind je nach Hersteller Sonderausführungen erhältlich. Diese Sonderausführungen sind mit zusätzlichen Symbolen gekennzeichnet, wie etwa „HD" (heavy duty = hochbeanspruchbar).

Automatische Wiedereinschaltung von Fehlerstrom-Schutzeinrichtungen (RCDs)

Nach DIN VDE 0100-530 ist eine automatische Wiedereinschaltung von RCDs in elektrischen Anlagen zulässig, sofern nur elektrotechnisch unterwiesene Personen oder Elektrofachkräfte Zugang zu diesen haben. Je nach Bauart einer RCD sind verschiedene Zusatzkomponenten erhältlich, die mechanisch mit der RCD gekoppelt werden. Üblicherweise handelt es sich hierbei um motorische Antriebe, mit denen sich eine RCD aus der Ferne ein- oder ausschalten lässt. Das kann sich speziell in größeren Industrieanlagen als praktisch erweisen. Für RCCBs sind besonders platzsparende Zusatzkomponenten, auch unter dem Begriff „Fernantrieb" bekannt, verfügbar. In **Bild 11** ist ein solcher Fernantrieb für RCCBs dargestellt.

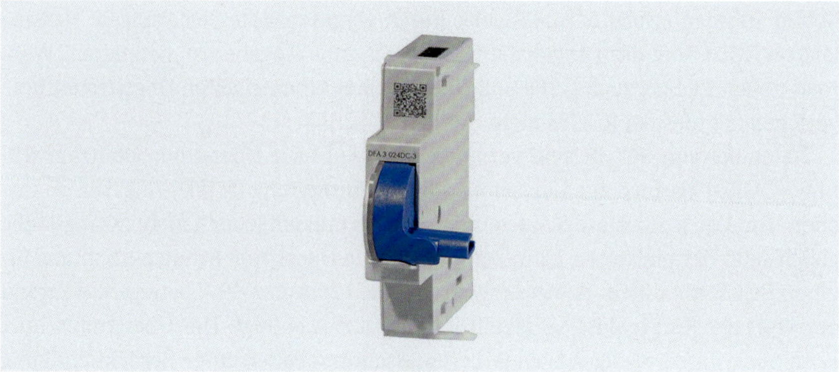

Bild 11: Fernantrieb für RCCBs mit einer Breite von nur 1 TE

Einsatz von Fehlerstrom-Schutzeinrichtungen (RCDs) in Anlagen mit Frequenzumrichtern

Werden RCDs zum Schutz von Stromkreisen verwendet, welche auch zur Speisung von Maschinen mit Frequenzumrichtern dienen, sind besondere Aspekte zu beachten.

Mehrphasig betriebene Frequenzumrichter können im Fehlerfall glatte Gleichfehlerströme und Wechselfehlerströme abweichend von der Bemessungsfrequenz (50 Hz) generieren, die nur von RCDs des Typs B oder B+ sicher erfasst werden.

Aufgrund von EMV-Maßnahmen, beispielsweise durch externe oder im Frequenzumrichter integrierte Filter, werden kapazitive Ableitströme über den Schutzleiter generiert. Bei sehr hohen Lastströmen besteht die Möglichkeit, dass durch ungünstig verlegte Leitungen auch induktive Ableitströme erzeugt werden. Eine vorgeschaltete RCD ist nicht dazu in der Lage, Ableitströme und echte Fehlerströme zu unterscheiden und bewertet diese daher gleich.

In Anlagen mit Frequenzumrichtern bestehen Fehler- und Ableitströme aus verschiedenen Spektralanteilen, typischerweise bis ca. 100 kHz. Ein Fehlerstrom kann sich beispielsweise aus einem glatten Gleichanteil (DC), der Maschinenfrequenz (0 Hz bis etwa 100 Hz), Anteilen der Schaltfrequenz (z. B. 16 kHz) und deren Harmonischen (z. B. 32 kHz, 48 kHz, 64 kHz usw.) sowie Anteilen von Harmonischen (150 Hz, 450 Hz usw.) der Netzfrequenz (50 Hz) zusammensetzen. Die Erfassung von Spektralanteilen oberhalb von 1 kHz ist für RCDs vom Typ B derzeit normativ nicht festgelegt. Eine vorgeschaltete RCD vom Typ B sollte dennoch imstande sein, dieses Frequenzspektrum durchgängig und definiert zu erfassen, um einen zuverlässigen Fehlerstromschutz zu gewährleisten. **Bild 12** zeigt Auslösekennlinien von RCCBs des Typs B.

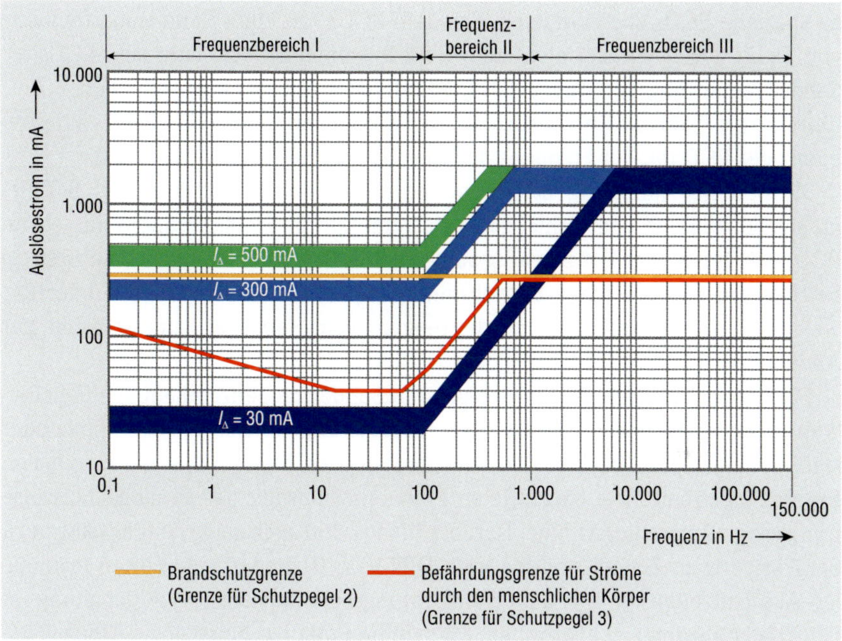

Bild 12: Definiert durchgängige Auslösekennlinien von 0 Hz bis 150 kHz von RCCBs des Typs B in der Ausführung SK

Nach DIN VDE 0100-530 darf eine RCD maximal mit dem 0,3-fachen Wert des Bemessungsfehlerstromes durch Ableitströme vorbelastet werden. Um möglichst geringe Ableitströme zu generieren, sind spezielle ableitstromarme EMV-Filter am Markt erhältlich. Auch die Verwendung eines 4-Leiter-Filters mit Neutralleiteranschluss kann sich als hilfreich erweisen. Eine Veränderung der Schaltfrequenz des Frequenzumrichters kann vorteilhaft sein, um mögliche Resonanzeffekte mit EMV-Filtern und dadurch bedingte hohe Ableitströme zu vermeiden. Die Verwendung von RCDs mit verzögerter Auslösung bietet ebenfalls Vorteile. Weitere Informationen zur Verwendung von RCDs in Anlagen mit Frequenzumrichtern, ergänzt durch entsprechende Beispiele, können der technischen Information „Allstromsensitive Fehlerstrom-Schutzeinrichtungen“ von Doepke Schaltgeräte [1] entnommen werden.

Fehlerstrom-Schutzeinrichtungen (RCDs) für Anlagen mit Sonderfrequenzen

In der Industrie werden elektrische Anlagen teilweise mit Bemessungsfrequenzen von beispielsweise 300 Hz errichtet. Bezogen auf den Fehlerstromschutz sind hierzu spezielle RCDs zu verwenden. Standard-RCDs mit einer Bemessungsfrequenz von 50 Hz dürfen hierbei nicht zum Einsatz kommen. Am Markt sind RCDs für Sonderfrequenzen, darunter 200 Hz, 300 Hz oder 400 Hz, in verschiedenen Ausführungen erhältlich. Erforderlich ist eine Übereinstimmung der Bemessungsfrequenz der RCD mit der Frequenz der zu schützenden elektrischen Anlage.

Werden nur einphasig betriebene Betriebsmittel verwendet, zum Beispiel handgeführte Bohr- oder Schleifgeräte, ist eine für die Sonderfrequenz ausgelegte RCD vom Typ A oder F regelmäßig ausreichend. Bei der Nutzung von mehrphasig betriebenen elektronischen Betriebsmitteln müssen RCDs vom Typ B oder B+, welche für die entsprechende Sonderfrequenz vom Hersteller bemessen sind, zur Anwendung kommen.

Für den Aufbau elektrischer Anlagen mit Sonderfrequenzen kommen üblicherweise Frequenzumformer zum Einsatz. Hierbei kann es sich um rotierende oder statische Umformer handeln. Zu beachten sind an dieser Stelle die maximalen Kurzschlussströme. Die eingesetzten Frequenzumformer liefern möglicherweise nur geringe Kurzschlussströme. Darüber hinaus sind auch lange Leitungslängen zu berücksichtigen. Zudem sind die nach DIN VDE 0100-410 geforderten maximalen Abschaltzeiten für eine Schutzeinrichtung bei automatischer Abschaltung im Fehlerfall unbedingt zu überprüfen. Können im Erdkurzschlussfall die Abschaltzeiten (z. B. mit Leitungsschutzschaltern) nicht eingehalten werden, so ist zusätzlich eine RCD zu verwenden. Möglicherweise kann jedoch der Frequenzumformer die Spannung innerhalb der geforderten Abschaltzeiten unterhalb einer gefährlichen Berührspannung im Erdkurzschlussfall selbsttätig begrenzen.

Geräte zur Differenzstromüberwachung

Ein RCM (RCM Residual Current Monitor) ist ein Differenzstrom-Überwachungsgerät, auch bekannt als Differenzstrom-Monitor.

RCMs überwachen den Differenzstrom eines Stromkreises und geben mithilfe von Signalausgängen (Relais) eine Meldung, sobald der Differenzstrom einen festgelegten Wert (am RCM einstellbar) überschreitet. RCMs besitzen keine Schaltkontakte für Lastströme und zählen nicht zu den Schutzgeräten. Sie dürfen nicht zur Realisierung der Schutzmaßnahme „Automatische Abschaltung der Stromversorgung“ verwendet werden. Sie sind mit integriertem, aber auch mit separatem Summenstromwandler verfügbar und stellen eine ideale Ergänzung zu einer RCD dar. RCMs verfügen zumeist über eine Mehrfach-LED-Anzeige und einen einstellbaren Voralarm, sodass Anlagenfehler frühzeitig erkannt werden können, bevor es zur Abschaltung einer RCD kommt. Zudem dürfen sie in Verbindung mit einem Schaltgerät mit Trenneigenschaft für den Brandschutz eingesetzt werden, wenn aufgrund sehr hoher Bemessungsströme eine RCD nicht verfügbar ist. Des Weiteren können sie unter Berücksichtigung einer Risikobewertung auch in Anlagen zum Einsatz kommen, in denen eine sofortige Abschaltung im Fehlerfall weitere Gefahren nach sich ziehen könnte (z. B. plötzliches Abschalten von schnell rotierenden Werkzeugmaschinen). In **Bild 13** ist eine RCD vom Typ A dargestellt, **Bild 14** zeigt ein Blockschaltbild.

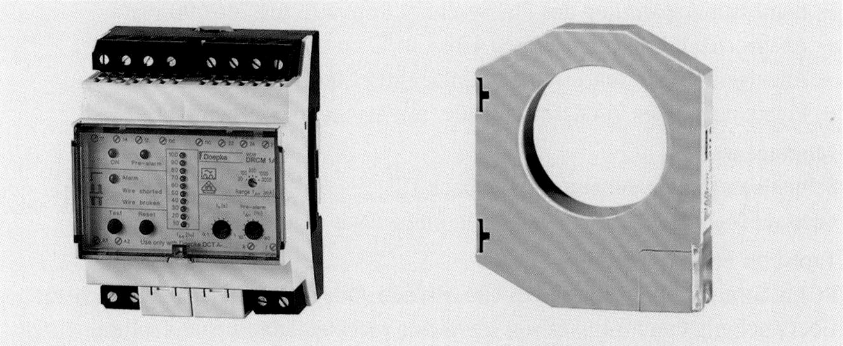

Bild 13: RCM vom Typ A (Auswerteeinheit und Summenstromwandler)

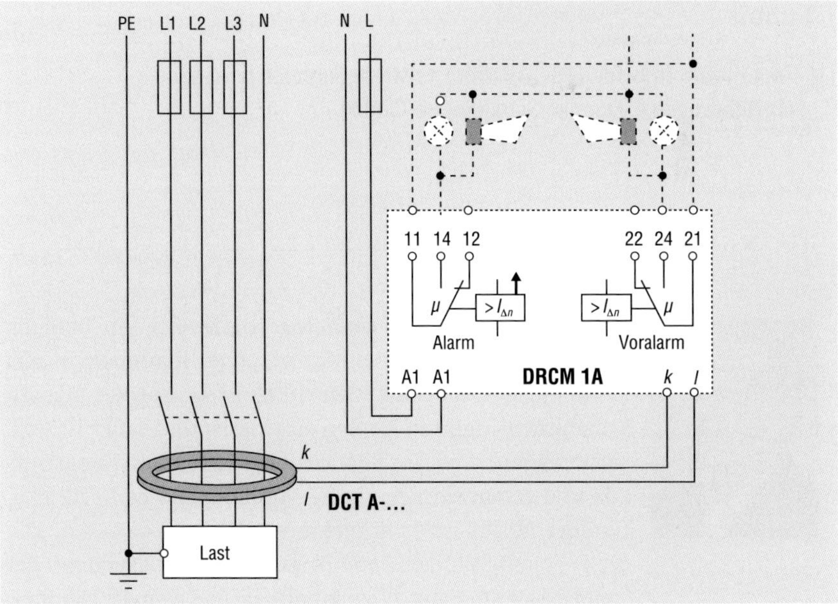

Bild 14: Blockschaltbild eines RCMs vom Typ A bestehend aus Auswerteeinheit und Summenstromwandler

Produktnorm:
Typ A (zukünftig auch Typ B und Typ F): DIN EN 62020 (VDE 0663)

Typische Eigenschaften, Merkmale sowie Besonderheiten:
- Bemessungsstrom des überwachten Stromkreises: abhängig von der Größe des Summenstromwandlers, mehrere 100 A sind möglich
- Bemessungs-Ansprechdifferenzstrom: 30 mA bis 10 A (einstellbar)
- Bemessungsspannung des überwachten Stromkreises: bis 690 V
- Ansprechzeit einstellbar bis zu 10 s
- Anzeige des Differenzstroms mithilfe einer Mehrfach-LED-Anzeige
- Einstellung einer Voralarmschwelle (mit eigenem Relaiskontakt)

Montageart:
Schnellbefestigung auf Hutschiene nach DIN EN 60715 (früher EN 50022) oder auf Montageplatte, unabhängige Einbaulage

Typische Einsatzgebiete:
RCMs kommen überwiegend in elektrischen Anlagen im Industriebereich zur Überwachung von Stromkreisen sowie zur vorbeugenden Instandhaltung durch die frühzeitige Erkennung von Differenzströmen zum Einsatz.

Literatur

[1] Technische Information „Allstromsensitive Fehlerstrom-Schutzeinrichtungen“, Doepke Schaltgeräte GmbH

Autor

Dipl.-Ing. (FH) Günter Grünebast absolvierte ein Studium der Elektrotechnik mit dem Schwerpunkt Informations- und Kommunikationstechnik. Seit 1992 ist er bei der Doepke Schaltgeräte GmbH in Norden (Ostfriesland) tätig. Er ist stellvertretender Leiter des Bereichs Entwicklung und Konstruktion und verantwortlich für die Normung und Zertifizierung. Darüber hinaus ist er in mehreren Gremien der DKE, BG, des DIN und ZVEI aktiv und befasst sich vorwiegend mit der Standardisierung von Produktnormen und von Errichtungsbestimmungen zum Schutz gegen elektrischen Schlag.

Entstehung und Löschung von Lichtbögen in der Elektrotechnik

Mark Klaas

Allgemeines

Ein- und Ausschalten von Stromkreisen

Mit der Entwicklung von Schalttransistoren und vor allem mit der Entwicklung des Thyristors ließen sich Stromkreise ein- und ausschalten, ohne dass mechanische Bewegung von Schaltstücken und die damit verbundene Entstehung von Lichtbögen auftraten. Das Schalten erfolgte also so gut wie verschleißfrei und damit war die Hoffnung verbunden, wartungsfreie Schaltgeräte auf elektronischer Grundlage von nahezu unbegrenzter Lebensdauer zur Verfügung zu haben. Das war in den späten 1960er Jahren auch der Grund, das bevorstehende Ende der elektromechanischen Schaltgeräte vorherzusagen. Wie man heute weiß, trat diese Prognose aus verschiedenen Gründen nicht ein. Die Weiterentwicklung mechanischer Komponenten führte zu dem heute auf dem Markt verfügbaren Portfolio moderner Schaltgeräte. Sie erfüllen die ihnen zugedachten Schaltaufgaben bei einem hohen technischen Grad und lassen sich grob in zwei Gruppen einteilen:

Die Funktion der ersten Gruppe ist das Steuern von Verbrauchern, z. B. elektrische Maschinen mit hohen Anlaufströmen. Typischer Vertreter dieser Gruppe ist das Niederspannungsschütz.

Schaltgeräte der zweiten Gruppe dienen der Verteilung elektrischer Energie und dem Schutz von Anlagen vor den Auswirkungen von Störungen wie Überströme und Kurzschlussströme. Für diese Gruppe ist der Leistungsschalter und hier besonders der Leitungsschutzschalter kennzeichnend.

Für beide Gruppen von Schaltgeräten sind eine Reihe von Anforderungen zu nennen:

- hohe Zuverlässigkeit,
- große elektrische Lebensdauer (Lichtbogenstandfestigkeit, Beherrschung der magnetischen Kräfte, insbesondere bei Kurzschluss),
- große mechanische Lebensdauer (mechanischer Verschleiß an den Kontakten, Brüche an den Bewegungsstellen, Federn und Kontaktsystem),
- Wartungsfreiheit bzw. einfache Wartungsmöglichkeit,
- großes Schaltvermögen,
- kleine Abmessungen,
- geringe Verlustleistung (Vermeidung von Kühlproblemen, Wirkungsgrad),
- niedriger Rohstoffeinsatz (Umwelt- und Ressourcenschonung),
- niedriger Preis usw.

Einige dieser Anforderungen sind nur im Zusammenhang mit dem Verwendungszweck richtig zu bewerten. So muss ein Schütz meist eine hohe elektrische und mechanische Lebensdauer aufweisen. Dagegen braucht bei einem Leistungsschalter diese nicht viel größer gewählt werden, als seine geringe Schalthäufigkeit erfordert. Hingegen muss das Schaltvermögen des Leistungsschalters möglichst hoch sein, während es beim Schütz genügt, den Ein- und Ausschaltstrom eines Motors (auch eines festgebremsten) zu schalten. Um die gewünschten Eigenschaften zu erhalten, macht man sich Erkenntnisse aus vielen Bereichen der Physik und Technik wie z.B. das Verhalten von Isolierstoffen, Werkstoffeigenschaften, Thermodynamik, Mechanik, Kinematik und Lichtbogen- und Kontaktphysik zunutze. Die beiden letztgenannten sollen nun etwas ausführlicher betrachtet werden. Für eine Vertiefung des Themas sei auf [1], [2] und [4] verwiesen.

Das Ein- und Ausschalten, also vom stromlosen zum stromführenden Zustand und umgekehrt geschieht immer über Ausgleichsvorgänge. Diese stellen für den Schalter, eine besondere Belastung dar. Daher sollen zunächst die Strom- und Spannungsverläufe an einfachen Stromkreisen erläutert werden.

Einschalten eines Gleichstromes

Im einfachsten Fall besteht ein Stromkreis aus der Spannungs- bzw. Stromquelle, dem Verbraucher (meist einem Widerstand R und einer Induktivität L) und einem Schalter (**Bild 1**).

Für den zeitlichen Verlauf des Stromes muss in jedem Augenblick die folgende Gleichung erfüllt sein:

Gleichung 1 $U = L \frac{\mathrm{d}}{\mathrm{d}t} i + R \cdot i$

Hierbei sind die Stromwerte zum Zeitpunkt $t = 0$ s ($i = 0$ A) und $t \rightarrow \infty$ (wo der stationäre Dauerstrom i_{St} erreicht wird) für den die Änderungsgeschwindigkeit 0 ist.

Gleichung 2 $L \frac{\mathrm{d}}{\mathrm{d}t} i = 0$ (bei $t \rightarrow \infty$) und $i_{st} = \frac{U}{R}$

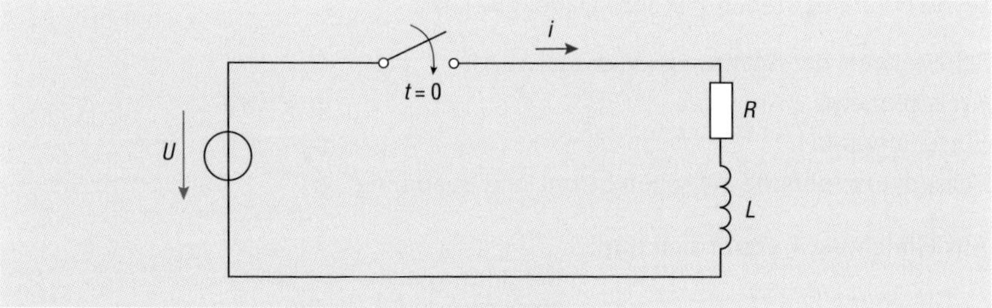

Bild 1: Gleichstromkreis mit Widerstand R und Induktivität L

Der Strom, der kurz nach dem Schließen des Schalters fließt, kann als Summe zweier Teilströme betrachtet werden:

Gleichung 3 $i = i_{st} + i_A$

Wobei i_A den Ausgleichsstrom darstellt, der nur während der Übergangszeit von einem Zustand zum anderen vorhanden ist. Dann lässt sich die Gleichung 1 als folgende Summe darstellen.

Gleichung 4 $U = L \frac{d}{dt} i_{st} + R \cdot i_{st}$ bzw. $0 = L \frac{d}{dt} i_A + R \cdot i_A$

Die Lösung der linken Gleichung liegt bereits in Gleichung 2 vor.
Für den rechten Teil der Gleichung

Gleichung 5 $0 = L \frac{d}{dt} i_A + R \cdot i_A$

erfolgt nach einfacher Umformung und anschließender Integration:

Gleichung 6 $\ln(i_A) + \frac{R}{L} \cdot t = K$

Wenn jetzt für den Dauerstrom i_{St} die Bezeichnung I gewählt wird (wie es bei Gleichgrößen bzw. Festgrößen üblich ist), kann nach Delogarithmieren und Bestimmung der Integrationskonstanten K, den Stromverlauf während des Einschaltvorgangs folgende Gleichung finden:

Gleichung 7 $i = I \cdot \left(1 - e^{\frac{-t}{L/R}}\right)$

Im **Bild 2** kann der Stromverlauf in jedem Zeitpunkt aus der Addition des stationären Stromes I und des Ausgleichsstromes i_A bestimmt werden. Vom Wert 0 A im Einschaltaugenblick, steigt er auf den stationären Endwert (hier 1 A).

Einschalten eines Wechselstromes

Der einfache Stromkreis aus Bild 1 soll jetzt an eine Spannungsquelle mit Wechselspannung betrieben werden. Dabei gilt jetzt:

Scheitelwert der Spannung (Maximalwert):	$\hat{U}$
Kreisfrequenz:	$\omega = 2\pi f$
Einschaltwinkel:	φ_e
Phasenverschiebung zwischen Strom und Spannung:	φ

Aus Gleichung 1 ergibt sich nun:

Gleichung 8 $\hat{U} \cdot \sin(\varphi + \varphi_e + \omega \cdot t) = L \frac{d}{dt} i + R \cdot i$

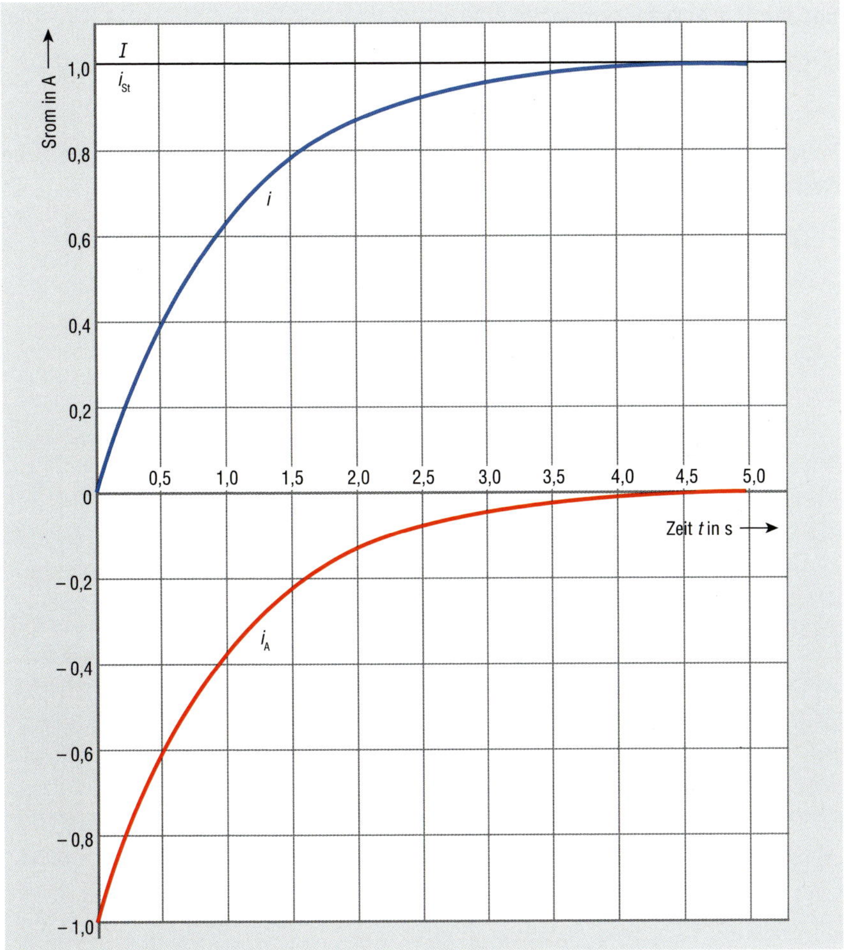

Bild 2: Stromverlauf beim Einschalten (mit z. B. $U = 1$ V, $R = 1\ \Omega$, $L = 1$ H)

Ebenso wie beim Einschalten von Gleichstrom, kann hier wieder die Summe aus stationärem Strom i_{St} und dem Ausgleichsstrom i_A herangezogen werden.

Gleichung 9 $\hat{U} \cdot \sin(\varphi + \varphi_e + t) = L \frac{d}{dt} i_{St} + R \cdot i_{St}$ bzw. $0 = L \frac{d}{dt} i_A + R \cdot i_A$

Die Lösung für den stationären Wechselstrom ergibt sich zu:

Gleichung 10 $i_{St} = \frac{\hat{U}}{\sqrt{R^2 + (\omega \cdot L)^2}} \cdot \sin(\varphi_e + \omega \cdot t)$

und für den Ausgleichstrom zu:

Gleichung 11 $$i_A = \frac{\hat{U}}{\sqrt{R^2 + (\omega \cdot L)^2}} \cdot \sin(\varphi_e) \cdot e^{\frac{-t}{L/R}}$$

Werden jetzt beide Anteile zum Gesamtstrom überlagert, ergibt sich die grafische Darstellung in **Bild 3**:

Gleichung 12 $$i = \frac{\hat{U}}{\sqrt{R^2 + (\omega \cdot L)^2}} \cdot \left[\sin(\varphi_e + \omega \cdot t) - \sin(\varphi_e) \cdot e^{\frac{-t}{L/R}}\right]$$

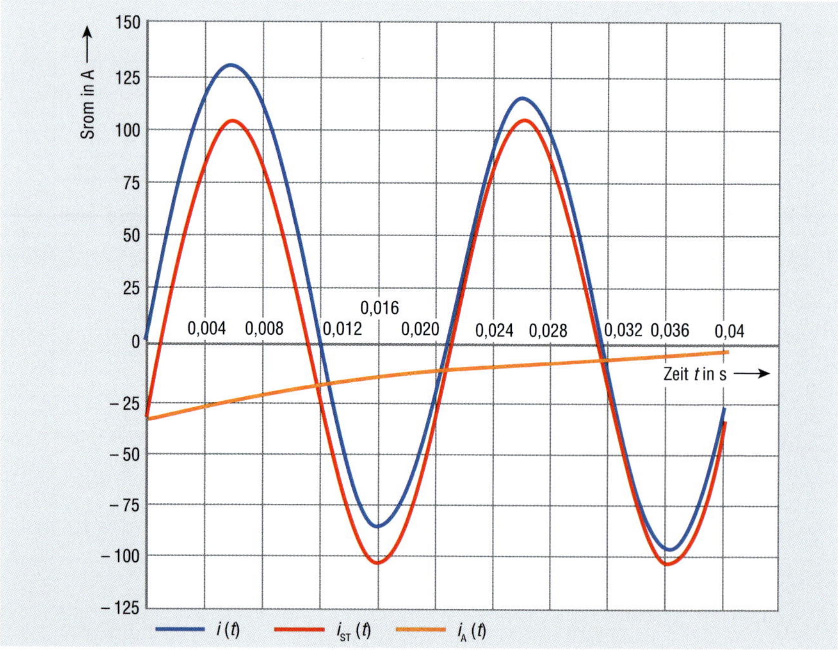

Bild 3: Stromverlauf beim Einschalten eines einfachen Wechselstromkreises

Für das Diagramm im Bild 3 wurden folgende Werte angenommen:

$\hat{U} = \sqrt{2} \cdot \frac{400\,V}{\sqrt{3}} = 326{,}599\,V$	$f = 50\,Hz$	$Z = \sqrt{R^2 + (\omega \cdot L)^2} = 3{,}181\,\Omega$	
$\omega = 2 \cdot \pi \cdot f = 314{,}159\,s^{-1}$	$L = 0{,}01\,H$	$R = 0{,}5\,\Omega$	$\tau = \frac{L}{R} = 0{,}02\,s$
$\varphi = \text{acos}\,\frac{R}{Z} = 1{,}413$	$\varphi = 80{,}957°$	$\varphi_e = -\frac{\varphi}{4}$	

Bei formaler Analogie des Einschaltstromverlaufes in Gleich- und Wechselstromkreisen, gibt es zwei wichtige Unterschiede:

1. Der Maximalwert des Einschaltstromes tritt kurz nach dem Einschalten auf, dies bereits in der ersten Periode.
2. Die Höhe des Ausgleichsstromes hängt von der Größe des Einschaltwinkels im Einschaltaugenblick ab.

Wenn der Einschaltaugenblick mit dem netzfrequenten Nulldurchgang des Stromes zusammenfällt, also $\varphi_e = 0$ ist, wird der Ausgleichstrom auch Null.

Ausschalten eines Gleichstromes

Wenn der Schalter im Gleichstromkreis lange genug geschlossen ist, sind alle Ausgleichsvorgänge abgeklungen. Es fließt dann ein Strom, der von der Quellenspannung U und dem Widerstand R abhängt. Soll der Strom verkleinert werden, muss ein weiterer Widerstand in den Stromkreis eingefügt werden. Um den Strom auf null zu bringen, also abzuschalten, wäre der Widerstand unendlich groß zu wählen. Eine Stromänderung kann allerdings nicht sprunghaft geschehen. Eine solche Stromänderung hätte eine unendlich hohe Spannung zur Folge, wie aus der folgenden Gleichung 13 zu entnehmen ist.

Gleichung 13 $u = -L \frac{\mathrm{d}}{\mathrm{d}t} i$

Daher sind beim Ausschalten auch Ausschaltvorgänge anzutreffen. Diese Ausgleichsvorgänge vermag der Lichtbogen in der gewünschten Weise zu steuern. Werden die Schaltkontakte geöffnet, entsteht zwischen ihnen ein Lichtbogen. Dieser wirkt dann wie ein zusätzlicher Widerstand in dem Stromkreis, der von einem Widerstandswert von nahezu null (Kontakte geschlossen) mit zunehmendem Kontaktabstand größer wird und dann nach dem Verlöschen annähernd den Wert unendlich erreicht. Damit wäre dann der Strom abgeschaltet. Über dem Lichtbogen liegt die sogenannte Lichtbogenspannung u_B an. Um den Strom endgültig zu unterbrechen (abzuschalten), muss die Lichtbogenspannung mindestens die Höhe der treibenden Quellspannung erreichen. Sie sollte auch nicht viel höher werden, weil sonst die Isolation des Schaltgeräts und damit die Anlagenteile durch Überspannung gefährdet wären. In diesem Zusammenhang soll an die Switching Electro Magnetic Pulse (SEMP) gedacht werden, die besonders bei schnell löschenden Vakuumschaltern zu Problemen führen können. Unter der Berücksichtigung der Lichtbogenspannung wird aus Gleichung 1 beim Ausschaltvorgang im Gleichstromkreis:

Gleichung 14 $U = -L \frac{\mathrm{d}}{\mathrm{d}t} i + R \cdot i + u_B$

In der Praxis wird eine Lichtbogenspannung von 1,5- bis 2-fachen der Quellenspannung angestrebt. Je schneller die Lichtbogenspannung diesen Wert erreicht, desto schneller wird der Stromkreis unterbrochen. In diesem Zusammenhang seien die strombegrenzenden Leistungsschalter oder Leitungsschutzschalter erwähnt. Diese schalten den Strom so ab, dass der maximale (unbeeinflusste Stoßkurzschlussstrom i_p) Stromwert, der theoretisch möglich wird, gar nicht erst erreicht wird.

Ausschalten eines Wechselstromes

Zum Ausschalten eines Wechselstromes, wäre im Prinzip keine äußere Beeinflussung des Stromes notwendig, da der Strom nach jeder Halbwelle periodisch zu Null wird, jedoch steigt der Strom wieder mit umgekehrter Polarität an. Trennt der Schalter den Wechselstromkreis auf, ist dieser Augenblick nur selten der des Nulldurchgangs des Stromes (im Drehstromsystem ist dies noch unwahrscheinlicher, dass alle Pole dies erreichen können). Deshalb ist auch im Wechselstromkreis mit Entstehung von Ausgleichsvorgängen und mit dem Auftreten eines Lichtbogens zu rechnen. Selbst wenn der Ausnahmefall eintritt, ist zwar der Stromfluss unterbrochen, das Plasma der Lichtbogensäule hat jedoch noch eine hohe Temperatur. Dadurch kann es wieder zur Zündung kommen, wenn es nicht gelingt eine Spannungsfestigkeit herzuleiten. Kann der Spannungsanteil des Lichtbogens, durch Löscheinrichtungen so beeinflusst werden, dass im Kurzschlussfall der Maximalwert des Stromes nicht erreicht wird, spricht man von den oben erwähnten strombegrenzenden Leistungsschaltern (**Bild 4**).

Die Ausschaltung eines Wechselstromkreises unter der Berücksichtigung der Lichtbogenspannung u_B ist ähnlich (Gleichung 1, 8 bzw. 14):

Gleichung 15 $$\hat{U} \cdot \sin(\varphi + \varphi_e + \omega \cdot t) = L \frac{d}{dt} i + R \cdot i + u_B$$

Nur aus φ_e wird jetzt natürlich φ_a, der Phasenwinkel des Stromes im Zeitpunkt der Lichtbogenentstehung.

Wie die Lichtbogenspannung beeinflusst werden kann, wird im nachfolgenden Abschnitt kurz erläutert, auch hier ist für eine Vertiefung [1] sehr zu empfehlen.

Für eine ausführliche Herleitung kann [8] benutzt werden. Hierbei werden anstelle der Begriffe Ausgleichsstrom und stationärer Strom die Begriffe flüchtiger und eingeschwungener Strom benutzt.

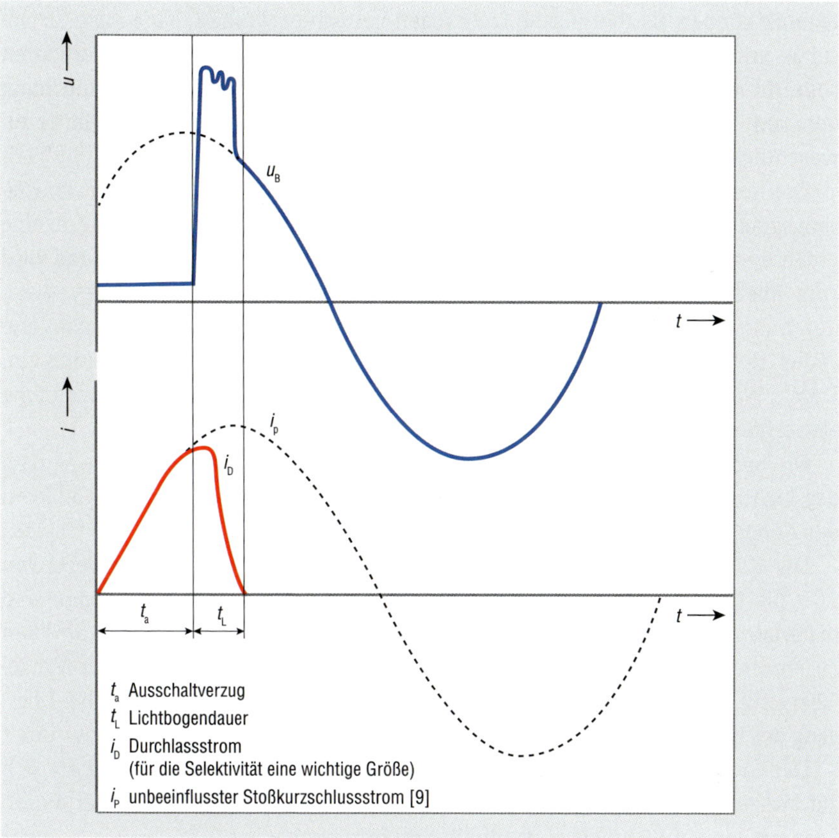

Bild 4: Spannungs- und Stromverlauf bei einem Schaltgerät mit Strombegrenzung [5]

Physikalische Grundlagen des Schaltlichtbogens

Lichtbögen in Gasen

Wird zwischen zwei unter Spannung stehenden Elektronen (Kontakte eines Schaltgerätes) ein Plasma eingebracht, so wandern unter der Wirkung des elektrischen Feldes die Ionen im Plasma zur negativen Elektrode (Katode) und die Elektronen zur positiven Elektrode (Anode). Es fließt im Plasma ein elektrischer Strom. Unter bestimmten Eigenschaften im Stromkreis und an den Schaltkontakten kann der Lichtbogen (Plasma) dem Stromkreis so viel Energie entnehmen, wie notwendig ist, um seine Leitfähigkeit aufrechtzuhalten. Die Lichtbögen in der Schaltgerätetechnik können als thermische Lichtbögen betrachtet werden, da je nach Stromstärke und Randbedingungen eine Temperatur von mehr als 4.000 K zu erwarten sind. An realen Lichtbögen ist die Temperatur über dem Säulenquerschnitt nicht konstant. Die Temperatur fällt von ihrem Maximalwert in der Lichtbogenmitte auf wesentlich niedrigere Werte im Lichtbogenrandgebiet ab.

Die hohe Temperatur bewirkt in der Lichtbogenmitte einen höheren Ionisierungsgrad als in der übrigen Säule. Dadurch erreicht der Lichtbogenkern eine größere Leitfähigkeit und weist weniger Verluste auf als die Randgebiete und wird vom überwiegenden Teil des Lichtbogenstromes durchflossen. Wärmeverluste durch die Umgebung (umgebendes Gas, Schaltkontakte und Gehäusewände) entziehen dem Lichtbogenrand ständig Energie und schnüren ihn zum Kern hin ein. Durch Wärmeverluste beziehungsweise Kühlung wird die Lichtbogenspannung also erhöht und eine Stromunterbrechung wahrscheinlicher.

Die Spannung an einem Lichtbogen verteilt sich nicht linear über den Verlauf des Lichtbogens, sondern unterscheidet sich an den elektrodennahen Gebieten der Anode beziehungsweise Katode wesentlich davon (**Bild 5**).

Der Katodenfall weist bei Luft und atmosphärischen Bedingungen Werte von 10 V bis 15 V auf, der Anodenfall etwa Werte von 2 V bis 10 V. Die Größen sind material- und stromabhängig, wobei die kleineren Werte den größeren Strömen zugeordnet werden können. Der Katoden- und Anodenfall ist also ein Gas-Metall-Übergang, der entfernte Ähnlichkeiten zu einem PN- beziehungsweise NP-Übergang bei Halbleitern aufweist.

Der Spannungsabfall durch den Katodenfall und den Anodenfall addiert sich auf Werte zwischen 12 V und 25 V. Dadurch ist es zu erklären, dass bei diesen Spannungen ein Lichtbogen oft sehr gut zu beherrschen ist.

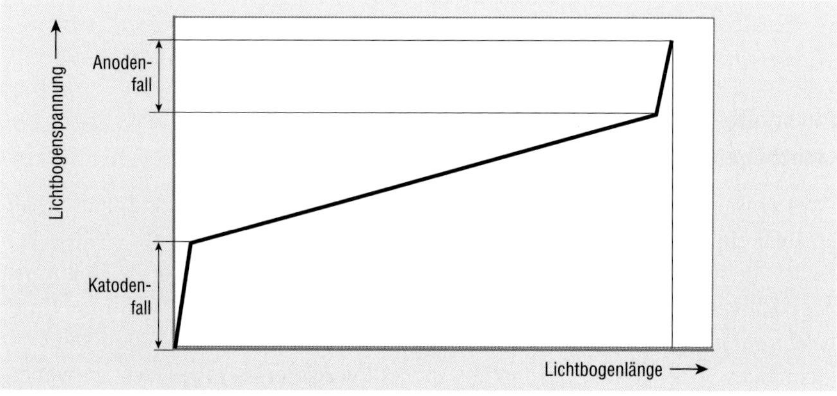

Bild 5: Prinzipielle Verteilung der Lichtbogenspannung [5]

Lichtbogen im Vakuum

Öffnet man eine Schaltstrecke unter Vakuum, so bleibt der Stromfluss zunächst ausschließlich durch Elektronen aufrechterhalten. Sie werden aus der Katode ähnlich wie bei Luft durch Feld- bzw. Thermo-Feldemission ausgelöst. Durch die hohe Stromdichte kurz vor der Abhebung, kommt es zu einer hohen lokalen Erwärmung. Dieser Effekt lässt an der Anode und Katode Metalldampf entstehen, in dem es auch zu Ionisierungsvorgängen kommt. Der Vakuumlichtbogen brennt also in einem reinen Metalldampfplasma. Da im Vakuum die Leitfähigkeit des Plasmas abrupter abnimmt als unter atmosphärischen Bedingungen, kommt es in Stromkreisen mit Induktivitäten eventuell zu gefährlichen Überspannungen.

Lichtbogen in Ölen

In der Schaltgerätetechnik kommt es gelegentlich vor, dass der Lichtbogen in Flüssigkeiten, insbesondere Öl als Umgebungsmedium, beherrscht werden muss. Auch hier handelt es sich im Grunde um Lichtbögen in Gasen, da die hohe Lichtbogentemperatur eine sofortige Verdampfung der benachbarten Flüssigkeit zur Folge hat. Das entstehende Wasserstoffgas (ca. 75 %) wirkt im hohen Maße kühlend auf den Lichtbogen.

Ein großer Anteil der Energieverluste (ca. 30 %) entsteht durch die Zersetzung des Öls und seine Ausdehnung als Gas. Durch die bessere Kühlung mit Wasserstoff und die Zersetzung des Öls wird dem Lichtbogen mehr Energie entzogen als an Luft unter atmosphärischen Bedingungen.

Durch die oben erwähnten physikalischen Eigenschaften lässt sich der Lichtbogen und damit auch der Lichtbogenspannungsbedarf folgendermaßen beeinflussen:

- Verlängerung durch schnelles Öffnen der Schaltkontakte,
- Verlängerung durch Ausnutzung des thermischen Auftriebs der heißen Bogensäule (Plasmaströmung),
- Verlängerung durch gezielte Gas- oder Flüssigkeitsströmung,
- Verlängerung durch Wirkung eines Magnetfeldes (Eigenmagnetfeld, Blasspule),
- Verlängerung durch verbesserte Lichtbogenlaufeigenschaften,
- Kühlung durch Öl, Kammerwänden, Schaltstücken und Gasen,
- Kühlung durch Kühlbleche,
- Aufteilung in mehrere Teillichtbögen durch Löschbleche (Anoden- und Katodenfall,
- Lichtbogenlöschung mit *R-C*-Schaltglied (siehe Bild 6),
- kontaktlose Schaltgeräte (Halbleiter-Schaltgeräte).

Für die Lichtbogenlöschung sowohl im Gleichstrom- wie im Wechselstromkreis ist es erforderlich, dass die Schaltstrecke der wiederkehrenden Spannung ohne Wiederzünden standhält. Im Augenblick des Nulldurchgangs des Stromes ist die Leistungszufuhr zum Lichtbogen unterbrochen. Der Zwischenraum der Schaltstücke ist jedoch noch vom Lichtbogenplasma erfüllt. Es hat in diesem Moment immer noch eine sehr hohe Temperatur und ist noch zum großen Teil leitfähig. Daher muss auch das Restplasma so schnell wie möglich abgebaut werden (z. B. durch Kühlung in den Lichtbogenlöschkammern).

Lichtbogenlöschung durch *R-C*-Schaltglied

Das Schalten von Gleichstrom bewirkt im verstärkten Maße Abreißfunken und damit einen größeren Kontaktabbrand gegenüber Wechselstrom. Bei Schaltgeräten in Gleichstromkreisen mit kleiner Leistung lässt sich die Funkenbildung am Schaltkontakt und damit auch die Funkstörung dadurch vermindern, dass man eine Reihenschaltung aus einem Kondensator *C* und einem Widerstand *R* parallel zum Schaltkontakt legt (**Bild 6**). Im geschlossenen Zustand des Schaltkontaktes sind der Kondensator und der Widerstand kurzgeschlossen und der Kondensator entladen. Mit dem Öffnen der Kontaktstelle beginnt die Kondensatoraufladung. Der Ladestrom, der zum Kondensator fließt, klingt ab, und die Spannung am Kondensator und am Schaltkontakt nimmt zu.

Bevor die Spannung den Überschlagsspannungswert überschreitet, ist der Schaltkontakt so weit geöffnet, dass ein Funke nicht mehr entstehen kann. Im geöffneten Zustand des Schaltkontaktes ist der Kondensator bis zum anstehenden Spannungswert aufgeladen. Beim Schließvorgang begrenzt der Widerstand *R* den Entladestrom und vermindert somit einen Schließfunken.

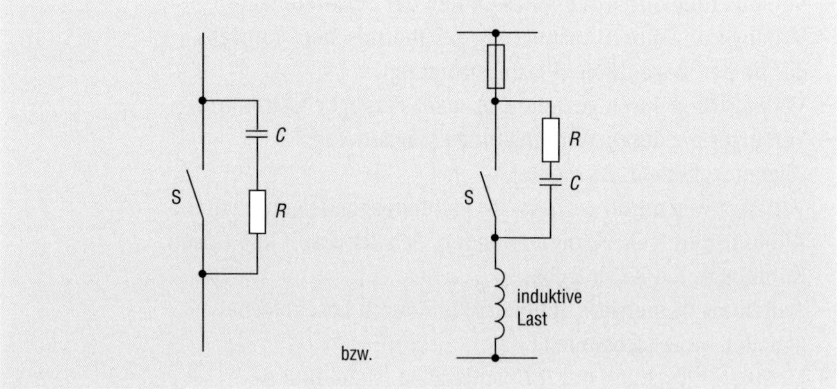

Bild 6: *R-C*-Schaltglied

Lichtbogenlöschung durch Aufteilung bzw. Verlängerung

Schaltgeräte mit größerem Schaltvermögen sind so konstruiert, dass entstehende Lichtbögen schnell zum Erlöschen gebracht werden. Die Löschung erfolgt in sogenannten *Entionisierungskammern*, die zur Kühlung und zur Teilung der Lichtbögen Kühlbleche enthalten (**Bild 7**). Diese *Lichtbogenkammern* verhindern außerdem Querschlüsse, das heißt Überschläge in die Nachbarschaltzone.

Um die Lichtbogenstrecke zu vergrößern und um sie damit schneller zum Abreißen zu bringen, können auch sogenannte Blasmagnete verwendet werden. Der Lichtbogen besteht aus ionisiertem Gas, das auch als Plasma bezeichnet wird. Es ist stromleitend und hat somit ein eigenes Magnetfeld. Der Lichtbogen wird durch das Zusammenwirken der Magnetfelder abgedrängt. Man spricht dann von magnetischer Beblasung (**Bilder** 8, **9** und **10**).

Das Verbrennen der Schaltkontaktflächen wird dadurch verhindert, dass der Lichtbogen zu den hörnerförmigen Kontaktverlängerungen abwandert. Die Licht-

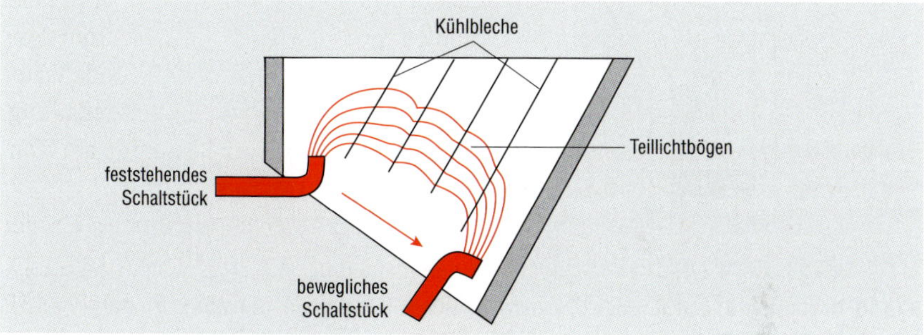

Bild 7: Lichtbogenlöschkammer [5]

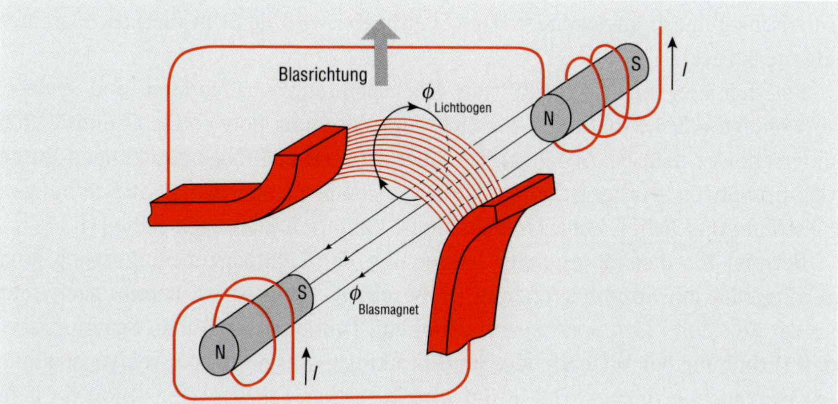

Bild 8: Prinzipdarstellung eines Blasmagneten [5]

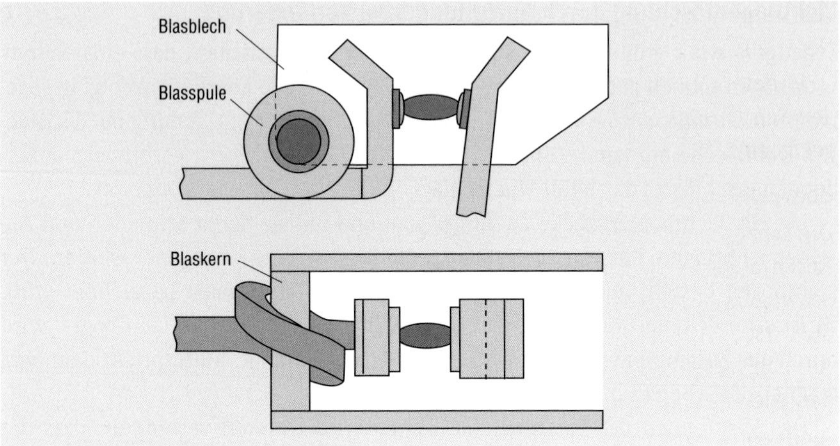

Bild 9: Magnetische Beblasung

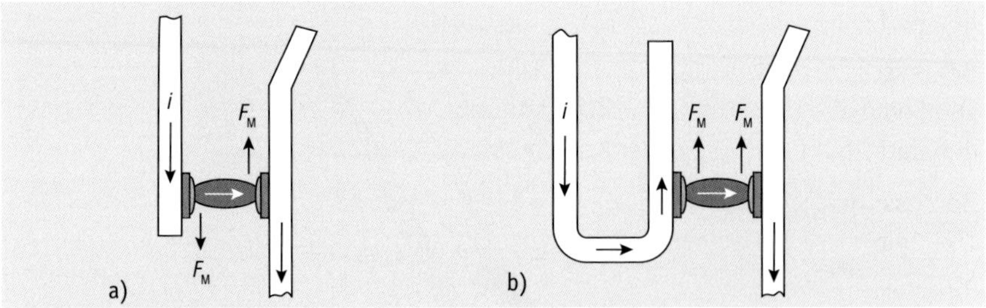

Bild 10: Ungünstige a) und günstige b) konstruktive Gestaltung der Zu- bzw. Ableitung des Lichtbogenstromes [5]

bogenlöschung mit Hilfe von Blasmagneten wird oft in Verbindung mit Lichtbogenlöschkammern angewendet. Der Lichtbogen wird dann in die Löschkammer hineingedrückt.

Bei den hier nicht aufgeführten Hochspannungsschaltgeräten sind andere, aufwendigere Konstruktionen zur Lichtbogenlöschung notwendig. Grundsätzlich unterscheidet man bei Schaltgeräten über 1.000 V Lichtbogenlöschungen durch Gasströmungen (Hartgasschalter, Druckgasschalter) und Flüssigkeitsströmungen (Ölströmungsschalter, Expansionsschalter). Weitere Erklärungen siehe [1].

Beispiel für die konsequente Umsetzung der Lichtbogenbeeinflussung sind Schaltgeräte mit Strombegrenzung (siehe oben), diese bauen bereits nach sehr kurzer Zeit hohe Lichtbogenspannungen auf. Durch diesen hohen Spannungsbedarf (Erhöhung des Widerstandes im Stromkreis) wird der Strom seinen maximalen Wert nicht erreichen. Der Strom wird in solchen Schaltgeräten schon vor dem nächsten „normalen" Nulldurchgang zu Null. Den höchsten Stromwert in dieser

Zeit nennt man Durchlassstrom. Die Gesamtausschaltzeit ist bei einem 50-Hz-Netz dann kleiner als 10 ms (siehe Bild 4).

In den meisten Fällen sollte der Lichtbogen nach seiner Entstehung zwischen den Schaltstücken (Kontakten) nicht sich selbst überlassen werden, sondern mit geeigneten Mitteln auf ihn eingewirkt werden.

Bemessungsdaten (Nenndaten) von Schaltgeräten

Die Schaltgeräte werden den der Praxis entsprechenden Erfordernissen angepasst. Falsch angewendete, zu schwach ausgelegte oder zu stark überdimensionierte Schaltgeräte sind unzweckmäßig und haben damit höhere Kosten zur Folge. Für die verschiedenartigsten Anwendungsfälle stehen entsprechende Schaltgeräte zur Auswahl bereit. Die spezielle Auswahl von Schaltgeräten geschieht nach folgenden wichtigen Gesichtspunkten und Größen:

Bemessungsstrom (alt: Nennstrom)

Der Bemessungsstrom ist der Strom, der unter Betriebsbedingungen ständig fließen darf.

Bemessungsspannung (alt: Nennspannung)

Die Bemessungsspannung ist die Spannung, an der das Schaltgerät betrieben werden darf und für die die Isolation bemessen ist.

Bemessungsfrequenz

Die Bemessungsfrequenz ist die Frequenz der Spannungsversorgung, für die ein Schaltgerät bestimmt ist und auf das sich die anderen Bemessungskenndaten beziehen. Dabei sollte man immer beachten, dass die Schaltkontakte andere Bemessungsfrequenzen aufweisen können als die Antriebe, wie z. B. die Spulenspannung.

Schaltvermögen

Kennzeichnende Größen eines Schaltgerätes sind das *Bemessungs-Einschaltvermögen* und das *Bemessungs-Ausschaltvermögen*.

Das Bemessungs-Einschalt- oder -Ausschaltvermögen gibt an, welchen größten Strom das Schaltgerät bei einer bestimmten Spannung und einem bestimmten Leistungsfaktor cos φ ohne Schaden zu nehmen beherrscht. Ist der Schalter strombegrenzend, so übersteigt das angegebene Schaltvermögen den tatsächlich geschalteten Strom um ein Vielfaches. Das Schaltvermögen wird entweder direkt in Ampere (A) oder in Kiloampere (kA) angegeben.

Eventuell wird die Größe der Vorsicherung genannt, die einen unzulässig hohen Kurzschlussstrom auf den zulässigen Wert begrenzt. Auch bei geschlossenen Schaltkontakten kann eine Überbeanspruchung des Schaltgerätes auftreten, wie z. B. im Kurzschlussfall, wenn eine zu groß ausgewählte Vorsicherung einen Abschaltstrom zulässt, der für das Schaltgerät zu groß ist.

Überschreitet ein auftretender Kurzschluss beziehungsweise Abschaltstrom das Schaltvermögen des Schaltgerätes, so können die Schaltkontakte verbrennen beziehungsweise verschweißen. Der Lichtbogen und die auftretenden Stromkräfte können das Schaltgerät im Extremfall zerstören. Werden Schaltgeräte ausgewechselt oder nachträglich eingebaut, so ist im Zweifelsfall festzustellen, wie hoch der zu erwartende Kurzschlussstrom an der Einbaustelle werden kann. Liegen mehrere Schaltgeräte an einer gemeinsamen Sicherung (Gruppensicherung), so darf der zulässige Höchstwert der Vorsicherung das Schaltvermögen des kleinsten Schalters nicht überschreiten. Je nach Sicherungsart lässt sich aus einer zugehörigen Kennlinie der Abschaltstrom ermitteln. Bei Gleichstrom ist das Schaltvermögen, bezogen auf Wechselstrom, wesentlich geringer.

Lebensdauer

Die Lebensdauer wird bei Schaltgeräten in *Schaltspielen* angegeben. Ein Schaltspiel ist das einmalige Ein- und Ausschalten. Einige Beispiele zeigt **Tabelle 1**.

Gerätebeispiel	Lebensdauer in Schaltspiele ca. S	Schalthäufigkeit in Schaltspielen ca. S/h
Leistungsschalter	$1 \cdot 10^3$ bis $1 \cdot 10^4$	60
Motorschutzschalter	10^5	40
Leistungsschütz	$1 \cdot 10^6$ bis $1 \cdot 10^7$	250…3.000
Steuerschütz	$1 \cdot 10^6$ bis $3 \cdot 10^7$	600…10.000
Zeirelais	$3 \cdot 10^7$	je nach Einstellungsbereich

Tabelle 1: Beispiele für die Lebensdauer und Schalthäufigkeit

Schalthäufigkeit

Hierunter versteht man die zugelassenen Schaltspiele je Stunde. Sie werden angegeben in S/h (Tabelle 1). Dabei teilt die DIN EN 60947-1 (VDE 0660-100) Oktober 2011 [5] die Schaltgeräte wie folgt ein:

1 Schaltspiel /h → Klasse 1
3 Schaltspiele/h → Klasse 3
12 Schaltspiele/h → Klasse 12
30 Schaltspiele/h → Klasse 30
120 Schaltspiele/h → Klasse 120
300 Schaltspiele/h → Klasse 300
1.200 Schaltspiele/h → Klasse 1.200
3.000 Schaltspiele/h → Klasse 3.000
12.000 Schaltspiele/h → Klasse 12.000
30.000 Schaltspiele/h → Klasse 30.000
120.000 Schaltspiele/h → Klasse 120.000
300.000 Schaltspiele/h → Klasse 300.000

Schutzarten nach DIN VDE 0470

Gemeint ist hier der Schutz gegen das Eindringen von Fremdkörpern und Feuchtigkeit [11].

Gebrauchskategorie bzw. Schaltbedingungen

Die Gebrauchskategorie beziehungsweise Schaltbedingungen eines Schaltgerätes legt den Anwendungsfall fest, unter denen diese die angegebene Lebensdauer erreichen. Die Gerätenormen legen dabei nachstehende Betriebsbedingungen fest:

- Strom (Ströme), ausgedrückt durch das Vielfache des Bemessungsstromes,
- Spannung(en), ausgedrückt durch das Vielfache der Bemessungsspannung,
- Leistungsfaktor beziehungsweise Zeitkonstante,
- Verhalten bei Kurzschluss,
- usw.

Man unterscheidet z. B. nach DIN EN 60947-4-1 (VDE 0660-102) Mai 2020 [4] für Schütze und Motorstarter nach **Tabelle 2.**

In der Norm DIN EN 60947-4-1 (VDE 0660-102) Mai 2020 [4] Seite 57 steht weiter:

„… Jede andere Anwendung muss zwischen Hersteller und Anwender vereinbart werden, wobei Angaben im Herstellerkatalog oder im Angebot als Vereinbarung gelten.

Stromart	Gebrauchs-kategorie	typischer Anwendungsfall
Wechsel-spannung	AC-1	nichtinduktive bzw. schwach induktive Last, Widerstandsöfen
	AC-2	Schleifringläufermotoren: Anlassen und Ausschalten
	AC-3	Käfigläufermotoren: Anlassen und Ausschalten dabei dürfen gelegentliches Tippen oder Gegenstrombremsen während einer begrenzten Dauer vorkommen
	AC-3e	Käfigläufermotoren *mit höherem Anzugsstrom:* Anlassen und Ausschalten dabei dürfen gelegentliches Tippen oder Gegenstrombremsen während einer begrenzten Dauer vorkommen
	AC-4	Käfigläufermotoren: Anlassen und Ausschalten und Tippen, Gegenstrombremsen bzw. Reversieren
	AC-5a	Schalten von Gasentladungslampen
	AC-5b	Schalten von Glühlampen
	AC-6a	Schalten von Transformatoren
	AC-6b	Schalten von Kondensatorbatterien
	AC-7a	schwach induktive Last in Haushaltsgeräten
	AC-7b	Motorlast für Haushaltsgeräte
	AC-8a	Schalten von hermetisch gekapselten Kühlkompressormotoren mit manueller Rückstellung der Überlastauslöser
	AC-8b	Schalten von hermetisch gekapselten Kühlkompressormotoren mit automatischer Rückstellung der Überlastauslöser

Tabelle 2: Gebrauchskategorien für Schütze bzw. Motorstarter (Teil 1/2)

Stromart	Gebrauchs-kategorie	typischer Anwendungsfall
Gleich-spannung	DC-1	nichtinduktive bzw. schwach induktive Last, Widerstandsöfen
	DC-3	Nebenschlussmotoren: Anlassen und Ausschalten und Tippen, Widerstandsbremsen, Gegenstrombremsen bzw. Reversieren
	DC-5	Reihenschlussmotoren: Anlassen und Ausschalten und Tippen, Widerstandsbremsen, Gegenstrombremsen bzw. Reversieren
	DC-6	Schalten von Glühlampen

Tabelle 2: Gebrauchskategorien für Schütze bzw. Motorstarter (Teil 2/2)

… Alle Stern-Dreieckstarter und Zwei-Stufen-Anlasstransformatoren gehören zur Gebrauchskategorie AC-3. …“.

Dabei sind folgende Ein- und Ausschaltbedingungen entsprechend den Gebrauchskategorien in der Norm DIN EN 60947-4-1 (VDE 0660-102) Mai 2020 [4] für Schütze und Motorstarter vereinbart (**Tabelle 3**).

Man unterscheidet z.B. nach DIN EN 60947-3 (VDE 0660-107) vom Februar 2017 noch mal gesondert in Lastschalter, Trennschalter, Lasttrennschalter und Schalter-Sicherungs-Einheiten.

Die für Netztrenneinrichtung nach DIN EN 60204-1 (VDE 0113-1) wichtige Bestimmungen enthält, siehe **Tabelle 4**. Die für den Nachweis des Bemessungseinschaltvermögens- und Bemessungsausschaltvermögens wichtigen Daten enthält **Tabelle 5**.

Weiter Bemessungsdaten wie die Baugröße, die Verlustleistung usw. sollten dabei nicht außer Acht gelassen werden, da diese Kenndaten auch wichtig sein können.

Gebrauchskategorie	Ein- und Ausschaltbedingungen		
	I_c/I_e	U_r/U_e	cos φ bzw. L/R
AC-1	1,5	1,05	0,80
AC-2	4	1,05	0,65
AC-3	8	1,05	0,45 für I_e < 100 A 0,35 für I_e >100 A
AC-3e Ausschalten	8,5	1,05	0,45 für I_e < 100 A 0,35 für I_e >100 A
AC-3e Einschalten	12 bzw. 13	1,05	0,35 für I_e < 100 A 0,25 für I_e >100 A
AC-4 Ausschalten	10	1,05	0,45 für I_e < 100 A 0,35 für I_e >100 A
AC-4 Einschalten	12 bzw. 13	1,05	0,45 für I_e < 100 A 0,35 für I_e >100 A
AC-5a	3	1,05	0,45
AC-5b	1,5	1,05	mit Glühlampen
AC-8a	6	1,05	0,45 für I_e < 100 A 0,35 für I_e >100 A
AC-8b	6	1,05	0,45 für I_e < 100 A 0,35 für I_e >100 A
DC-1	1,5	1,05	1
DC-3	4	1,05	2,5
DC-5	4	1,05	15
DC-6	1,5	1,05	mit Glühlampen

Tabelle 3: Ein- und Ausschaltbedingungen

I Ein- bzw. Ausschaltstrom

I_e Bemessungsstrom

U_r Spannung vor dem Einschalten beziehungsweise wiederkehrende Spannung

U_e Bemessungsspannung

Stromart	Gebrauchskategorie		typische Anwendungen
	Kategorie A für häufige Betätigung	**Kategorie B** für gelegentliche Betätigung	
Wechsel-spannung	AC-20A	AC-20B	Schließen und Öffnen ohne Last
	AC-21A	AC-21B	Schalten von ohmscher Last einschließlich geringer Überlast
	AC-22A	AC-22B	Schalten von gemischter ohmischer und induktiver Last einschließlich geringer Überlast
	AC-23A	AC-23B	Schalten von Motoren oder anderer hoch induktiver Last

Tabelle 4: Gebrauchskategorie für Trennschalter bzw. Lasttrennschalter [5] und [10] (Teil 1/2)

Stromart	Gebrauchskategorie		typische Anwendungen
	Kategorie A für häufige Betätigung	**Kategorie B** für gelegentliche Betätigungg	
Gleichspannung	DC-20A	DC-20B	Schließen und Öffnen ohne Last
	DC-21A	DC-21B	Schalten von ohmscher Last einschließlich geringer Überlast
	DC-22A	DC-22B	Schalten von gemischter ohmischer und induktiver Last einschließlich geringer Überlast (z. B. Nebenschlussmotoren)
	DC-23A	DC-23B	Schalten von hochinduktiver Last (z. B. Reihenschlussmotoren)

Tabelle 4: Gebrauchskategorie für Trennschalter bzw. Lasttrennschalter [5] und [10] (Teil 2/2)

Gebrauchskategorie	Bemessungsbetriebsstrom	Einschalten			Ausschalten			Anzahl der Schaltspiele
		I_c/I_e	U_r/U_e	cos φ bzw. L/R	I_c/I_e	U_r/U_e	cos φ bzw. L/R	
AC-20 A/B	alle Werte	–	–	–	–	–	–	–
AC-21 A/B	alle Werte	1,5	1,05	0,95	1,5	0,95	1,5	5
AC-22 A/B	alle Werte	3	1,05	0,65	3	0,65	3	5
AC-23 A/B	$0 < I_e \leq 100$ A	10	1,05	0,45	8	0,45	8	5
AC-23 A/B	$I_e < 100$ A	10	1,05	0,35	8	0,35	8	3
DC-20 A/B	alle Werte	–	–	–	–	–	–	–
DC-21 A/B	alle Werte	1,5	1,05	1	1,5	1	1,5	5
DC-22 A/B	alle Werte	4	1,05	2,5	4	2,5	4	5
DC-23 A/B	alle Werte	4	1,05	15	4	15	4	5

Tabelle 5: Nachweis des Bemessungseinschaltvermögens- und Bemessungsausschaltvermögens – Bedingungen für das Ein- und Ausschalten entsprechend den Gebrauchskategorien wie in [10]

Fazit

Funken- und Lichtbogenentstehung

Das Öffnen und Schließen eines unter Spannung stehenden Stromkreises kann einen Abreiß- bzw. Schließfunken zur Folge haben. Je nach Größe des Stromes, der Spannung und der Induktivität des zu schaltenden Stromkreises ist die Funkenbildung weniger oder stärker ausgeprägt. Die stärkste Form der Funkenbildung ist der Lichtbogen, der aufgrund seiner hohen Temperatur Kontaktmaterial zum Verdampfen bringen kann. Die Entstehung des Lichtbogens beginnt damit, dass mit geringer werdender Kontaktkraft der Engewiderstand und damit die Stromdichte bis unmittelbar vor der Kontaktöffnung ansteigt. Der Spannungsfall am Kontakt nimmt ebenfalls mit steigendem Übergangswiderstand zu. Die im Stromkreis vorhandene Selbstinduktion ist bestrebt, den Stromfluss aufrecht zu erhalten. Während der Kontaktöffnung steigt die Stromdichte an der Kontaktstelle derart an, dass eine starke Materialerwärmung eintritt. Austretende Elektronen ionisieren die kurze Luftstrecke zwischen den Schaltstücken, die damit elektrisch leitend wird. Es kann ein Funke überschlagen. Bei ausreichender Energiezufuhr wird der Stromfluss über die ionisierte Luftstrecke aufrechterhalten. Dadurch weitet sich der Funke zum Lichtbogen aus.

Bei Gleichstrom ist die Funken- oder Lichtbogenbildung stärker ausgeprägt als bei Wechselstrom, da der Gleichstrom nicht periodisch durch Null geht. Im Nulldurchgang ist die Lichtbogenstrecke entionisiert, also nichtleitend. Um die Lichtbogenwirkung zeitlich zu begrenzen, sind Schaltkontakte möglichst schnell, idealerweise also sprunghaft mit hoher Geschwindigkeit, zu öffnen oder zu schließen. Beim Schließvorgang treten häufig Prellerscheinungen auf. Das heißt, nach dem Schließen federn die beweglichen Schaltstücke mehrfach zurück, sodass wiederum Lichtbögen entstehen können. Durch federnd nachgebende Konstruktionen und gleichmäßige Kräfteverteilungen werden Prellungen gedämpft, beziehungsweise die Prelldauer wird verkürzt (**Bild 11**).

Bei verschiedenen handbetätigten Schaltgeräten mit schleichenden Schaltbewegungen, wie z. B. beim älteren Walzenschalter ohne ausgeprägte Einrastung der Schaltstellung, ist es ratsam, zügig durchzuschalten, um schleichende Kontaktgebungen zu verhindern. In messenden Schaltgeräten mit schleichenden Schaltbewegungen, wie z. B. in Wächtern, Begrenzen, Reglern usw., werden vielfach Momentschalter verwendet, deren Kontakte sprunghaft umschalten.

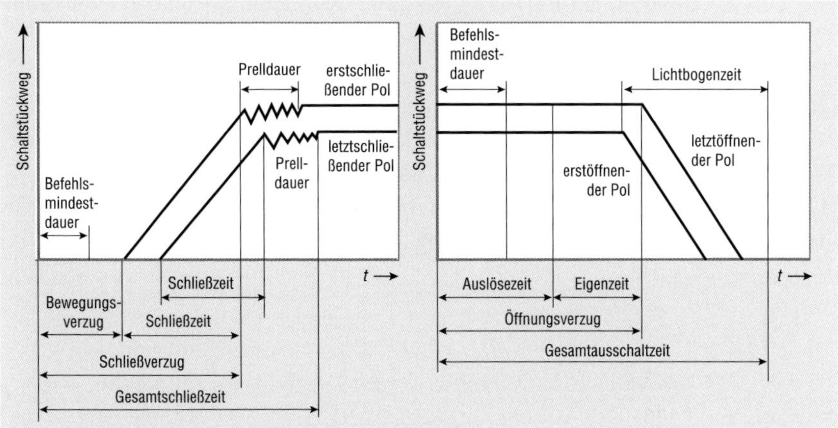

Bild 11: Schaltvorgang und Zeitbegriffe für Schaltgeräte [05]

Literaturverzeichnis

[1] *Burkhard Günter:* Schaltgeräte der Elektroenergietechnik – Grundlagen und technische Ausführungen, 1. Auflage: Berlin: VDE-Verlag: ISBN 3-8007-1393-4

[2] *Schäfer Helge:* Ein Beitrag zur Gewährleistung eines wirksamen Störlichtbogenschutzes in Drehstrom-Niederspannungsschaltanlagen und Verteileranlagen, Reihe Elektrotechnik, BD. 10, Diss. TU-Ilmenau (15.12.1995), Tectum Verlag Marburg: ISBN 3-89608-950-1

[3] *Constantinescu-Simon:* Handbuch elektrische Energietechnik – Grundlagen – Anwendungen, 2., Auflage: Vieweg: ISBN 3-528-16367-4

[4] DIN EN60947-4-1 (VDE 0660-102) Mai 2020: Niederspannungsschaltgeräte – Teil 4-1; Schütze und Motorstarter – Elektromechanische Schütze und Motorstarter: VDE-Verlag/Beuth Verlag

[5] *Boy, Bruckert, Wessels, Meyer:* Elektrische Steuerungs- und Antriebstechnik – Die Meisterprüfung 14., überarbeitete Auflage: Vogel Buchverlag: ISBN 978-3-8343-3312-4

[6] *Brechmann, Dzieia, Hörnemann, Hübscher, Jagla, Klaue:* Elektrotechnik – Tabellen Energie-/Industrieelektronik, 3., Auflage: Westermann: ISBN 3-14-225035-2

[7] *Kasikci Ismail:* Planung von Elektroanlagen, Theorie, Vorschriften, Praxis, 3., Auflage: Springer Vieweg Verlag: ISBN 978-3-662-56426-4

[8] *Weißgerber Wilfried:* Elektrotechnik für Ingenieure 3, Ausgleichsvorgänge, Fourieranalyse, Vierpoltheorie. Ein Lehr- und Arbeitsbuch für das Grundstudium; 10. Auflage: Springer Vieweg Verlag: ISBN 978-658-21824-9

[9] DIN EN 60909-0 (VDE 0102-0) Juli 2002: Kurzschlussströme in Drehstromnetzen Teil 0: Berechnung der Ströme (IEC 60909-0:2001): VDE-Verlag/ Beuth Verlag

[10] DIN EN60947-3 (VDE 0660-107) Februar 2017: Niederspannungsschaltgeräte – Teil 3; Lastschalter, Trennschalter, Lasttrennschalter und Schalter-Sicherungs-Einheiten: VDE-Verlag/Beuth Verlag

[11] DIN EN 60529 (VDE 0470-1) September 2014: Schutzarten durch Gehäuse (IP-Code): VDE-Verlag/Beuth Verlag

Vorteile von modernen, energieeffizienten und unterbrechungsfreien Stromversorgungsanlagen (USV)

Frank Müller

Die hohe Verfügbarkeit unserer jetzigen öffentlichen Spannungsversorgung ist grundsätzlich nicht selbstverständlich. Durch den Einsatz neuer, nicht linearer Betriebsmittel und Anlagen (Computer, LED-Beleuchtung, Schaltnetzteilen ...) findet eine negative Veränderung und Beeinflussung innerhalb der elektrischen Versorgungsnetze statt. Sich linear verhaltende Betriebsmittel und Anlagen (Glühlampe, Nachtspeicher, E-Motoren ...) werden durch energieeffiziente Systeme ersetzt.

Das, was auf der Anschlussseite der Betriebsmittel stattfindet, findet in Deutschland aber auch in der Spannungsversorgung der Versorgungsnetzbetreiber (VNB) statt. Durch den vermehrten Einsatz von erneuerbaren Energien, mit z. B. Umrichtertechniken der Windkraft- oder Photovoltaikanlagen, verliert die flächendeckende Spannungsversorgung ihre Netzsteifigkeit (Netzimpedanz).

Die Möglichkeit, dass es zu einer sehr kurzen Spannungsveränderung (KU = Kurzzeitunterbrechung) kommen kann, ist zukünftig als sehr wahrscheinlich anzusehen.

Höher verfügbare Betriebsmittel und Anlagen müssen aus diesem Grund elektrisch unterbrechungsfrei angeschlossen und betrieben werden. Je nachdem, wie fehlertolerant die Verfügbarkeit der Spannungsversorgung in der Auslegung sein soll, müssen auch Redundanzen in den unterbrechungsfreien Stromversorgungen (USV) berücksichtigt werden.

Schwierig dabei ist es, die genauen späteren Auslastungszustände bereits in der Planungsphase zu kennen und optimal auszulegen.

Mit dem heutigen Einsatz von einschubmodularen und einzeln skalierbaren USV-Anlagen können die angeschlossenen Betriebsmittel- und Anlagenlasten mit der tatsächlich zur Verfügung stehenden USV-Leistung angepasst und wirtschaftlich effizienter betrieben werden.

Zur Verfügbarkeitserhöhung der Spannungsversorgung müssen USV-Redundanzkonzepte erarbeitet werden, welche dennoch wirtschaftlich sein sollten.

Besonders der Betrieb von USV-Anlagen im technischen Umfeld von Rechenzentren und hochverfügbaren Produktionsanlagen stellt hierbei eine technisch-wirtschaftliche Herausforderung dar.

Beschreibung von modernen USV-Anlagen

Die technischen Parameter heutiger sehr energieeffizienter USV-Anlagen erwirken in kürzester Zeit eine Kosteneinsparung gegenüber konventionellen USV-Anlagen.

Anhand einiger Bespiele wird nachfolgend aufgezeigt, wo die tatsächlichen technischen und wirtschaftlichen Stärken heutiger USV-Anlagen liegen.

In den letzten Jahren hat die Leistungselektronik den Aufbau von USV-Anlagen stark verändert.

Durch den stetigen Fortschritt der Leistungselektronik sind

- die Qualität und Quantität der Stromversorgung,
- die Baugröße,
- die Verfügbarkeit,
- die Skalierbarkeit,
- die unterbrechungsfreie Erweiterung,
- die Modularität,
- die Energieeffizienz und
- die Wartungsinhalte

nachhaltig optimiert worden.

Heutige modular aufgebaute USV-Anlagen können individuell lastabhängig zusammengeschaltet, hochverfügbar und dennoch energieeffizient betrieben werden. Es wird unterschieden in einschubmodulare und modulare USV-Anlagen.

Wirkungsweise der USV-Anlagen

Grundsätzlich gibt es drei technisch verschiedene USV-Anlagensysteme:

- **Offline** (VFD-Klassifizierung – nach EN 62040-3)
- **Line-Interaktiv** (VI-Klassifizierung – nach EN 62040-3)
- **Online** (VFI-Klassifizierung – nach EN 62040-3)

Die Funktionsweise der Offline- und Line-Interaktiven-USV-Anlagen lässt eine höchstverfügbare Spannungsversorgung wie bei den Online-USV-Anlagen nicht zu.

Bei den Offline- und Line-Interaktiven-USV-Anlagen sind sehr geringe Spannungsunterbrechungen, von nur einigen Millisekunden, nicht auszuschließen und führen bei vielen elektronischen und elektrischen Anlagen zu einer Betriebsunterbrechung.

Für eine höher verfügbare oder höchstverfügbare Spannungsversorgung verbleiben nur die sogenannten Online-Dauerwandler-USV-Anlagen (VFI-Klassifizierung).

Bei einer energieoptimierten Verwendung des oft angebotenen ECO-Mode ist das Verfügbarkeitskonzept bei Bedarf gesondert zu untersuchen und zu bewerten.

Funktionsweise der Online-USV-Anlagen (VFI)

Die höchste Verfügbarkeit bei USV-Anlagen wird durch den Dauerwandler des Gleichrichter-, Gleichstromzwischenkreis- und Wechselrichterbetriebes erlangt.

Unabhängig davon, in welcher Qualität die Spannung am Gleichrichter (GR) der USV-Anlage anliegt, erzeugt die USV-Anlage über den Wechselrichter (WR) pulsweitenmoduliert ihre eigene stabile, batteriegestützte, unterbrechungsfreie und sichere Spannungsversorgung (**Bild 1** bis **3**).

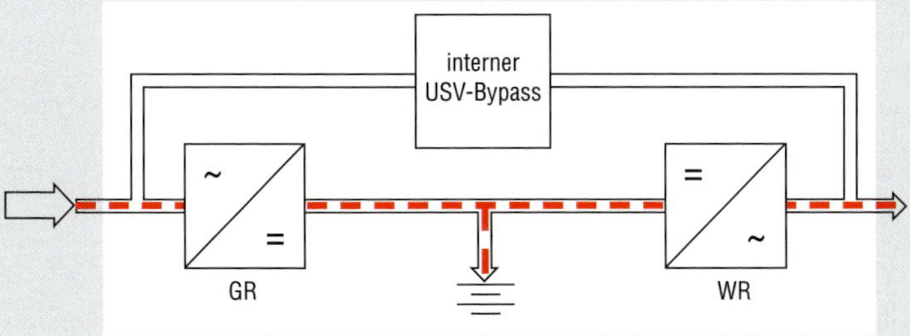

- Spannungsversorgung in Ordnung
- ungestörter Normal-Betrieb
- Batterien werden stetig geladen
- USV ist „ONLINE“ und versorgt Betriebsmittel und Anlagenteile unterbrechungsfrei

Bild 1: Online-USV im Netz-/Wechselrichterbetrieb

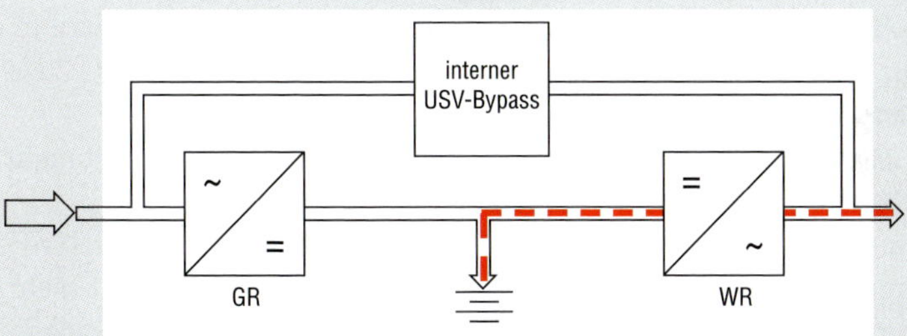

- **Netzspannung unterbrochen**
- USV ist weiterhin „ONLINE“ und versorgt über den Wechselrichter die Betriebsmittel sowie Anlagenteile unterbrechungsfrei

Bild 2: Online-USV gestört, im Batteriebetrieb

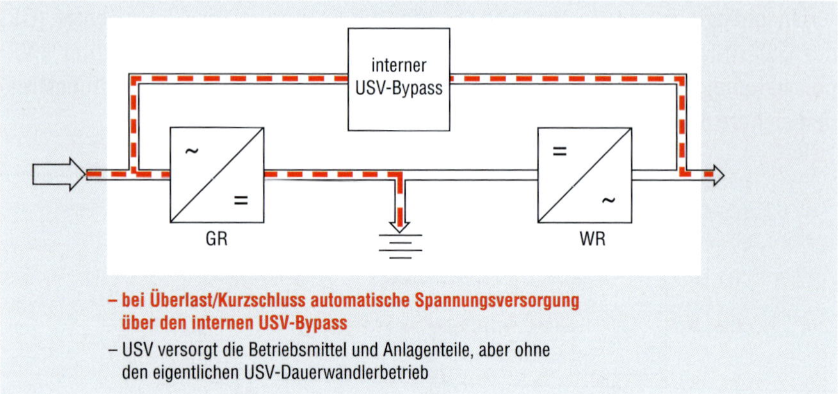

Bild 3: USV-Anlage gestört im internen Bypass-Betrieb

Redundanzkonzept

Auch eine noch so hochverfügbare, in sich redundante, meist einschubmodulare USV-Anlage kann ausfallen oder befindet sich in der Revision bzw. in der Wartung. Aus diesem Grund sollte eine zweite, völlig unabhängige Spannungsversorgung vorgesehen werden.

Die Versorgungsstrategie wird umgangssprachlich als „A/B-System" bezeichnet. Eine A/B-Redundanz wird nur selten auch als solche gekennzeichnet. In der Fachliteratur werden die Verfügbarkeiten oft mit „2N", „1(N+1)" oder „2(N+1)" etc. bezeichnet.

Wichtig ist dabei, dass eine redundant ausgelegte USV-Anlage nie mit mehr als 50 % Betriebsmittellast beschaltet werden darf.

Bei einem möglichen Ausfall einer einzelnen USV-Anlage bzw. einem USV-Halbsystem würde die Gesamtlast der verbleibenden USV-Anlage sonst mit mehr als 100 % Gesamtlast überlastet werden. Eine USV-Überlast führt dann zwangsläufig zu einem weiteren Ausfall der noch verbleibenden USV-Anlage und führt am Ende zum kompletten Spannungsausfall der elektrischen Versorgung.

Redundanz der USV-Anlagensysteme

Die Redundanzen der USV-Anlagen werden in ihrer Verfügbarkeit mit einem „N" beschrieben. Die meisten technischen Unterlagen und Literaturen beschreiben dabei das Redundanzkonzept nicht mathematisch. Hier ist die Betrachtungsweise oft aus industriellen Fertigungsanlagen für eine Leistungserweiterung abgeleitet. Um der Darstellung einer „echten Redundanz" für USV-Anlagen gerecht zu werden, wird diese an dieser Stelle mathematisch erläutert, berechnet und wie folgt festgelegt:

- N = USV-Anlage; Auslegung für maximale Belastung
- R = Redundanz
- R = N
- % in Last = Lastverteilung im Betrieb

USV-Redundanz/Verfügbarkeit „N, N+1 und N+2“

Bild 4 zeigt die einfache, redundante und mehrfach redundante Lastverteilung am Ausgang eines USV-Anlagensystems.

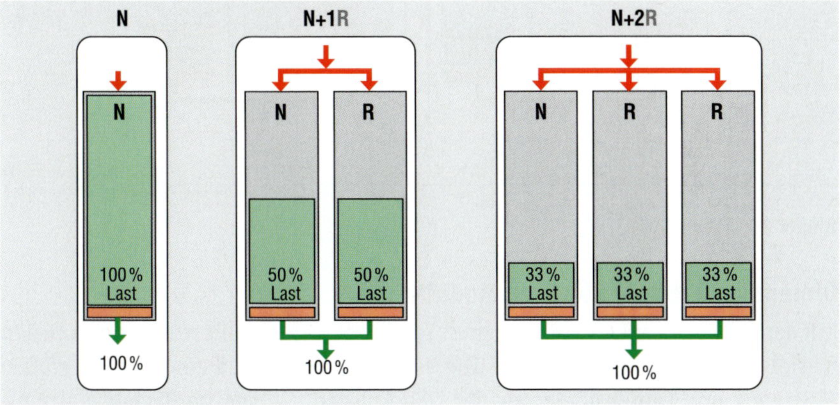

Bild 4: Redundanz N, N+1, N+2

USV-Redundanz/Verfügbarkeit „2N, 2(N+1) und 2(N+2)“

Bild 5 zeigt die parallel-redundante und **Bild 6** die mehrfach redundante Lastverteilung am Ausgang zweier USV-Anlagensysteme.

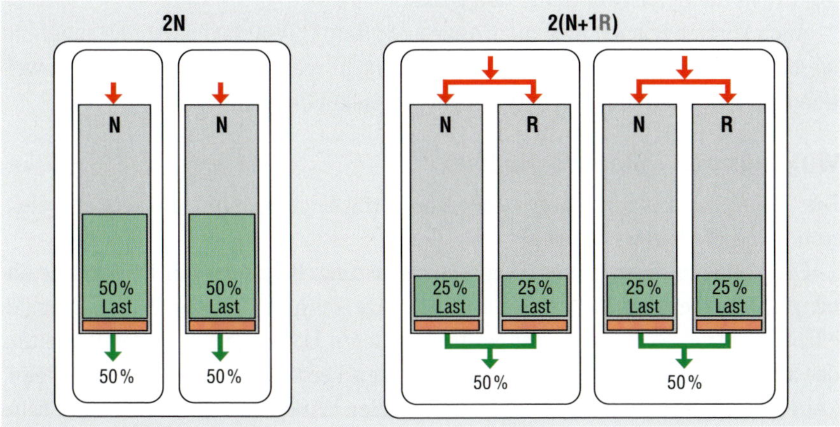

Bild 5: Redundanz 2N und 2(N+1)

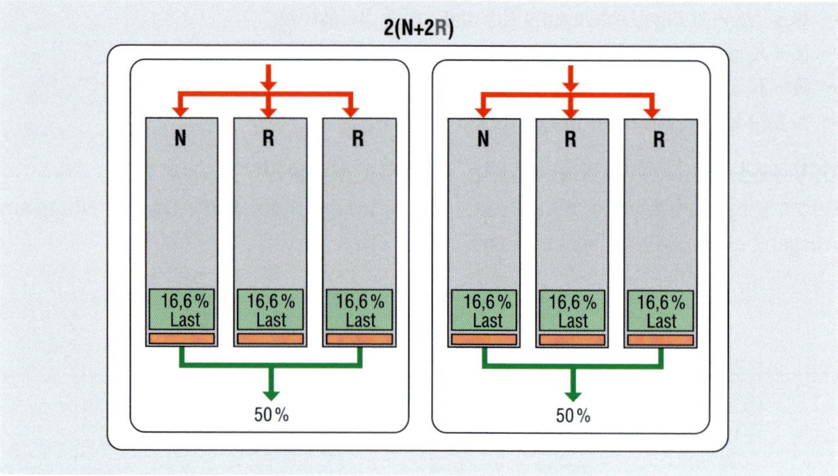

Bild 6: Redundanz 2(N+2)

Dimensionierung – Block vs. Modular

Mit dem Erwerb der USV-Anlagen muss festgelegt werden, mit welcher maximalen Betriebsmittellast gerechnet wird. Dieses führte dabei oft zu einer viel zu großen Auslegung und Dimensionierung der USV-Anlagen. Gerade im Rechenzentrumsbetrieb sind die USV-Anlagen zum Teil um ein Mehrfaches zu groß ausgelegt und können schon deshalb durch einen zu geringen Wirkungsgrad nicht energieeffizient betrieben werden.

Einschubmodulare USV-Anlagen werden energieoptimiert, physikalisch oder logisch an die Betriebsmittellast angepasst.

Auch können je nach Redundanzniveau weitere USV-Anlagensysteme angereiht werden, welche in einen „Schlafmodus“ gebracht werden und nur bei einem weiteren Hardwareausfall innerhalb einiger Millisekunden „aufwachen“.

Wirkungsgrad – Block vs. Modular

Die USV-Anlagen verursachen immer eine Verlustleistung durch die Leistungselektronik und die Lüftersysteme.

Die Verlustleistung ist stark von der Auslastung/Belastung der USV-Anlage abhängig. Eine sehr gering belastete USV-Anlage kann in der Regel nicht energieeffizient betrieben werden. Bei gering belasteten USV-Anlagen ist das Verhältnis der aufgenommenen und wieder abgegebenen Leistung nicht zufriedenstellend. „Ältere“ USV-Anlagen weisen einen akzeptablen Wirkungsgrad erst bei einer Mindestnennbelastung von größer als 30 % aus.

In diversen Installationen sind viele USV-Anlagen aber nur mit 10 % bis 20 % Verbraucherlast beschaltet. Die Wirkungsgradausbeute im Teillastbereich von unter 20 % ist dabei wirtschaftlich als nicht effizient anzusehen. USV-Anlagen-Wirkungsgrade von nur 50 % oder sogar weniger können festgestellt werden. Das bedeutet für die abgegebene elektrische Energie der Betriebsmittel und Anlagen wird noch zusätzlich, nur für den Betrieb der USV-Anlage elektrische Energie aufgenommen. Zu den Eigenverlusten der USV-Anlagen kommt noch der energetische Aufwand, den es bedarf, um die entstehende zusätzliche Verlustwärme mit Kühlsystemen und Lüftern aus dem Gebäude hinaus zu bewegen. Der zusätzliche Energiebedarf der Gebäudeinfrastruktur muss mit bis zu weiteren 1/3 der USV-Verluste berücksichtigt werden.

Die in der Praxis feststellbaren sehr hohen Verlustleistungen im USV-Teillastbereich sind dadurch zu erklären, dass im Regelwerk und den normativen Vorgaben der DIN EN 62040-3, Anhang J die Wirkungsgrade mit einer ohmschen, sich linear verhaltenden Anschlusslast ermittelt werden. Die Praxis zeigt, dass gerade die sich nicht sinusförmigen und nicht linear verhaltenden Schaltnetzteile der Rechenzentren eine wesentlich höhere Verlustleistung an den USV-Anlagen erzeugen. Diese Verluste werden durch den Leistungsfaktor (PF) und die Verzerrungsblindleistung (D) der elektrischen Betriebsmittel und Anlagen bestimmt.

USV-Blockanlagen-Idealzustand – Auslastung ~50%

Im idealen USV-Nennbetriebszustand, mit einer Auslastung von bis zu 50 %, lassen sich USV-Anlagen noch recht energieeffizient betreiben (siehe **Bild 7**).

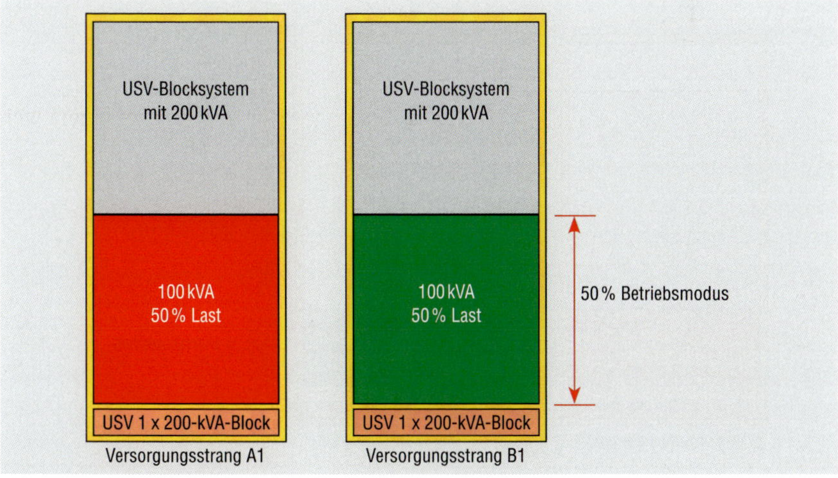

Bild 7: USV-Block-Idealfall

Einige Hersteller von USV-Anlagen nennen bei einer Teilauslastung von bis zu 50 % einen Wirkungsgrad von bis zu 95 %.

Dieser angedachte Betriebszustand ist eigentlich so in der Praxis nie anzutreffen.

Beispielberechnung zu Bild 7
Der Gesamtverlust in dieser Konstellation mit zwei 200-kVA-USV-Anlagen beträgt:
2 x 5 kW (= 100 kVA x 5 %) = 10 kW pro Stunde = 8.760 Jahresstunden x 10 kW = 87.600 kWh x 0,20 EUR pro kWh* = 17.520 EUR USV-Verlustleistung

* Strombezugspreis: Durchschnitts- und Erfahrungswert, muss auf kundenspezifische Installation angepasst werden.

USV-Blockanlagen Teillastzustand – Auslastung ~25 %

Problematisch wird es, wenn die USV-Auslastung im A/B-Konzept bzw. 2N-Konzept nicht idealisiert bei bis zu 50 % liegt, sondern wie in dem nachfolgenden Beispiel nur mit <25 % Verbraucherlast betrieben wird (siehe **Bild 8**).

Dabei ist eine Teilbelastung von 25 % sehr praxisnah und oft in Kundeninstallationen vorzufinden.

Bei einer Auslastung von nur 25 % der 200-kVA-USV-Anlage werden Eigenverluste von 200 kVA x 25 % x 0,1 = 5kW erzeugt, die den Wirkungsgrad negativ beeinflussen (gerechnet ohne Ladestrom der Batterien).

Bei einer Auslastung von „nur“ noch 25 % liegt der Wirkungsgrad erfahrungsgemäß bei ca. 90 %.

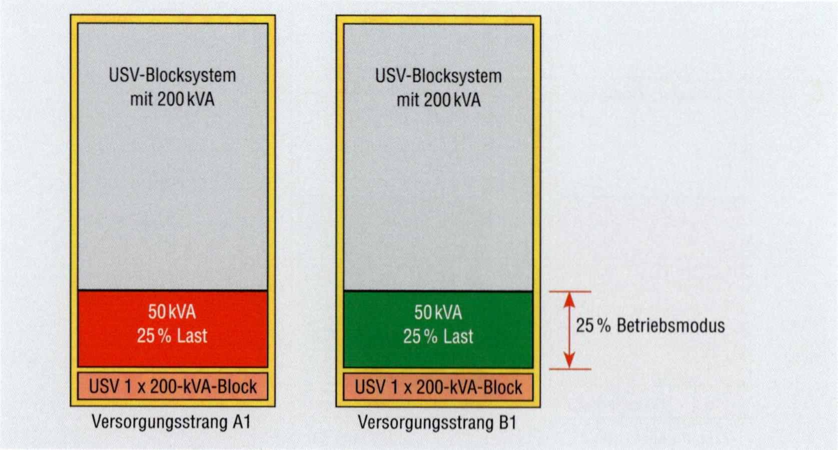

Bild 8: USV-Block-Istzustand

Beispielberechnung zu Bild 8:
Der Gesamtverlust in dieser Konstellation mit zwei 200-kVA-USV-Anlagen beträgt:
2 x 5 kW (= 50 kVA x 10 %) = 10 kW pro Stunde = 8.760 Jahresstunden x 10 kW = 87.600 kWh x 0,20 EUR pro kWh = 17.520 EUR USV-Verlustleistung

Das bedeutet, die Verlustleistung bei einer 25 %-USV-Auslastung ist annähernd dieselbe wie bei einer optimierten USV-Auslastung von 50 %.

USV-Blockanlagen 2(N+1) Redundanz-Konzept Teillastzustand ~ 12,5 %

Ein hochwertigeres Rechenzentrum-Redundanzkonzept würde vorsehen, dass der Ausfall einzelner USV-Blockanlagen unterbrechungsfrei dargestellt wird.

In der verwendeten Annahme werden in Summe vier 200 kVA USV-Blocks benötigt (**Bild 9**).

Diese energetisch nicht optimale Konstellation bedeutet, dass die Nennlast pro USV-Block auf nur noch 12,5 % (25 kVA) reduziert wird. Die Auslastung von ~ 12,5 % erzeugt bei USV-Blockanlagen einen sehr ineffizienten Wirkungsgrad!

Erfahrungsgemäß ist bei einer 12,5 %-USV-Auslastung ein sehr schlechter Wirkungsgrad von nur noch ca. 80 % oder schlechter zu erzielen. Die Datenblätter untersuchter USV-Anlagen weisen hier noch Wirkungsgrade von > 80 % aus. Diese Werte entsprechen in der Regel aber nur den Test- und Laborbedingungen mit einer angeschlossenen linearen Betriebsmittellast.

Im heutigen Rechenzentrumsbetrieb gibt es keine linearen Betriebsmittellasten mehr. Die angeschlossenen Server- und IT-Systeme erzeugen eine nichtlineare kapazitive Betriebsmittellast, die weitere, nicht unerhebliche Verluste in den USV-Systemen erzeugt.

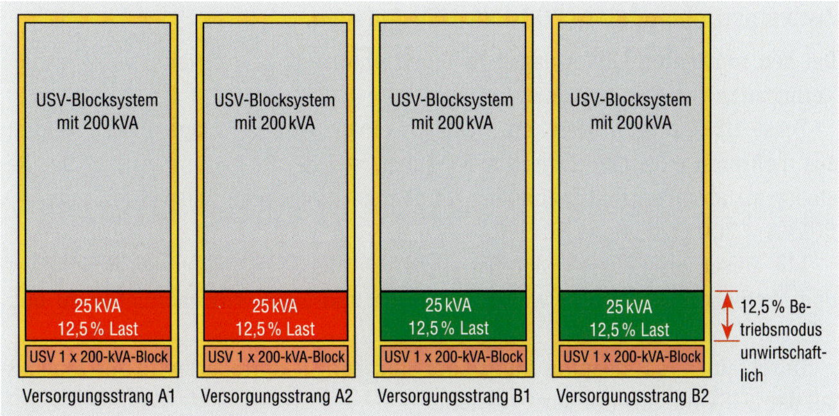

Bild 9: USV-Block mit Redundanz

Beispielberechnung zu Bild 9:
Der USV-Gesamtverlust in dieser Konstellation beträgt:
4 x 5 kW (= 25 kVA x 20 %) = 20 kW pro Stunde = 8.760 Jahresstunden x 20 kW = 131.400 kWh x 0,20 EUR = 26.280 EUR USV-Verlustleistung

Zusammenfassung

Je geringer die Auslastung der USV-Anlage ist, desto schlechter ist der Wirkungsgrad. Eine energetische Ertüchtigung und Neuinvestition ist anzustreben. Eine nachweisliche Amortisierung und Einsparung wertvoller Ressourcen und wirtschaftlicher Aspekte erfolgt mittelfristig!

Beispielsrechnung Stromverbrauchskosten:

Je nach abgeschlossenem Liefervertrag für den Arbeits- und Leistungspreis kostet im Rechenzentrum eine Kilowattstunde Strom im Jahr (365 d/24 h):

- bei 13 Ct pro kW/h = 1.139 EUR/a
- bei 14 Ct pro kW/h = 1.226 EUR/a
- bei 15 Ct pro kW/h = 1.314 EUR/a
- bei 16 Ct pro kW/h = 1.402 EUR/a
- bei 17 Ct pro kW/h = 1.489 EUR/a
- bei 18 Ct pro kW/h = 1.577 EUR/a
- bei 20 Ct pro kW/h = 1.752 EUR/a
- bei 25 Ct pro kW/h = 2.190 EUR/a

Abhängig vom stetig steigenden Strompreis (inkl. weiterer „Abgaben“ plus Subventionsumlagen) ist die Einsparung jedes einzelnen kW im Rechenzentrumsbetrieb ein finanzieller, ökologischer und ökonomischer Gewinn.

Zwei einschubmodulare 200-kVA-USV-Anlagen

Bei den modularen USV-Anlagen in Einschubtechnik besteht eine völlig andere Verfügbarkeit und Redundanz.

Diese USV-Anlagen bestehen nicht aus einem großen Anlagenblock, sondern aus mehreren einzelnen Einschub-Modulen, welche die Gesamtleistung der Rechenzentrum-Infrastruktur abbilden (in dem nachfolgenden Beispiel mit max. 4 x 50 kVA = 200 kVA), siehe **Bild 10**.

Mit dieser zusätzlichen Modularität besteht die Möglichkeit, das Redundanz- und Verfügbarkeitskonzept weiter technisch und auch wirtschaftlicher zu optimieren.

Durch einen redundanten Aufbau der Steuerung (Controller) wird der Totalausfall der „USV-Intelligenz“ sichergestellt.

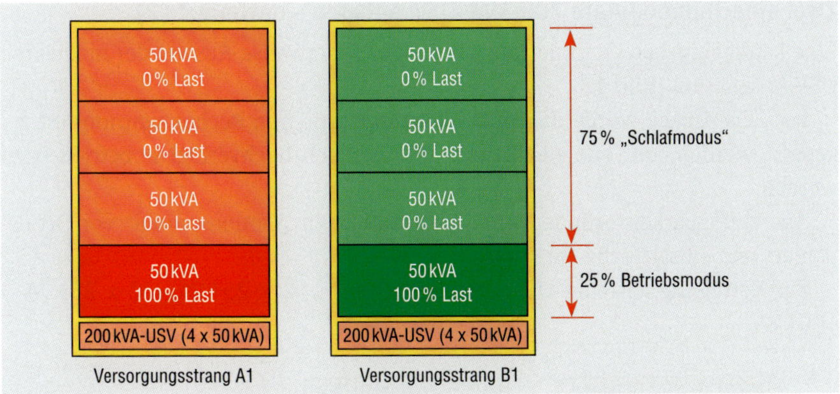

Bild 10: Zwei modulare USV-Anlagen vs. Blockanlagen

Zwei einschubmodulare 200-kVA-USV-Anlagen – optimiert (1)

Die hier genannte, einzeln einschubmodulare 4 x 50-kVA-USV-Anlage (**Bild 11**) dient nur der Darstellung, Berechnung und einer Vergleichbarkeit.

Um den Ausfall eines USV-Moduls unterbrechungsfrei sicherzustellen, sollten mindestens immer zwei 50-kVA-Module pro Versorgungsstrang im Betrieb sein.

Die zwei verbleibenden Module befinden sich dann im „Schlafmodus/Stand-by-Modus“. Das „Aufwachen“ im Schlafmodus dauert bis zu einigen Millisekunden. Sollte ein einzelnes USV-Modul ausfallen, so übernimmt das zweite, betriebsbereite USV-Modul die Aufgaben des defekten Moduls.

Zur Verfügung gestellte USV-Ausgangsleistung = 2 x 25 kVA + 2 x 25 kVA = 100 kVA

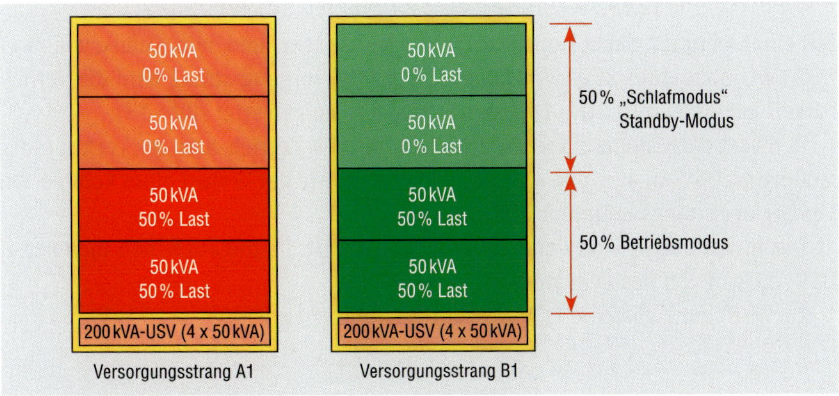

Bild 11: Zwei modulare 200-kVA-USV-Anlagen – optimiert (1)

Zwei einschubmodulare 200-kVA-USV-Anlagen – optimiert (2)

Eine kaufmännische Optimierung könnte der stufenweise Ausbau der modularen USV-Anlage sein (**Bild 12**).

Die USV-Anlage würde der tatsächlichen elektrischen Rechenzentrumslast angepasst werden, um energieeffizient und dennoch hochverfügbar betrieben zu werden.

Aus Verfügbarkeitsgründen sollte mindestens ein „Optionsmodul“ vor Ort deponiert und einsatzfertig parametriert sein.

Zur Verfügung gestellte USV-Ausgangsleistung = 2 x 25 kVA + 2 x 25 kVA = 100 kVA.

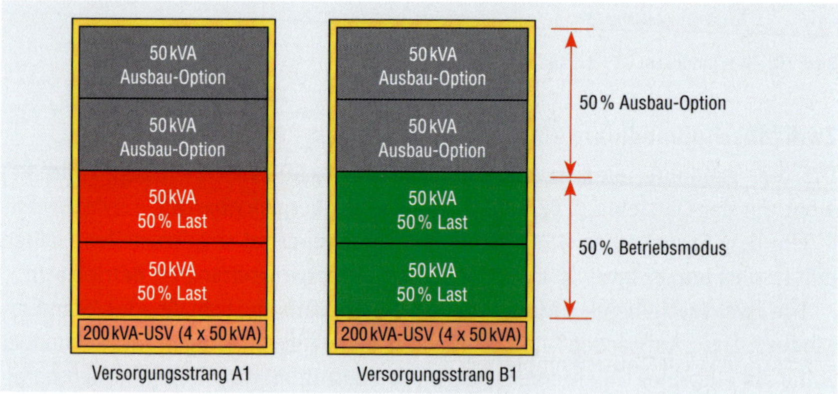

Bild 12: Zwei modulare 200-kVA-USV-Anlagen – optimiert (2)

Vier einschubmodulare 100-kVA-USV-Anlagen – optimiert (3)

Mit einer weiteren Skalierung des USV-Anlagensystems und dem Aufbau von zwei 100-kVA-, statt einer 200-kVA-USV-Anlage pro Versorgungsstrang wird die Verfügbarkeit auf ein echtes 2(N+1)-Redundanzsystem aufgewertet (**Bild 13**).

In dieser dargestellten Konstellation und im A/B-Betrieb sind der Verlust einer modularen USV-Anlage bzw. eines USV-Moduls sowie der Verlust eines kompletten Versorgungsstrangs temporär hinnehmbar.

Die Investitionen sind dennoch recht aufwendig, da die einzelnen modularen USV-Anlagen voll bestückt sind.

Zur Verfügung gestellte USV-Ausgangsleistung = 4 x 25 kVA = 100 kVA.

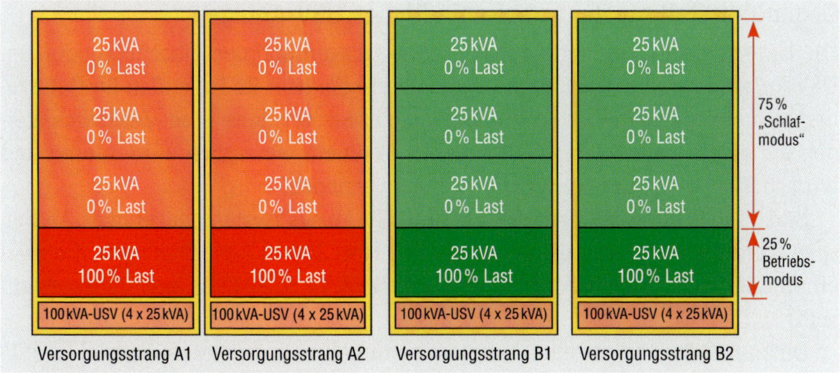

Bild 13: Vier modulare 100-kVA-USV-Anlagen – optimiert (3)

Vier einschubmodulare 100-kVA-USV-Anlagen – optimiert (4)

Die in **Bild 14** gezeigte Abbildung einer modularen Skalierung des USV-Anlagensystems würde die Verfügbarkeit auf ein 2(N+2)-Redundanzsystem aufwerten.

Der Ausfall eines einzelnen USV-Moduls würde durch weitere Standby-Module zeitunkritisch im gleichen USV-Anlagensystem bzw. Versorgungsstrang übernommen werden.

Der Ausfall eines kompletten 100-kVA-USV-Schranks würde durch den verbleibenden USV-Schrank im gleichen Versorgungsstrang ausgeglichen werden.

Auch der Ausfall eines kompletten Versorgungsstranges kann durch den verbleibenden USV-Versorgungsstrang unterbrechungsfrei kompensiert werden.

Bild 14 zeigt eine 66 %-Auslastung der jeweiligen 25-kVA-Einschubmodule, was einen sehr guten Wirkungsgrad darstellt.

Zur Verfügung gestellte USV-Ausgangsleistung = 6 x 16,67 kVA = 100 kVA.

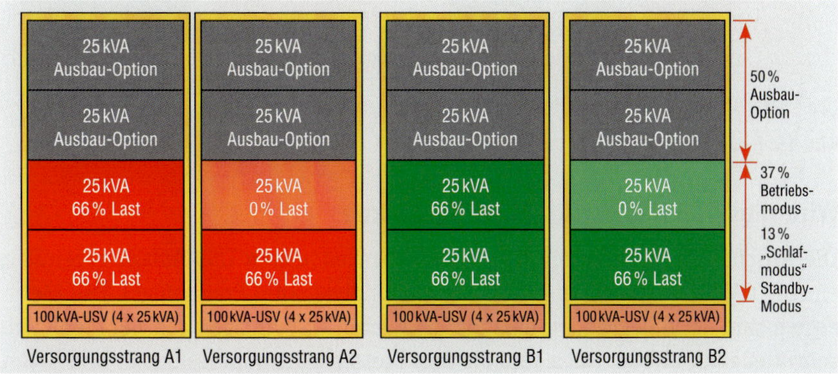

Bild 14: Vier modulare 100-kVA-USV-Anlagen – optimiert (4)

Gegenüberstellung der unterschiedlichen USV-Anlagen

Die Unterschiede zwischen den USV-Block-Anlagen und den einschubmodularen USV-Anlagen sind unter anderem, dass letztere modular im laufenden Betrieb skalierbar und dank einzelner Einschubmodule höher verfügbar sind. Zusätzlich werden die einschubmodularen USV-Anlagen in einem wesentlich effizienteren und wirtschaftlicheren Wirkungsgrad elektrisch betrieben.

Bild 15 stellt die zwei unterschiedlichen USV-Anlagensysteme gegenüber. Als Beispiel dient ein USV-Redundanz-Konzept mit zwei 200-kVA-Blockanlagen, die zwei einschubmodularen USV-Anlagen mit 200 kVA (4 x 50 kVA) gegenübergestellt sind.

Die zur Verfügung gestellte Ausgangsleistung beträgt in diesem Bespiel je USV-Anlage 100 kVA.

Block = 2 x 50 kVA = 100 kVA
Modular = 4 x 25 kVA = 100 kVA

Bild 15 entspricht oft vorgefundenen Installationen in einem Rechenzentrum. Einschubmodulare USV-Anlagen können den Wirkungsgrad technisch und kaufmännisch erheblich optimieren.

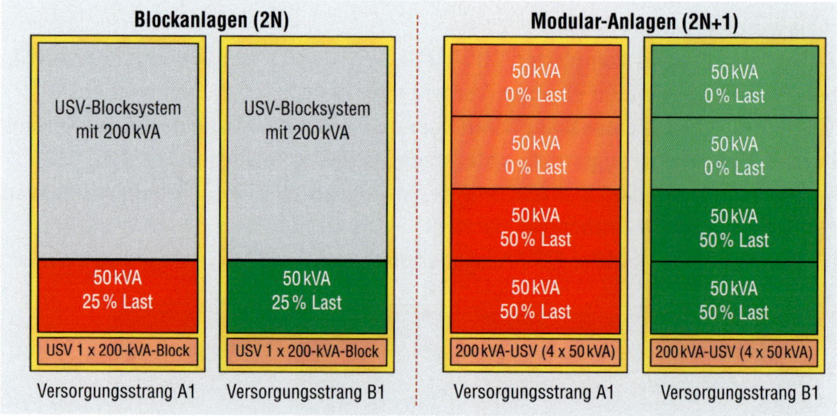

Bild 15: modulare Blockanlagen vs. USV-Anlagen

Wirkungsgrad und Verlustleistungskosten

Die Anschaffungsmehrkosten liegen bei einer modularen USV-Anlage gegenüber einem USV-Blocksystem bei ca. 30 % mehr (individuelles Preisgefüge). Die Mehrkosten sind darin begründet, dass die modularen USV-Anlagen aus viel mehr Einzelbauteilen bestehen. Auch sind die Mehrkosten stark vom Hersteller und deren umgesetzten Maßnahmen zur EMV-Filterung von Netzbeeinflussungen abhängig.

Nachweis der USV-Verlustleistung

Nachfolgendes Beispiel stammt aus einem ehemaligen Rechenzentrum mit einem 2(N+1), 6 x 200-kVA-USV-Blockanlagen-System. Die sechs 200-kVA-USV-Blockanlagen wurden in einem sehr schlechten Wirkungsgrad von zum Teil kleiner 80 % elektrisch betrieben.

Aus Gründen der Energieeinsparungen, Wirtschaftlichkeitssteigerung und der immer wichtiger werdenden Nachhaltigkeit wurden in diesem Rechenzentrum die USV-Blockanlagen gegen sechs neue einschubmodulare USV-Systeme ausgetauscht.

Nach dem erfolgten Austausch der sechs USV-Blockanlagen wurde mit der tatsächlichen Rechenzentrumslast die Verlustleistung der neuen einschubmodularen USV-Anlagen messtechnisch dokumentiert und nachgewiesen.

Die Wirkungsgrade sind wesentlich höher als bei den zuvor verbauten Blockanlagen. Ab einer USV-Ausgangslast von 27 % ist der Wirkungsgrad annähernd bei 98 % (**Tabelle 1**).

Last am USV-Ausgang	27 % 54 kW	30 % 60 kW	35 % 70 kW	40 % 80 kW	44 % 88 kW
Wirkungsgrad in %	97,95	97,98	97,92	98,03	98,00

Tabelle 1: Erzielte Wirkungsgradtabelle bei einer realen RZ-Auslastung

Vorteile von modularen USV-Anlagen

Anders wie bei vergleichbaren, konventionellen USV-Anlagen-Installationen sind folgende positive Veränderungen feststellbar:

- Der Technikraum der USV-Anlagen ist überdurchschnittlich leise.
- Im Technikraum ist nicht das übliche „Zirpen" der Umrichter zu hören.
- Die Lüfter der USV-Anlage laufen lastabhängig sehr leise und langsam. Nur sehr geringe, lastabhängige Luftbewegungen werden wahrgenommen.
- Die bauseitigen Umluftklimageräte müssen im Mess- und Regelprozess mit der jetzigen, viel geringeren Verlustleistung angepasst und neu parametriert werden.
- Die benötigte Aufstellfläche von modularen USV-Anlagen fällt räumlich geringer aus. Die modularen USV-Anlagen werden in 19"-Technik, in 2,0 m hohe 19"-Schrankgehäuse eingebaut.
- Die Netzrückwirkungen in der Spannung (THDU bis zu 63.OS) liegen bei einem sehr guten Wert von < 2 %.
- Der Eingangssinus entspricht einer kaum verzerrten linearen Betriebsmittellast.

- Eine zusätzliche oder besondere Belastung an der Netzersatzanlage (NEA) wird nicht erwartet.
- Redundanzkonzepte können durch Erweiterung der Module realisiert werden.
- Bei Last- und Leistungsveränderungen kann ohne weiteren Verlust der Spannungsverfügbarkeit sowie des energetischen Wirkungsgrads im laufenden Betrieb die USV-Anlage erweitert und angepasst werden.

Verfügbarkeit der Spannungsversorgung

Oft sind vorgefundene USV-Redundanzkonzepte eines „A/B-Systems" oder einer „2N+1-Lösung" zur höherverfügbaren, elektrischen Spannungsversorgung nicht richtig ausgelegt und führen bei einem nicht berücksichtigen Fehler zum Verlust der Spannungsversorgung. Um die Spannungsversorgung hochverfügbar zu halten, muss immer der gesamte Versorgungspfad, von der Spannungsquelle bis zum letzten Verbrauchernetzteil berücksichtigt werden.

In der Betrachtung der Verfügbarkeit sowie Auslegung der Redundanzen sind nachfolgende Punkte von weiterer Bedeutung:

- vorgelagerte Spannungsversorgung (Mittelspannung/Niederspannung/Netzersatzanlagen),
- fachgerechte Auslegung und Beschaltung des USV-Eingangs sowie des USV-Bypasses,
- eventuell kombinierter Betrieb von passiven und aktiven Netz- und Sinusfiltersystemen,
- interne und externe Bypass-Schalter und -Schaltungen,
- mögliche Bypass-Schaltung einzelner USV-Module im USV-Schrank,
- Mehrfachauslegung der Steuerung (wie z. B. für „sequenzing", „balancing" „master/slave", „sleep", „eco-mode"),
- Gleichspanungsversorgung der Batteriestränge (wie z. B. Batteriequalität und -quantität, präventive Batterieüberwachung),
- Aufbau von unterschiedlichen, Mehrfachbatteriesträngen.

Die Verfügbarkeit und Redundanz der USV-Anlagen ist regelmäßig auf eine sichere Funktion und eine unterbrechungsfreie Betriebsübernahme zu prüfen. Dieses wird mit einem kontrollierten, beherrschbaren Test, mit einer Gesamtabschaltung der elektrischen Versorgung (Black-Building-Test) erprobt und nachgewiesen. Im Black-Building-Test muss das USV-Konzept die Lastübernahme der angeschlossenen Betriebsmittel und Anlagen sicherstellen können. Der Nachweis dazu sollte immer messtechnisch dokumentiert werden.

Investitions- und Betriebskosten

Betrachtet man allein die Beschaffungskosten sind die USV-Anlagen in Blockbauweise kostengünstiger als die einschubmodularen und skalierbaren USV-Anlagen. Mit einer Wirtschaftlichkeitsberechnung zeigen sich projektabhängig sehr schnell die Mehrkosten von konventionellen Blockanlagen gegenüber einschubmodularen USV-Anlagensystemen.

Bei einer mehrjährigen Betriebsnutzung lassen sich durch modulare USV-Anlagensysteme hervorragend Kosteneinsparungen darstellen.

Die Mehrkosten einer einschubmodular skalierbaren USV-Anlage kompensieren sich durch die Teillastoptimierung und die damit verbundene Wirkungsgradverbesserung über die Betriebslaufzeit im Rechenzentrum sowie eine zusätzliche Verbesserung der Verfügbarkeit.

Literaturverzeichnis

[1] DIN EN 62040-3:2011-12; VDE 0558-530:2011-12
Unterbrechungsfreie Stromversorgungssysteme (USV) – Teil 3: Methoden zum Festlegen der Leistungs- und Prüfungsanforderungen (IEC 62040-3:2011); Deutsche Fassung EN 62040-3:2011

[2] bdew – Bundesverband der Energie- und Wasserwirtschaft
Strompreisentwicklung – Strompreis-Bestandteile für Haushalte
(Stand 01/2018)

Autor

Nach der Ausbildung zum Elektroinstallateur erwarb *Frank Müller* seinen Meisterbrief. In seinen Berufsjahren konnte er vielfältige Erfahrungen im Bau von Produktionsanlagen, Rechenzentren, Serverräumen, Kommunikationssystemen, Netzwerkkomponenten und deren Infrastruktur im nationalen sowie internationalen Umfeld sammeln. Seit 2004 ist er als selbständiger Sachverständiger und Gutachter tätig. 2012 wurde er von der Handwerkskammer Lübeck öffentlich bestellt und vereidigt.

Frank Müller arbeitet zudem seit mehreren Jahren als freier Dozent in der Weiterbildung und als Gastredner bei verschiedenen Veranstaltungen.

Was ist eigentlich Künstliche Intelligenz?

Prof. Dr. Michael Bernecker, Bastian Foerster

Künstliche Intelligenz (KI) gilt als ein bedeutendes Trendthema, mit welchem man sich aktuell im Business Development und Marketing auseinandersetzen muss. Doch was genau versteht man unter Künstlicher Intelligenz? Inwieweit beeinflusst und verändert Künstliche Intelligenz Geschäftsfelder und schafft neue Möglichkeiten für Märkte, Dienstleistungen, Produkte und damit auch Geschäftsmodelle?

Definition Künstliche Intelligenz

Der Begriff der Künstlichen Intelligenz (KI) wird als abstrakter Begriff, der vielfältige Aspekte und Themenkomplexe abdeckt, unterschiedlich definiert. Im Kern lassen sich verschiedene Richtungen abgrenzen, um sich dem Begriff der Künstlichen Intelligenz (KI) zu nähern. Sie ist ein Teilgebiet der Informatik und beinhaltet unter anderem den Prozess des maschinellen Lernens.

Die AI (Artificial Intelligence) bzw. KI bietet ein breit gefächertes Feld und unendliche Möglichkeiten. Künstliche Intelligenz ist ein Begriff, der in Wissenschaft und Praxis nicht eindeutig definiert ist. Da auch für den Terminus der Intelligenz als solchen keine eindeutige Definition existiert, weist folglich auch der Begriff der Künstlichen Intelligenz einige Unschärfen auf. Das Deutsche Institut für Marketing zum Beispiel hat in Anlehnung an den Turing-Test folgendes Grundverständnis von KI:

Künstliche Intelligenz setzt sich damit auseinander, wie Computer Wahrnehmungen verarbeiten, mit erlernten Algorithmen abgleichen und dadurch eine zielgerichtete Response/Handlung auslösen.

Bei KI unterscheidet man zwischen maschinellem Lernen (Machine Learning), dem Verarbeiten natürlicher Sprache (NLP – Natural Language Processing) und dem tiefgehenden Lernen (Deep Learning). Die Maschinen sollen mithilfe von Algorithmen Aufgaben bewältigen, die dem Menschen zugeschrieben werden. Dies beinhaltet menschliche Leistungen, wie z. B. Lernen, Urteilen und Problemlösen.

Teilgebiete der Künstlichen Intelligenz

Das Forschungsgebiet der Künstlichen Intelligenz gliedert sich in verschiedene Teilgebiete, welche in **Bild 1** aufgeführt sind.

Die Künstliche Intelligenz setzt sich aus den drei Gebieten Wahrnehmung, Handeln und Lernen zusammen. Diese wiederum beruhen auf weiteren Teildisziplinen, die essenziell für die Künstliche Intelligenz sind.

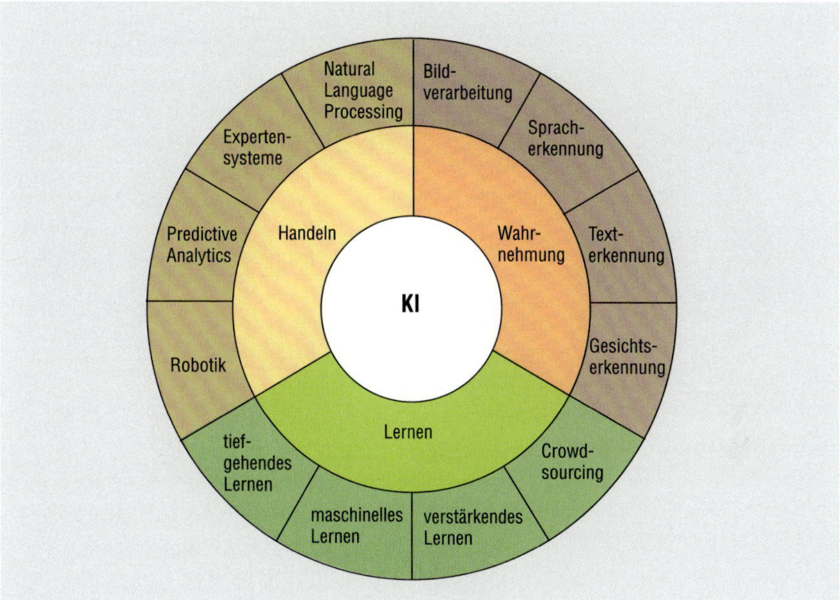

Quelle: DIM

Bild 1: Die Teilgebiete der Künstlichen Intelligenz

Das Teilgebiet der Wahrnehmung besteht aus der Bildverarbeitung, welche mithilfe von Algorithmen beispielsweise industrielle Prozesse analysiert. Die Spracherkennung, ebenfalls dem Teilgebiet der Wahrnehmung zugehörig, kommt als digitaler Assistent in Form von Chatbots oder Sprachassistenten zum Einsatz.

Das maschinelle Lernen und das tiefgehende Lernen bilden zusammen das Teilgebiet des Lernens ab. Das Handeln umfasst das Natural Language Processing und Expertensysteme. Das Natural Language Processing (NLP) befasst sich mit Techniken und Methoden, die der maschinellen Verarbeitung natürlicher Sprache dienen. Das Ziel dabei ist es, eine direkte Kommunikation zwischen Mensch und Computer in natürlicher Sprache zu ermöglichen. Mit Expertensystemen bezeichnet man Programme, welche dazu beitragen sollen, Lösungen für Probleme anzubieten. Sie fungieren als Unterstützung und Entlastung für die menschlichen Experten.

Der Begriff der Künstlichen Intelligenz weist zum einen eine Überschneidung mit anderen modernen Themenfeldern auf, wie z. B. Digitalisierung und Big Data, zum anderen mit klassischen Themen, darunter Mathematik und Statistik (**Bild 2**).

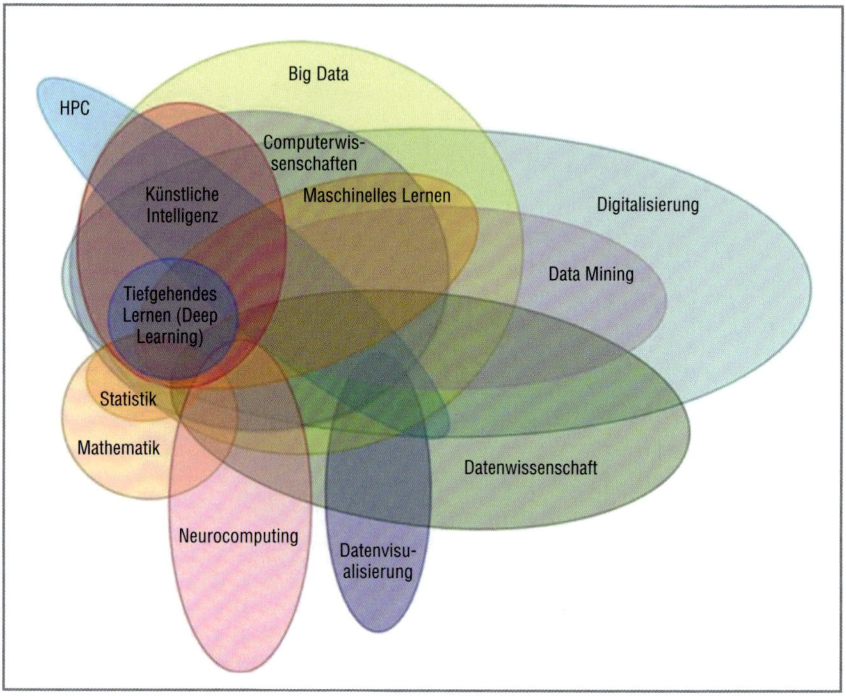

Quelle: DIM

Bild 2: Verwandte Themenfelder der Künstlichen Intelligenz (Darstellung nach *Nisarg Dave*).

Turing-Test

Mithilfe des 1950 entwickelten Turing-Tests (**Bild 3**), nach dem Naturwissenschaftler *Alan Turing* benannt, lässt sich untersuchen, ob ein Computer wie ein Mensch denken und handeln kann und ob dessen Intelligenz mit der eines Menschen vergleichbar ist.

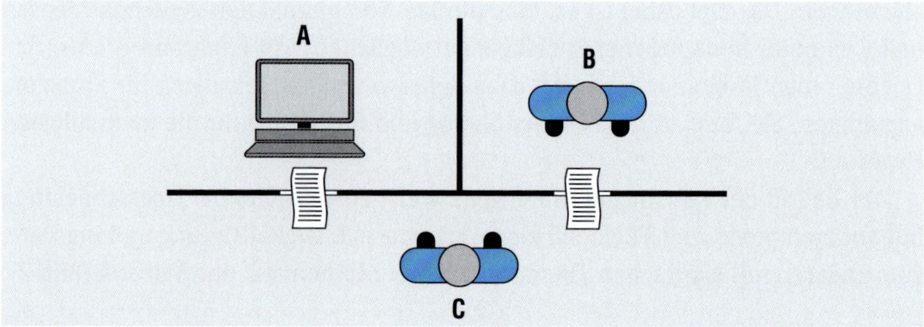

Quelle: DIM

Bild 3: Der Turing-Test

Beim Turing-Test erfolgt die Kommunikation über eine Tastatur und ohne Hör- und Sehkontakt zwischen den Testteilnehmern. Die Testteilnehmer sind ein Computer (A) und zwei reale Personen (B und C). Hierbei versuchen nun der Computer A und eine Testperson B die Testperson C davon zu überzeugen, dass die Interaktion mit einem Menschen abläuft. Dies kann beispielsweise mithilfe eines Gesprächs oder eines Schachspiels erfolgen. Am Ende muss Testperson C mittels verschiedener Fragen entscheiden, welcher Testteilnehmer ein Mensch oder ein Computer ist. Der Test gilt zugunsten des Computers als bestanden, wenn Testperson C nicht mehr einwandfrei bestimmen kann, ob es sich anhand der vorliegenden Antworten um einen Menschen oder einen Computer handelt.

Heutzutage begegnet man diesem Test in veränderter Form täglich im Internet. Auf vielen Internetseiten wird man zur Überprüfung dazu aufgefordert, eine angezeigte Buchstaben- und Zahlenkombination abzuschreiben. Hierdurch soll bewiesen werden, dass hinter der Eingabe ein menschlicher Nutzer steht. Dieses Verfahren wird mit dem Wort CAPTCHA abgekürzt, welches für „completely automated public Turing test to tell computers and humans apart“ steht. Bereits im Jahre 1996 gelang es IBM und deren Computer namens Deep Blue im Duell Mensch gegen Maschine den damaligen Schachweltmeister *Garri Kasparow* zu besiegen. Dieser Wettkampf sollte die immense Entwicklung der Künstlichen Intelligenz beweisen und war sowohl für Schachspieler als auch für Wissenschaftler und Forscher von Relevanz und Interesse. Momentan arbeitet Google an dem Sprachassistenten Duplex, welcher selbstständig Anrufe tätigt und Termine vereinbart. Diese können beispielsweise ein Ortstermin auf der Baustelle oder ein Besuch beim Kunden sein. Auch sonstige alltägliche organisatorische Aufgaben sind denkbar. Die Stimme des Assistenten lässt sich dabei nicht von einer menschlichen Stimme unterscheiden. Verschiedene Laute oder vorsätzlich eingebaute Denkpausen verstärken diesen Eindruck und sorgen für menschliche und natürliche Komponenten in der Künstlichen Intelligenz.

In welchen Bereichen kommt es bereits zur Anwendung von KI?

Die bereits erwähnten Schachcomputer dienten lange Zeit als Musterexemplar für eine angewandte KI. Doch der heutige Alltag bietet offensichtlichere Beispiele für den Einsatz von Künstlicher Intelligenz. Dazu zählen beispielsweise die Übersetzungsmaschine Google Translate, die ständig dazu lernt und mittlerweile in der Lage ist, korrekte Sätze wiederzugeben. Digitale Sprachassistenten wie Alexa, Siri oder Cortana, die die Sprachsuche anbieten oder online eingesetzte Chatbots, die die menschliche Kommunikation übernehmen und Kundenangelegenheiten betreuen.

Turing-Test: Kriterien

Welche Kriterien sind für die Durchführung erheblich und welche Bedingungen muss der Computer erfüllen? Der eingesetzte Computer sollte dazu in der Lage sein, eine natürliche Sprache (z. B. Deutsch oder Englisch) zu verwenden, um eine einwandfreie Kommunikation zu gewährleisten. Darüber hinaus ist die Wissensrepräsentation von Bedeutung, damit der Computer abspeichern kann, was er weiß oder hört. Daraus resultiert die automatische logische Schlussfolgerung: Der Computer nutzt die bereits gespeicherten Informationen, um die Fragen des Chatpartners zu beantworten und infolgedessen neue Schlüsse für weitere Handlungen zu ziehen. Das Maschinenlernen trägt dazu bei, dass sich der Computer an die neuen Gegebenheiten adaptiert und daraus neue Muster identifiziert, um in Zukunft darauf zurückzugreifen.

Wie bereits beschrieben, sollte die physische Nähe zum menschlichen Chatpartner ausgeschlossen werden, da die physische Simulation des Gegenübers bezogen auf die Intelligenz bei diesem Test nicht von Relevanz ist.

Der „totale Turing-Test“, welcher unter der Verwendung eines Videosignals bzw. einer Videoübertragung durchgeführt wird, umfasst hingegen zwei weitere Kriterien: die Computervision, die es dem Computer ermöglicht, Objekte wahrzunehmen, und die Robotik, um die besagten Objekte einschätzen und sowohl manipulieren als auch bewegen zu können.

Maschinelles Lernen

Das maschinelle Lernen bezeichnet man als Teilgebiet der Künstlichen Intelligenz. Dabei ist es einem Computer möglich, mithilfe von Algorithmen und Beispielen zu lernen. Die Maschine bezieht ihr Wissen aus Erfahrungen. Bei diesem Prozess eignet sich der Computer selbstständig Muster und Gesetzmäßigkeiten an und kann diese folglich für Problemlösungen einsetzen. Dies dient sowohl dem Zweck, Daten miteinander zu verknüpfen und Zusammenhänge zu erschließen als auch dazu, Vorhersagen und Entscheidungen zu treffen.

Um den stetig wachsenden und sich mehrenden Daten(mengen) heutzutage Herr zu werden, bietet sich das maschinelle Lernen an, da es präziser, schneller und automatisierter vonstattengeht. Unternehmen wird dadurch die Chance zuteil, genauere Ergebnisse und Erkenntnisse zu erhalten und zudem effizientere Analysemodelle anzufertigen und zu ihren Gunsten zu nutzen.

Aufgrund dieser Hilfe ist es beispielsweise möglich, Risiken zu minimieren oder gänzlich zu vermeiden, aber auch Potenziale auszuschöpfen und sich einen gewissen Vorsprung gegenüber den Wettbewerbern zu sichern.

Tiefgehendes Lernen

Das tiefgehende Lernen (Deep Learning) stellt eine spezielle Informationsverarbeitungsmethode dar, die das menschliche Lernen imitiert und dabei die menschlichen Gehirnfunktionen aufgreift. Dies geschieht mithilfe von künstlichen neuronalen Netzwerken, die sich der Computer durch das Nachahmen zu eigen macht und die es erlauben, große Datenmengen zu verarbeiten. Hierbei generiert eine Maschine Wissen aus Erfahrung. Die Maschine erhält Informationen, analysiert diese im Anschluss und zieht eine Schlussfolgerung daraus.

Der Computer ist bei diesem Prozess in der Lage, Dinge eigenständig zu erkennen und zu unterscheiden. Des Weiteren kommt diese Methode auch in der Sprachübersetzung oder beim Börsenhandel zum Einsatz. Weitere Anwendung findet sie beispielsweise in der heutzutage omnipräsenten Sprachassistenz (Siri, Alexa, Cortana etc.). Der Begriff „Deep“ leitet sich von den verschiedenen Schichten (Eingabe-, Ausgabeschicht und Zwischenschichten) ab, die sich während des Prozesses anhäufen.

Zusammenfassend lässt sich feststellen, dass das tiefgehende Lernen die Algorithmen in Schichten anlegt, um mithilfe des konstruierten künstlichen neuronalen Netzwerks, den Computer zu befähigen, Dinge zu erlernen. Wie bereits erwähnt, wird das tiefgehende Lernen bei komplexeren und großen Datenmengen beinhaltenden Systemen verwendet. Dazu zählen z. B. Gesichts- und Spracherkennungssysteme.

Big Data

Der Begriff Big Data stammt aus dem Englischen und steht für eine große Datenmenge oder einen großen Datensatz. Dabei handelt es sich beispielsweise um Daten aus den Bereichen Internet, Finanzindustrie, Energiewirtschaft, Gesundheitswesen und Verkehr. Des Weiteren zählen Datenmengen aus neuen Quellen dazu, wie z. B. den sozialen Medien, Kredit- und Kundenkarten, Assistenzgeräten, Überwachungskameras und sogar Flug- als auch Fahrzeugdaten. Diese immensen Datenmengen werden aus den verschiedenen Bereichen gespeichert, verarbeitet und schließlich ausgewertet.

Seit Entstehung des Internets und in Verbindung mit dem Internet der Dinge (IoT) wächst die Anzahl der Geräte, die mit dem Internet vernetzt sind und damit Daten sammeln. Diese Daten geben unter anderem Aufschluss über Kunden(verhalten), Geräte und Produktleistungen. Die täglich entstehenden Datensätze gelten als die Währung der Zukunft. Infolgedessen können sich die Wirtschaft bzw. Unternehmen diese zunutze machen, indem sie mithilfe von Analysen Erkenntnisse über das Kaufverhalten ihrer Kunden gewinnen, Potenziale und Risiken erkennen oder auch Produktionsprozesse innerhalb des Unternehmens optimieren.

Allerdings steht Big Data auch im Zusammenhang mit Künstlicher Intelligenz. Die Künstliche Intelligenz gibt die notwendige Hilfestellung, um Datenmengen zu verwalten und aufzubereiten. Dies bedeutet konkret, dass ein KI-System eine effektivere Datenanalyse vornehmen kann, je größer die Datenmengen sind. Dadurch kann Künstliche Intelligenz neue Muster und Trends erfassen, die ohne ihre Zuhilfenahme nicht erkennbar und nicht einzuordnen wären. Big Data wird beispielsweise im Straßenverkehr der Zukunft eine große Rolle spielen, da das autonome Fahren riesige Datenmengen erzeugen wird.

Das Hauptaugenmerk wird darauf liegen, die Daten korrekt zu erfassen und wirkungsvoll zu analysieren. Es kommt in erster Linie nicht darauf an, wie viele Daten gesammelt werden, sondern darauf, wie sich der Umgang mit diesen gestaltet. Aus unternehmerischer Sicht geht es darum, mithilfe von Big Data Kosten zu senken, Produkte und Prozesse zu optimieren und zu entwickeln sowie in Zukunft richtige Entscheidungen zu treffen.

Die vier Arten der Künstlichen Intelligenz

Als omnipräsenter (allgegenwärtigerer) Oberbegriff beinhaltet die Künstliche Intelligenz die bereits zuvor erklärten Teilgebiete, wie z. B. maschinelles und tiefgehendes Lernen. Man differenziert zudem zwischen vier verschiedenen Typen.

Rein reaktive Künstliche Intelligenz

Die rein reaktive KI gilt als die elementarste Art von Künstlicher Intelligenz. Dabei ist der Computer, indem er sich der aktuellen Situation annimmt, dazu imstande, eine einzige Aufgabe zu erledigen. Es besteht keine Möglichkeit, auf vergangene Erfahrungswerte oder Erinnerungen zurückzugreifen und sich dieser zu bedienen, um gegenwärtige Entscheidungen und Handlungen zu steuern. Eine Vorstellung über das darüber hinaus gehende Welt- und Zeitgeschehen existiert nicht. Ein Beispiel für diese Art stellt der Schachcomputer Deep Blue dar.

Begrenzte Speicher

Eine weitere Art ist der begrenzte Speicher. Hier kann sich der Computer auf vergangene Daten beziehen und an das vorherige Wissen anknüpfen. Diese(s) kann er für (weitere) Entscheidungen verwenden, indem er das Gelernte mit der aktuellen Situation kombiniert. Unter Berücksichtigung seiner Erfahrungen lassen sich dementsprechend Urteile fällen und Handlungen ausführen.

Die bekanntesten Beispiele für diese Art von Künstlicher Intelligenz finden sich in der Anwendung autonomer Fahrsysteme wieder. Die selbstfahrenden Autos sind dazu in der Lage, Hindernisse, wie z. B. den Gegenverkehr oder Ampeln, zu erkennen und diese zu umfahren. Weitere allgegenwärtige Beispiele der Verwendung dieses Typus findet man in Smartphones vor: Die Google-Suche, der Google-Übersetzer oder auch Chatbots beinhalten diese Technik und stellen damit die am häufigsten verwendete Art von Künstlicher Intelligenz dar.

Theorie des Denkens

Die dritte und vierte Art stellen eine erweiterte Version der ersten beiden Arten dar und sind heutzutage noch nicht existent. Dabei handelt es sich um die Theorie des Denkens und das Selbstbewusstsein. Die Theorie des Denkens besagt, dass Maschinen ein eigenes Bewusstsein entwickeln und dadurch fähig sind, menschliche Emotionen wahrzunehmen und ihr Verhalten an die vorgegebene Situation anpassen zu können. Sie können Gefühle, Motivationen und Intentionen deuten und auf diese Weise mit Menschen interagieren. R2-D2 aus der Science-Fiction-Reihe „Star Wars" und der Film „I, Robot" stehen beispielhaft für diese Art der Künstlichen Intelligenz.

Selbstbewusstsein

Das Selbstbewusstsein stellt die vierte Art der Künstlichen Intelligenz dar und hat die Gleichstellung des Computers mit dem Menschen zum Inhalt. Diese zukünftige Generation von Computern besitzt dabei ein menschliches Bewusstsein, eine komplette Wahrnehmungsfähigkeit sowie menschliche Emotionen und Reaktionen und ist sich überdies des eigenen Zustandes bewusst und hochintelligent.

Methoden der Künstlichen Intelligenz

Die Methoden der Künstlichen Intelligenz lassen sich grob in die symbolische und die neuronale Künstliche Intelligenz bzw. in die Simulationsmethode und die phänomenologische Methode unterteilen.

Symbolische Künstliche Intelligenz

Die symbolische Künstliche Intelligenz ist auch als regelbasierte Künstliche Intelligenz bekannt und beruht auf der Idee, dass menschliche Intelligenz ohne Erfahrungswerte und allein über die logisch-begriffliche Ebene rekonstruiert werden kann (Top-down-Ansatz). Hierbei lernen Maschinen über Symbolmanipulation. Sie eignen sich die Erkennung abstrakter Symbole – wie zum Beispiel Schrift- und Lautsprache – mithilfe von bestimmten Algorithmen an. Die symbolische Künstliche Intelligenz bezieht ihre Informationen und Schlussfolgerungen aus sogenannten Expertensystemen. In diesen Systemen werden Informationen eingeordnet und anschließend Antworten nach dem logischen „Wenn-dann-Prinzip" ausgegeben. Also ähnlich wie beim bekannten Programmierparadigma „Wenn X, dann Y, sonst Z“.

Zu den Anwendungsgebieten der symbolischen Künstlichen Intelligenz gehören die Textverarbeitung sowie die Spracherkennung. Auf der Grundlage formalisierten Fachwissens können logische Schlussfolgerungen gezogen werden.

Die Problematik der symbolischen Künstlichen Intelligenz liegt darin, dass sie zu undynamisch ist und im Umgang mit unsicherem Wissen Schwierigkeiten aufweist – ganz egal, wie komplex ihr Expertensystem ist.

Neuronale Künstliche Intelligenz

Es dauerte einige Jahre bis die Forschung die Grenzen der Künstlichen Intelligenz überwinden konnte. Schließlich gelang ihr dieser Fortschritt durch die Entwicklung der selbstlernenden Systeme bzw. des maschinellen Lernens. Dieser Ansatz belebte die KI-Forschung aufs Neue und die neuronale Künstliche Intelligenz wurde ins Leben gerufen.

Die neuronale Künstliche Intelligenz hat zum Ziel, die Strukturen des menschlichen Gehirns möglichst präzise wiederzugeben. Sie ähnelt der Struktur des menschlichen Gehirns insofern, als dass das Wissen zunächst in winzige Funktionseinheiten unterteilt wird, welche sich dann zu immer größeren Gruppen vernetzen können (Bottom-up-Ansatz). Daraus entsteht ein vielschichtiges Netzwerk aus künstlichen Neuronen.

Durch diese Fähigkeiten entwickelt sich das neuronale Netzwerk immer weiter und lernt stetig dazu. Dies gelingt der neuronalen Künstlichen Intelligenz unter anderem mit dem Deep Learning.

Einsatzgebiete der Künstlichen Intelligenz

Künstliche Intelligenz spielt gegenwärtig bereits eine große Rolle (z. B. im Marketing) und ist für Unternehmen von immenser Bedeutung. Die Künstliche Intelligenz wird im digitalen Marketing vor allem verwendet, um Daten zu analysieren und diese auszuwerten. Neben den bereits angesprochenen Themen, wie z. B. digitale Sprachassistenten, Big Data und autonome Fahr- und Flugsysteme, gibt es im Marketing weitere Anwendungsfelder der Künstlichen Intelligenz. Mit den zunehmend auftretenden Chatbots, die mittels sozialer Medien eingesetzt werden, eröffnen sich neue Kommunikationswege für Unternehmen und Kunden.

Chatbots

In diversen Unternehmen setzen insbesondere die Bereiche Kundenservice und Support Chatbots (**Bild 4**) in den sozialen Medien und auf den eigenen Webseiten ein, um die Kundenwünsche und Anfragen zu bearbeiten und Mitarbeiter zu entlasten. Einfache Produktfragen über die Verfügbarkeit von Artikeln aus einem Onlineshop, Essensbestellungen, Wetterauskünfte oder Reiseinformationen können die Chatbots dank des maschinellen Lernens beantworten.

Beim Betrachten der Facebookseite eines Unternehmens öffnet sich das Chatfenster am unteren rechten Bildrand selbstständig und der Chatbot bietet dem Nutzer die Möglichkeit, eine eigene Nachricht zu verfassen oder zwischen zwei vorgefertigten Optionen („Kann ich mit jemandem chatten?" oder „Ich habe eine Frage. Kannst du helfen?") zu wählen, die dem Chatbot signalisieren, worauf das Anliegen hinauslaufen soll. Bei der individuellen Nachricht verfügt der Chatbot über die Fähigkeit, eigenständig bestimmte Signalwörter zu erfassen und darauf zu reagieren. Selbstlernende Algorithmen verbessern die Fähigkeiten des Chatbots ständig.

Eine weitere Form des Chatbots bietet die „tagesschau" an. Der Nachrichten-Bot „Novi" versendet aktuelle News mit Bildern und Grafiken und stellt es dem Nutzer frei, ob er durch direkte Nachfragen detailliertere Informationen zu einer Nachricht haben möchte oder weitere News ansehen will. Diese Art der Informationsverbreitung eröffnet neue Möglichkeiten für das Content Marketing und gewährt den Unternehmen präzisere Einblicke in das Nutzerverhalten und Nutzerinteresse.

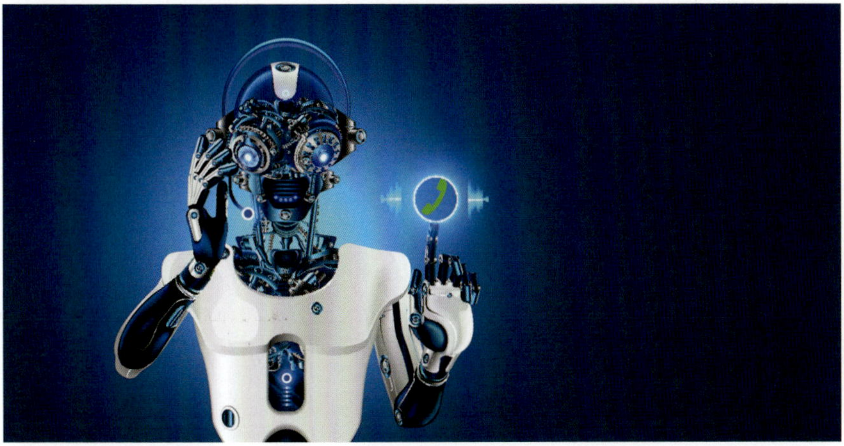

Quelle: AdobeStock_196338831

Bild 4: Der Chatbot ist ein textbasiertes Dialogsystem. Es erlaubt das Chatten in natürlicher Sprache mit technischen Systemen.

Zudem ist ein Chatbot ständig erreichbar. Die Verfügbarkeit für die Kunden besteht rund um die Uhr, womit eine direkte Rückmeldung entsprechend gewährleistet wird. Ein weiterer Vorteil besteht darin, dass Unternehmen die Mitarbeiter entlasten und sowohl Zeit als auch Geld einsparen können. Die vielseitigen Fähigkeiten des Chatbots ermöglichen es dem Nutzer, ab dem Zeitpunkt seiner Anfrage bis hin zu einer finalen Bestellung alle Schritte über diesen Kanal abzuwickeln, somit sinkt die Absprungrate und der Nutzer verweilt auf der Seite.

Obwohl es derzeit bereits ca. 300.000 aktive Chatbots im Facebook Messenger gibt, wird die Anzahl dieser weiter anwachsen und die Zukunft im Messenger Marketing darstellen.

Social Bots

Social Bots – auch Social Networking Bots genannt – können als eine Weiterentwicklung der Chat Bots angesehen werden, **Bild 5**. Die automatisierten Programme werden überwiegend für Social-Media-Kanäle genutzt, wo sie zahlreiche Aufgaben übernehmen und vielfältig auf den sozialen Plattformen interagieren können (Beiträge teilen, liken, kommentieren). Zudem können sie auch eigene Beiträge erstellen.

Weiterhin können Social Bots ein sehr realistisch wirkendes Profil – inklusive Fotos, Verlauf und Kontakten – aufweisen und dank der einprogrammierten Künstlichen Intelligenz sogar menschliche Verhaltensmuster simulieren. Sie sind damit imstande, anderen Nutzern zu folgen, sich an Diskussionen zu beteiligen und eigenständig in Interaktion zu treten.

Quelle: AdobeStock_212390858.

Bild 5: Dank der Künstlichen Intelligenz können Social Bots sogar menschliche Verhaltensmuster simulieren.

Social Bots analysieren zahlreiche Posts und Tweets und werden automatisch aktiv, wenn sie bestimmte Keywords oder Hashtags erkennen. Durch die Analyse unterschiedlichster Inhalte sind sie sogar in der Lage, sich Allgemeinwissen und Informationen zu aktuellen Ereignissen anzueignen.

Im Marketing können Social Bots insofern eingesetzt werden, als dass sie Produkte positiv bewerten, diese empfehlen und somit potenzielle Konsumenten bei ihrer Kaufentscheidung signifikant beeinflussen. Dies setzt natürlich voraus, dass die Bots über eine vorprogrammierte Meinung oder Einstellung verfügen.

Für eine Vielzahl von Unternehmen ist Social Media Marketing heutzutage unabkömmlich und genau deswegen sind Social Bots so interessant für ihre Arbeit. Im Vergleich zu realen Personen können Social Bots rund um die Uhr und ohne Unterbrechung Beiträge anderer Nutzer analysieren, teilen und kommentieren und eben auch eigene Beiträge verfassen. Außerdem kann ein Social Bot eine Aufgabe deutlich preiswerter erledigen als ein menschlicher Mitarbeiter.

Hyper Targeting

Mithilfe Künstlicher Intelligenz bietet das Hyper Targeting neue Wege der Personalisierung und der gezielten Kundenansprache. Was vor dem Zeitalter der Künstlichen Intelligenz mit großem Aufwand verbunden war, gestaltet sich nun durch den Einsatz Künstlicher Intelligenz einfacher. Große Datenmengen sind ohne die Zuhilfenahme von KI-Systemen nahezu unmöglich zu bewältigen. Diese Datenmengen umfassen beispielsweise die Interessen, Fragen, Probleme und Wünsche eines Nutzers oder sein Klickverhalten und tragen dazu bei, personalisierte Angebote und Werbeanzeigen zu erstellen, die den Nutzer tatsächlich erreichen und exklusiv an ihn adressiert sind. Diesem Prozess geht eine kontinuierliche und präzise Analyse der vorliegenden Daten voraus, um die Kundenbindung effektiv zu stärken. Die Analyse erfolgt, indem ein Algorithmus herangezogen wird, der die Nutzerdaten bündelt und analysiert. Der Algorithmus greift die Ergebnisse der Analysen auf und lernt anhand der Ergebnisse fortlaufend dazu.

Hierbei profitieren Kunde und Unternehmen gleichermaßen, denn der Kunde erhält auf ihn zugeschnittene und relevante Angebote und das Unternehmen kann aus dem Nutzerverhalten Rückschlüsse auf den Kunden und dessen Entscheidungsprozess ziehen. Zudem hilft das Hyper Targeting, Streuverluste zu vermeiden und gleichzeitig den maximalen Werbeeffekt zu bewirken, da die Botschaft den richtigen Nutzer erreicht.

Verhaltensbasierte Vorhersagen durch Künstliche Intelligenz

Die Fähigkeit, Kundenbedürfnisse zu identifizieren und zu verstehen, stellt für viele Unternehmen eine Herausforderung dar. Mithilfe der Künstlichen Intelligenz können Kundenbedürfnisse nicht nur identifiziert, sondern auch prognostiziert werden. Dabei basieren die Vorhersagen nicht mehr nur auf vagen Vermutungen, ihnen liegen datengesteuerte Einsichten zugrunde. Auf verschiedenen Online-Kanälen sowie Webseiten, Apps, etc. kann das bisherige Verhalten eines jeden Kunden analysiert werden, denn aus den gewonnenen Daten können Zusammenhänge zwischen Nutz- bzw. Kaufverhalten der Kunden untersucht werden. Daraus lassen sich wiederum Rückschlüsse auf das zukünftige Kaufverhalten ziehen.

Diese Einsatzmöglichkeit der Künstlichen Intelligenz basiert auf einem selbstlernenden System: Erfahrungen und Beispiele werden nach Beendigung der Lernphase verallgemeinert, woraus anschließend Wissen generiert wird. Durch zuverlässige Vorhersagen können Unternehmen die richtigen Maßnahmen zum richtigen Zeitpunkt anstoßen.

Ein Beispiel zum Thema verhaltensbasierte Vorhersagen zeigt Amazon, einer der weltweit größten Online-Händler. Schon während der Suche nach einem geeigneten Produkt werden dem Kunden Alternativprodukte angezeigt. Aber gerade das Cross-Selling, also das Verkaufen eines zweiten Produktes mit möglichem Zusatznutzen zum Erstkauf, wird bei Amazon deutlich. Dem Kunden werden während des gesamten Online-Kaufprozesses Produkte angezeigt, die mithilfe von Künstlicher Intelligenz als empfohlenes Zusatzprodukt analysiert wurden. Diese Empfehlung basiert zunächst auf den Erfahrungen aller vergangenen Käufe, mittlerweile spielt aber zusätzlich die individuelle Kaufhistorie eine entscheidende Rolle. Somit erhält jeder Kunde individuelle Produktempfehlungen. Auch der Streaming-Anbieter Netflix nutzt Künstliche Intelligenz zur spezifischen Kundenansprache. Algorithmen ermitteln, welcher Film- und Serientyp der Kunde ist und empfehlen auf dieser Basis weitere Inhalte. Üblicherweise werden die Empfehlungen mit Prozentwerten zur Übereinstimmung dargestellt. Das Empfehlungssystem dient der Kundenbindung, denn eine passende Empfehlung regt den Kunden zum weiteren Konsum an.

Optimierte Platzierungen von Werbeinhalten

Mithilfe der KI-Technologie ist es nun möglich, die Internetwerbung gezielt einzusetzen und die relevante Zielgruppe somit direkt zu erreichen. Dadurch werden die für den Content irrelevanten Werbeflächen nicht unnötig eingenommen. Die entsprechenden Algorithmen ermöglichen eine Beurteilung des Umfeldes im Hinblick auf die Eignung für Werbeinhalte. Abhängig von dieser Beurteilung kann die

Ausspielung der Werbung auf dieser Webseite unterbunden werden. Die methodische Vorgehensweise ist das A/B-Testing, durch das ermittelt wird, welche Version eine optimale Schaltfläche bietet. Der Unterschied zum Hyper Targeting liegt darin, dass es sich bei der Klassifizierung der Werbeinhalte nicht um den personalisierten Inhalt, sondern um die passende Schaltfläche der Werbeinhalte handelt.

Ob eine Werbefläche für den Content geeignet ist und der Betrachter die geschaltete Werbung anklickt, ist abhängig von verschiedenen Kriterien. Dabei geht es nicht nur um die Gestaltung und den Inhalt der Werbung, wesentlich bedeutsamer ist die Kombination aus Botschaft/Position der Werbung und der Motivation des jeweiligen Betrachters. Auf Webseiten, auf welchen Personen Informationen ausführlich prüfen, ist die Wahrscheinlichkeit relativ hoch, dass auch Werbeanzeigen, die detaillierte Angaben beinhalten, genauer betrachtet werden. Andererseits sollten Webseiten eher einfach gestaltete Werbungen anzeigen, wenn zu erwarten ist, dass Besucher die Informationen der Webseite lediglich überfliegen. Mithilfe der Künstlichen Intelligenz wird dieses Wissen basierend auf Erfahrungswerten automatisch umgesetzt und die Werbeinhalte werden entsprechend platziert.

Sentiment-Analyse

Die Sentiment-Analyse beschreibt die Auswertung unstrukturierter Daten. Bezogen auf das Marketing zählen zu den zu untersuchenden Daten hauptsächlich Kommentare, Beiträge oder Rezensionen im Internet bzw. in den relevanten Social-Media-Kanälen. Daher wird die Sentiment-Analyse im Marketing als Instrument des Social Media Monitorings bezeichnet. Die Sentiment-Analyse, auch Stimmungsanalyse genannt, liefert Erkenntnisse über den Ruf einer Marke sowie über Kritikpunkte einer Marke, eines Produktes oder einer Dienstleistung. Zudem liefert sie Ansätze für Verbesserungsmöglichkeiten des Kundenservices und Möglichkeiten der Optimierung von Marketingkampagnen.

Die Künstliche Intelligenz wird hier im Rahmen des maschinellen Lernens eingesetzt. Einer Software werden Beispieldaten geliefert, anhand welcher sie erkennen soll, ob es sich um positive oder negative Äußerungen handelt. Das erlangte Wissen ermöglicht der Software die Analyse ihr unbekannter Daten. Dabei wird die Tonalität eines gesamten Satzes und nicht nur einzelner Wörter analysiert. Dies stellt einen wichtigen Teil der maschinellen Sentiment-Analyse dar, denn so können komplexe Sprachmuster verstanden und grundlegende Formen von Sarkasmus und Ironie erfasst werden. Die Sentiment-Analyse beschränkt sich jedoch nicht nur auf Texte, sie analysiert zudem Videos, Bilder und Podcasts.

Methode der logischen Schlussfolgerung

Die Methode der logischen Schlussfolgerung, auch Inferenz genannt, kommt vor allem bei der Neukundenakquise zum Einsatz. Hierbei werden die Technologien der Künstlichen Intelligenz dazu verwendet, bereits vorhandene Kundendaten auszuwerten und daraus logische Schlussfolgerungen in Bezug auf die Identifizierung von potenziellen Neukunden zu ziehen.

Mithilfe dieser Methode können Unternehmen nicht nur definieren, welche Zielgruppe zu ihren potenziellen Neukunden gehört, sondern auch herausfinden, welche Investitionen sich lohnen. Sie können ihre Marketingkampagnen für die Neukundenakquise effizienter gestalten und gezielter einsetzen.

Ein erfolgreiches Praxisbeispiel hierfür liefert Foodora. Der Lieferdienst hat sein Marketingbudget parallel in verschiedene Kampagnen investiert. Zum einen lief eine Displaykampagne, welche die Kernzielgruppe ansprechen sollte, und zum anderen wurde eine Werbekampagne zur Neukundenakquirierung durchgeführt. Die zusätzliche Kampagne ließ sich – dank der Technologien der Künstlichen Intelligenz – so ausrichten, dass sie erfolgreich potenzielle Kundengruppen angesprochen hat. Foodora konnte in kürzester Zeit einen immensen Erfolg verzeichnen: über 3,7 Millionen Neukunden wurden mit der Marketingkampagne erreicht und der Kundenstamm dadurch langfristig ausgebaut.

Intelligente Preise

Dass Benzinpreise an Tankstellen je nach Tageszeit variieren oder Hotelpreise an Wochenenden und Feiertagen ansteigen, ist bereits bekannt. Mit Künstlicher Intelligenz ist es möglich, Preise nicht nur zeitbezogen, sondern individuell an den Konsumenten und seine Zahlungsbereitschaft anzupassen. Die intelligente Preisgestaltung findet im Online-Handel schon seit längerem basierend auf Big-Data-Analysen statt. Neben den unternehmensbezogenen Faktoren fließen dabei personenbezogene Faktoren in die Analyse mit ein. Bei den personenbezogenen Faktoren handelt es sich zum Beispiel um Muster im Kaufverhalten, die Art und Marke des Endgerätes, mit dem online gekauft wird, die Region oder Größe des Wohnortes. Aufgrund dieser Daten kann die Preisakzeptanz eines jeden Kunden analysiert und dem Kunden als Produktpreis angezeigt werden.

Auch im Offline-Handel kann die Datenanalyse der Kunden mithilfe Künstlicher Intelligenz stattfinden. Mit dem Einsatz von Electronic Shelf Labels (ESL) – digitalen Preisschildern – gelingt es dann, die Produktpreise im stationären Handel individualisiert zu gestalten. Dabei können Kundendaten, darunter Häufigkeit und Dauer des Produktkontaktes, gemessen sowie weiteres passendes Zubehör angezeigt oder personalisierte Gutscheine vergeben werden. Die digitalen Preisschilder werden hierfür mit NFC-Technologie (Near Field Communication, kontaktlose Datenübertragung mithilfe der Radio Frequenz Identification, kurz: RFID-Technologie) kombiniert, sodass eine kontaktlose Datenübertragung mit dem Smartphone stattfinden kann.

Autoren

Der Marketingunternehmer *Prof. Dr. Michael Bernecker* ist Geschäftsführer des Deutschen Instituts für Marketing in Köln. Der Marketingprofi forscht, berät und trainiert im Kompetenzfeld Marketing & Business Development. Seine Kernkompetenz wird geprägt durch sein umfangreiches Fachwissen gepaart mit einer konsequenten unternehmerischen Sichtweise und der Fähigkeit, auch komplette Sachverhalte zielgruppenadäquat zu kommunizieren. Sein unternehmerisches Profil hat er sich als Geschäftsführer und Vorstand verschiedener Marketingunternehmen angeeignet.

Als Professor für Marketing lehrt *Michael Bernecker* an der Hochschule Fresenius in Köln. Mehrere Buchveröffentlichungen, die mittlerweile als Standardwerke gelten, und Fachbeiträge stützen diese Kompetenz.

Bastian Foerster ist Projektleiter für Marktforschungs- und Marketingberatungsprojekte beim Deutschen Institut für Marketing in Köln.

Als Experte für Datenerhebungen und statistische Analysen zu Studienzwecken liefert er fundierte Informationen und filtert Erkenntnisse heraus, die als erfolgreiche Basis für marketing- und unternehmensrelevante Entscheidungen dienen. Seine praktischen Erfahrungen konnte Herr *Foerster* zudem im Rahmen mehrerer (Online-)Seminare vermitteln.

Schwingungsmessungen an rotierenden Maschinen

Peter Behrends

Einleitung

Schwingungsmessungen an Maschinen steigern deren Betriebssicherheit und verbessern die Produktionseffizienz. Die regelmäßige oder permanente Erfassung sowie die Analyse der Maschinenschwingungen ermöglichen die Erkennung von Zustandsveränderungen, sodass notwendige Instandhaltungsarbeiten vorausschauend und kostengünstig geplant werden können. Eine Schadensanalyse erfordert eine konsequente Aufnahme des Betriebszustandes. Mit den gewonnenen Daten können Fehler wie Unwuchten, Wälzlagerschäden oder Ausrichtfehler erkannt und geeignete Maßnahmen zur Schadensbehebung getroffen werden, bevor ein Schaden oder gar ein Ausfall eintritt. Dieser Beitrag stellt mit Bezug auf den Elektromotor als Primärantrieb eines Aggregates einfache und preisgünstige Sensorlösungen vor.

Bei der Automatisierung der industriellen Fertigung spielen Elektromotoren, insbesondere Drehstrommotoren, eine wichtige Rolle. Eine Vielzahl an Motorvarianten mit konstanter und variabler Drehzahl dient unter anderem dem Antrieb von Pumpen, Ventilatoren, Fördereinrichtungen, Generatoren, Bearbeitungs- und Produktionsmaschinen. Da Motoren als Kraftmaschinen mit drehenden Teilen einem Verschleiß unterliegen, wird ihrer Instandhaltung eine hohe Bedeutung beigemessen. Werden Schäden an Motorteilen frühzeitig erkannt, können Wartungsarbeiten während geplanter Stillstandszeiten durchgeführt werden, ohne die Gesamtanlageneffektivität zu beeinträchtigen.

Bauformen

Motoren werden in Anlehnung an einschlägige nationale und internationale Normen (z. B. DIN EN, VDE, ISO, IEC) gefertigt, in denen Anforderungen an die elektrischen, mechanischen und umweltbeeinflussenden Eigenschaften vorgegeben sind. Verschiedene Motortypen mit spezifischen Vor- und Nachteilen sind in der Industrie verbreitet. Als Bauformen für umlaufende elektrische Maschinen werden gemäß IEC 60034-7 Fußmotoren (Montage unten am Motorfuß), Flanschmotoren (Montage an der Flanschplatte) und Motoren ohne Lagerschild unterschieden.

Drehstrom-Asynchronmotoren

Bei diesen Motoren läuft der Rotor dem Drehfeld des Stators nach. Unterschieden werden Motoren mit Käfigläufer und Schleifringläufer. Beim einfach aufgebauten

Käfigläufer sind die beiden Enden ringförmig mehrfach leitfähig verbunden. Eine Schwäche stellte früher das verhältnismäßig geringe Anlaufmoment dar. Moderne, elektronische Frequenzumrichter beheben dieses Problem und ermöglichen variable Drehzahlen, sodass Asynchronmotoren mittlerweile für eine Vielzahl von Anwendungen geeignet sind, für die früher Gleichstrommaschinen zum Einsatz kamen.

Schleifringläufermotoren verfügen neben der Statorwicklung über eine drehbar gelagerte Sekundärwicklung im Rotor (Läuferwicklung). Diese zweite Wicklung war früher erforderlich, um für Antriebe von Hebezeugen, Antriebe mit Schweranlauf oder mit großen Schwungmassen sowie große Werkzeugmaschinen ein größeres Anlaufmoment zu ermöglichen. Aktuell nimmt die Bedeutung dieser Motoren ab, da sie einem größeren Verschleiß unterliegen als Käfigläufermotoren.

Drehstrom-Synchronmotor

Beim Drehstrom-Synchronmotor läuft der Rotor synchron (zeitgleich) zum Statordrehfeld. Für den Betrieb wird ein Erregerfeld benötigt. Wie bei der Asynchronmaschine sind Frequenzumrichter für die Drehzahlregelung verantwortlich. Anwendungsgebiete für Synchronmotoren sind zum Beispiel Kolbenverdichter, Umformer-Einheiten, Maschinen mit hoher Drehzahlkonstanz und Phasenschieber.

Sondermotoren

Neben den kurz beschriebenen Drehstrommotoren werden Gleichstrommotoren und Wechselstrommotoren industriell eingesetzt. Für Anwendungen mit besonderen Anforderungen gibt es Sondertypen, zum Beispiel:

- Explosions- und schlagwettergeschützte Motoren,
- Bremsmotoren,
- Getriebemotoren,
- Hochspannungsmotoren,
- wassergekühlte Drehstrommotoren,
- Motoren mit verstärkter Lagerung für erhöhte Lagerbelastungen (z. B. Rüttelmotor, Riemenantriebe),
- Motoren mit isolierten Lagern bzw. Lagersitzen für umrichtergespeiste Motoren,
- Motoren mit Wicklungsisolation für erhöhte thermische Belastung,
- Energiesparmotoren mit einem erhöhten Wirkungsgrad.

Dynamisches Verhalten

Der Ausfall einer Maschine oder eines Maschinenteils im industriellen Einsatz führt aus zweierlei Gründen zu hohen Kosten: Zum einen sind Beschädigungen meist bereits weit fortgeschritten, wenn es zu einem Ausfall kommt. Eine Reparatur ist dann mit einem höheren Aufwand verbunden oder nicht mehr möglich. Zum anderen verursacht ein Maschinenschaden einen Produktionsausfall, während frühzeitig erkannte Fehler im Zuge geplanter Stillstandszeiten behoben werden können. Für die Beurteilung des Maschinenzustandes zur frühzeitigen Fehlererkennung sind verschiedene Ansätze möglich.

Der gängigste ist die Auswertung der auftretenden Schwingungen, welche Informationen zu den im Betrieb auftretenden dynamischen Belastungen liefern. Maschinenschwingungen entstehen nicht nur durch die Arbeitsverrichtung. Zusätzliche Schwingungen werden über das Fundament und die Umgebung auf die Maschine übertragen oder durch das Versorgungsnetz verursacht (**Bild 1**). Die regelmäßige Überprüfung der Maschinenschwingung verbessert einerseits die Maschinenlaufruhe und Lebensdauer, andererseits wird die Anlagen- und Betriebssicherheit erhöht.

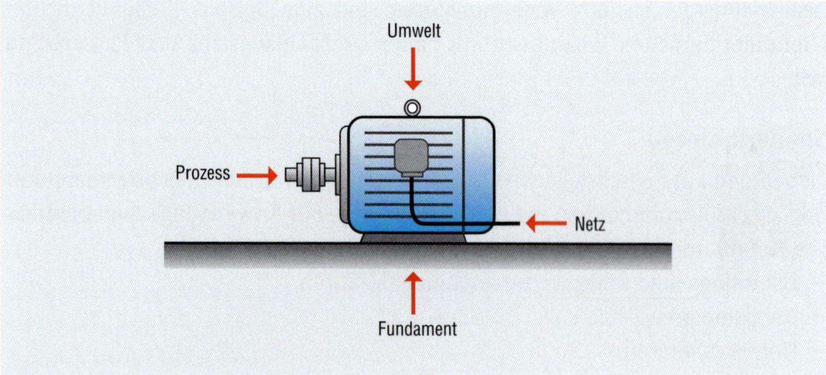

Bild 1: Einflüsse auf das Schwingungsverhalten an einer Maschine

Schwingungen und Vibrationen

Als Schwingungen werden wiederholte zeitliche Schwankungen von Zustandsgrößen bezeichnet. Im Kontext der Mechanik versteht man unter Schwingungen die Bewegung von Stoffen oder Körpern um ihren Ruhepunkt. Bei periodischen (sich wiederholenden) Schwingungen, die mit einer Verformung eines Körpers einhergehen, spricht man von Vibrationen. In diesem Beitrag werden die beiden Begriffe synonym verwendet.

Vibrationen werden in drei mechanischen Größen beschrieben:

- Beschleunigung,
- Geschwindigkeit und
- Weg.

Die drei Größen lassen sich durch Differentiation und Integration untereinander umrechnen. In der Praxis ist die Konvertierung der Größen problembehaftet und teilweise unmöglich, da Messfehler wie Rauschen bei der Umrechnung zu starken Verfälschungen führen. Charakteristisch für Vibrationen ist, dass sich alle drei Größen (quasi-)periodisch ändern, womit ein sich stetig wiederholender Signalverlauf erkennbar ist. In Maschinen werden Vibrationen überwiegend unmittelbar und mittelbar durch rotierende Teile verursacht.

Bei der Betrachtung von Maschinenschwingungen fällt auf, dass ein eindeutiges Sinussignal, wie als Resultat einer Drehbewegung grundsätzlich zu erwarten wäre, nicht immer erkennbar ist. Vielmehr überlagern sich mehrere Schwingungen aus unterschiedlichen Quellen (**Bild 2**). So verursachen neben der Motorwelle beispielsweise die Zahnräder eines verbundenen Getriebes, die mit anderen Geschwindigkeiten rotieren als die Welle, Schwingungen mit anderen Frequenzen. Die Überlagerung verschiedener Schwingungen macht die Auswertung eines Vibrationssignals zunächst schwierig, da nicht auf den ersten Blick erkennbar ist, wie sich das gemessene Signal zusammensetzt.

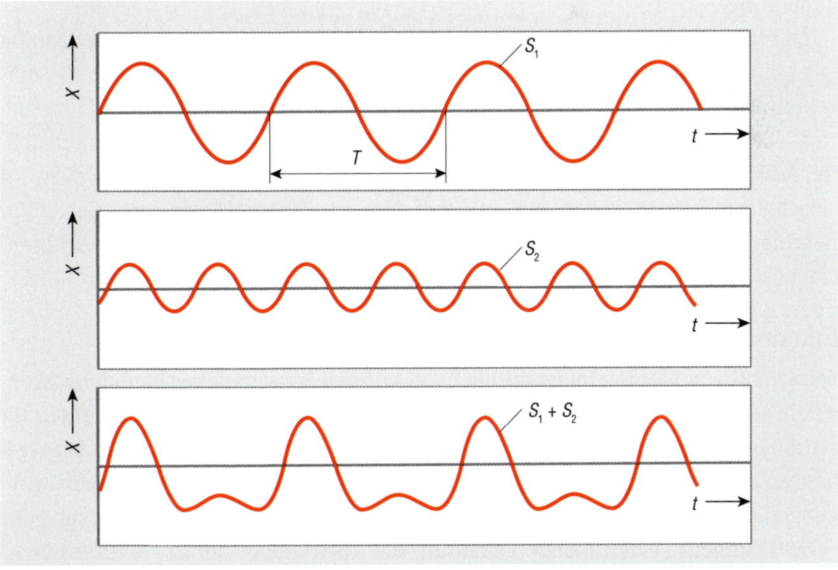

Bild 2: Aus zwei überlagerten Schwingungen ergibt sich eine resultierende Gesamtgröße

Fourier-Transformation

Mithilfe einer Fast-Fourier-Transformation (FFT) werden digital aufgezeichnete periodische Signale (z. B. ein Vibrationssignal) rechnerisch in ein Spektrum, also eine Reihe von Sinuswellen unterschiedlicher Phasenlage und Frequenz, zerlegt. Die einzelnen Sinuswellen werden auch als Oberwellen bezeichnet und entsprechen bei Maschinenschwingungen unter anderem den Elementarschwingungen, aus denen sich das gemessene Vibrationssignal zusammengesetzt hat.

Quelle: Wikipedia, gemeinfrei

Bild 3: Nach dem französischen Mathematiker und Physiker *Jean Baptiste Joseph Fourier* (* 21. März 1768; † 16. Mai 1830) ist die Fourier-Transformation benannt.

Namensgeber für die Fourier-Transformation ist der französische Mathematiker und Physiker *Jean Baptiste Joseph Fourier* (**Bild 3**). Die Fourier-Transformation ist eine mathematische Vorgehensweise aus dem Bereich der Fourier-Analyse, die Verwendung findet, um zeitliche Signale in ihre Frequenzanteile zu zerlegen. In vielen Bereichen der Physik, Mathematik und der Elektrotechnik ist die Fourier-Analyse von großer praktischer Bedeutung.

Durch Stöße werden Maschinen und Maschinenteile zusätzlich breitbandig (also mit mehreren Oberwellen) angeregt. Ein Vergleich der Amplituden der einzelnen Oberwellen mit einem Sollprofil ermöglicht die Erkennung und Lokalisierung von Maschinenfehlern, sofern die wesentlichen Eigenschaften der untersuchten Maschine bekannt sind. Zu beachten ist, dass hochfrequente Oberwellen im Geschwindigkeitsspektrum und insbesondere im Wegspektrum gegenüber dem Beschleunigungsspektrum deutlich gedämpft sind. Meist wird eine Maschinendiagnose daher im Fehlerfall auf Basis des Beschleunigungssignals durchgeführt.

Erkennung von Maschinenfehlern

Schwingungen werden meist mithilfe von piezoelektrischen Beschleunigungssensoren gemessen, die später noch genauer beschrieben werden. Sie werden an stationären Bauteilen der zu überwachenden Maschine befestigt. An den Lagergehäusen oder Lagerschildern platzierte Sensoren liefern Informationen über Anregungen durch den Läufer, die Lager oder die Antriebsmaschine. Die Erfassung der Schwingungen an den Ständergehäusen, die vorwiegend durch elektromagnetische Anregungen im Luftspalt verursacht werden, erfordert aufgrund der mechanischen Kopplung mit dem Maschinengehäuse meist keine zusätzlichen Messstellen. Die Messung von Schwingungen erfolgt in horizontaler, vertikaler und axialer Richtung, wie in der Maschinenskizze (**Bild 4**) beispielhaft gezeigt.

Bei permanenter Maschinenzustandsüberwachung wird mitunter nur horizontal gemessen, um Kosten zu sparen. Oft enthalten die gemessenen Schwingungen Anteile, die von benachbarten Maschinen oder Anlagenteilen ausgehen.

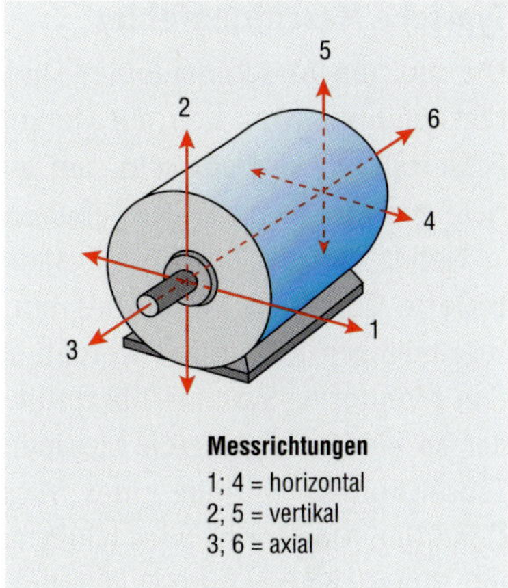

Bild 4: Unterschiedliche Messrichtungen: horizontal, vertikal und axial

Die Beurteilung der gemessenen Schwingungen geschieht in Anlehnung an die anzuwendenden Normen (DIN ISO 10816-..., VDI 3839, VDI 3841 etc.), (**Bild 5**). Äußere Einflüsse, z. B. Gebäudevibrationen, die auf die Maschine einwirken können, sind dabei zu berücksichtigen. Die Überwachung des Maschinenzustandes zur Erhöhung der Maschinenverfügbarkeit und -sicherheit wird auch als *Condition Monitoring* bezeichnet.

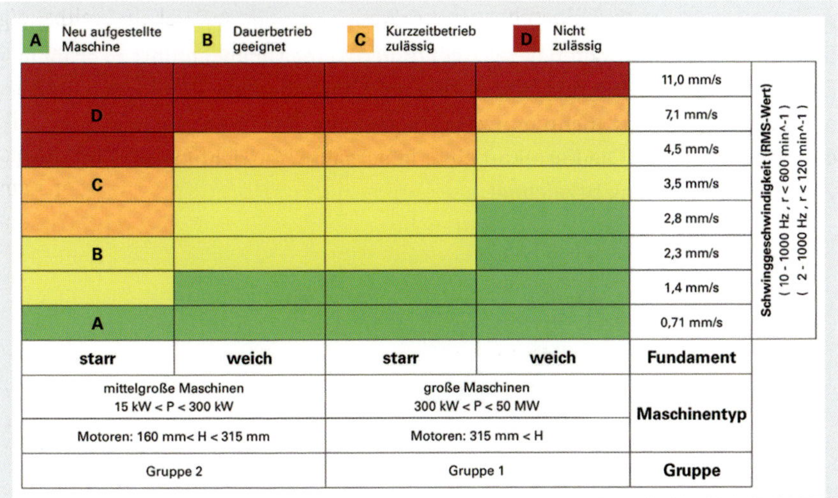

Bild 5: Auszug aus der DIN ISO 10816-Teil 3: Bewertung der Schwingungen von Maschinen durch Messungen an nicht rotierenden Teilen

Typische Maschinenfehler

Die meisten Maschinenfehler sind auf typische, wiederkehrende Ursachen zurückzuführen. Wer sich mit Condition Monitoring beschäftigt, sollte mit diesen Fehlerbildern vertraut sein, um auftretende Fehler schnell eingrenzen und die richtigen Maßnahmen zur Behebung ergreifen zu können.

Neben der permanenten Zustandsüberwachung an Maschinen ist das routenbasierte Condition Monitoring ein weit verbreitetes Instandhaltungskonzept. In regelmäßigen Abständen werden alle Maschinen mittels eines portablen Condition-Monitoring-Systems überprüft. Häufig wird ein einziger Sensor verwendet, der an einen festgelegten Messpunkt montiert wird. Die schnelle und einfache Sensormontage mithilfe eines Magnetsockels hat sich bewährt. Routenbasiertes Condition Monitoring wird häufig ergänzend zu einer permanenten Überwachung mit Vibrationstransmittern durchgeführt.

Für die Lokalisierung von Schäden und anderen Unregelmäßigkeiten an Elementen der Antriebstechnik wird das Frequenzspektrum mit den kinematischen Erregerfrequenzen verglichen. Die einzelnen Fehlerbilder führen zu jeweils charakteristischen Veränderungen des Schwingungsverhalten. Um diese Veränderungen bewerten zu können, sind neben der Kenntnis der typischen Fehlerbilder detaillierte Informationen über die untersuchte Maschine erforderlich.

Unwuchten

Abweichungen der Rotationsachse einer Motorwelle von der optimalen Ausrichtung werden als Unwuchten bezeichnet (**Bild 6**). Eine Unwucht führt zu erhöhtem Materialverschleiß. Die durch eine Unwucht entstehenden Vibrationen sind an den beiden in axialer Richtung entgegengesetzten Enden des Motorgehäuses in der Phase invertiert. Die Korrektur einer fehlerhaften Ausrichtung der Motorwelle wird als Auswuchtung bezeichnet.

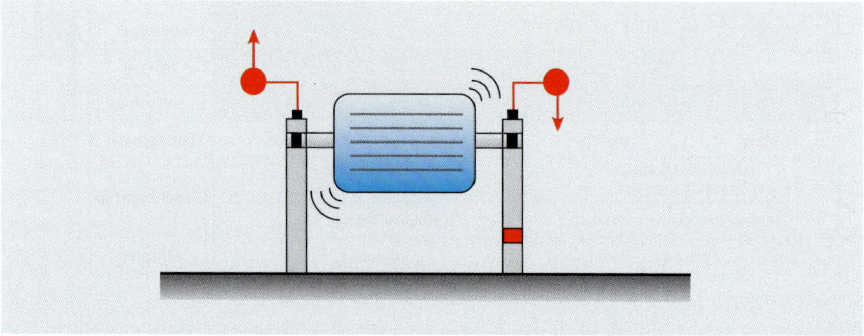

Bild 6: Abweichungen der Rotationsachse werden als Unwuchten bezeichnet.

Parallele Wellen-Fehlausrichtung

Kupplungen verbinden Wellen verschiedener Maschinen und Maschinenteile. Stehen die Wellen horizontal und vertikal versetzt zueinander (**Bild 7**), kommt es zu erhöhten Vibrationsamplituden. An den beiden verbundenen Maschinen(teilen) treten diese Schwingungen in entgegengesetzter Phasenlage auf.

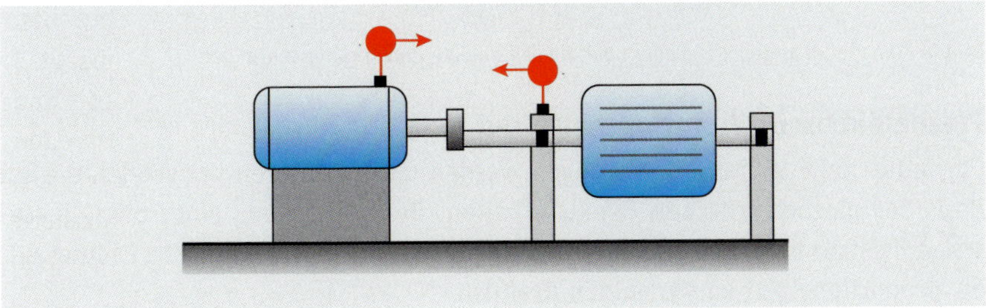

Bild 7: Parallele Wellen-Fehlausrichtung

Riemenfehler

Neben Kupplungen sind Transmissionsriemen eine weitere Möglichkeit, drehende Teile miteinander zu verbinden. Eine unpräzise Ausrichtung der Riemenscheiben (**Bild 8**) ist anhand des Vibrationsspektrums identifizierbar und muss korrigiert werden, um den Materialverschleiß zu reduzieren.

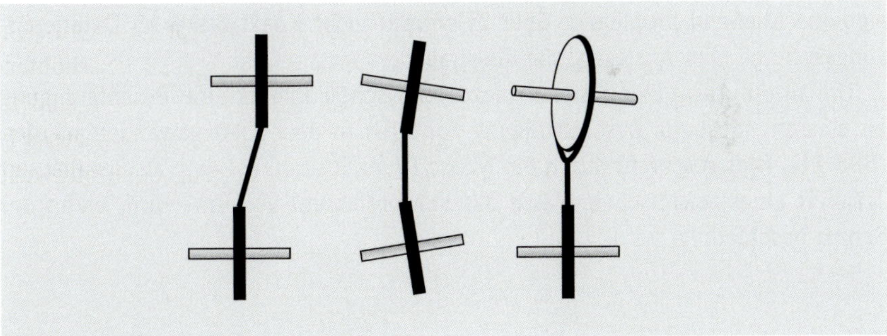

Bild 8: Fehlausrichtung der Riemenscheiben

Loser Motorfuß

Sollten sich Montageschrauben des Motors am Fuß oder an der Flanschplatte lösen, hat dies eine erhebliche Beeinflussung des Schwingverhaltens zur Folge (**Bild 9**).

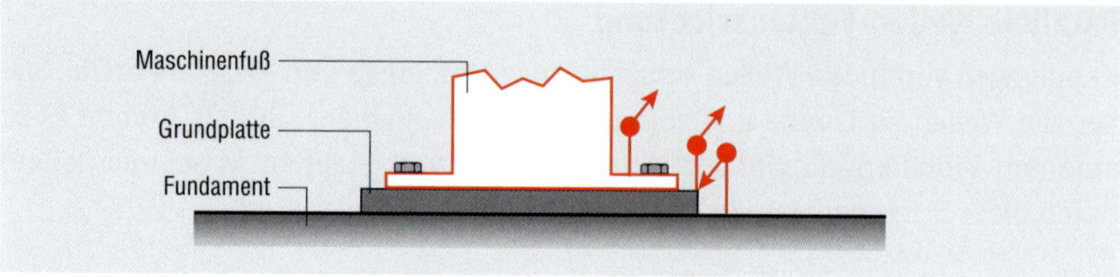

Bild 9: Mangelhaft angezogene oder über die Zeit gelöste Befestigungsschrauben

Piezoelektrische Vibrationssensoren

Für industrielle Vibrationsmessungen werden meist Sensoren verwendet, die auf Basis des piezoelektrischen Effekts arbeiten. Bei Verformung eines piezoelektrischen Kristalls unter Einwirkung einer Kraft tritt eine piezoelektrische Ladung auf, die proportional zur einwirkenden Kraft ist.

Piezoelektrische Beschleunigungssensoren messen Schwingungen und Stöße in einer Vielzahl von Anwendungen. Das Sensorelement mit seiner kristallinen Atomstruktur (**Bild 10**) spricht unmittelbar auf das Ereignis (Verformung) an, wodurch sich piezoelektrische Sensoren ideal für hochdynamische Messungen, aber nicht für statische Beschleunigungsmessungen eignen.

Die Elektronik wandelt dann das von einem piezoelektrischen Sensorelement erzeugte Ladungssignal mit hoher Impedanz in ein niederohmiges Spannungssignal um, wenn sie mit Konstantstrom betrieben wird. Das modifizierte Signal lässt sich anschließend problemlos über Zweidraht- oder Koaxialkabel an Datenerfassungssysteme oder Auslesegeräte übertragen.

Um unter Ausnutzung dieses piezoelektrischen Effekts eine Beschleunigung zu messen, muss die Beschleunigung zunächst in eine Kraft gewandelt werden (**Bild 11**). Dies geschieht durch ein Masse-Feder-System, bei dem als Resultat der Trägheit einer seismischen Masse das Sensorelement verformt wird, wenn der Sensor beschleunigt wird.

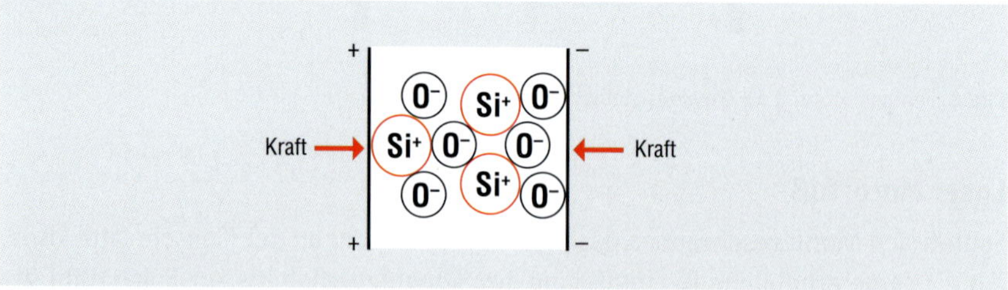

Bild 10: Der piezoelektrische Effekt wurde 1880 von *Jacques* und *Pierre Curie* entdeckt. Dieser beschreibt, dass bei mechanischer Verformung bestimmter Kristalle, sogenannter Piezokristalle, auf der Kristalloberfläche elektrische Ladungen entstehen.

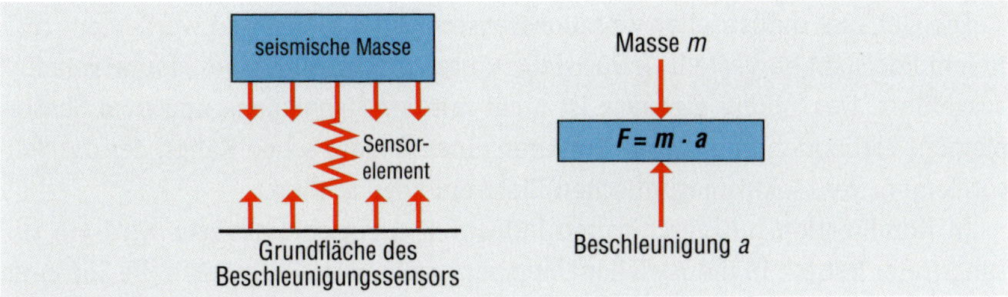

Bild 11: Das Masse-Feder-System verdeutlicht den Zusammenhang $F = m \cdot a$

Bewährt hat sich der Aufbau des Sensorelements im Shear-Design (**Bild 12**). Dabei werden mehrere Kristalle um einen zentrischen Bolzen mithilfe eines Rings vorgespannt. Das Sensorkristall wird dann durch Scherkräfte belastet. Vorteile sind sowohl eine geringere Temperaturempfindlichkeit als auch eine geringere Beeinflussung durch Strukturdehnungen an der Messstelle.

Üblicherweise werden Sensoren mit ICP®-/IEPE-Technologie verwendet, die in den 60er-Jahren von PCB® eingeführt wurde und sich schnell zum Industriestandard entwickelt hat. Bei ICP®-Sensoren werden die statische Sensorspeisung und das dynamische vorverstärkte Ausgangssignal auf den gleichen Leitern geführt, sodass nur zwei Anschlussleiter erforderlich sind. Für die Auswertung wird das Messsignal durch Hochpassfilterung von der Speisespannung getrennt.

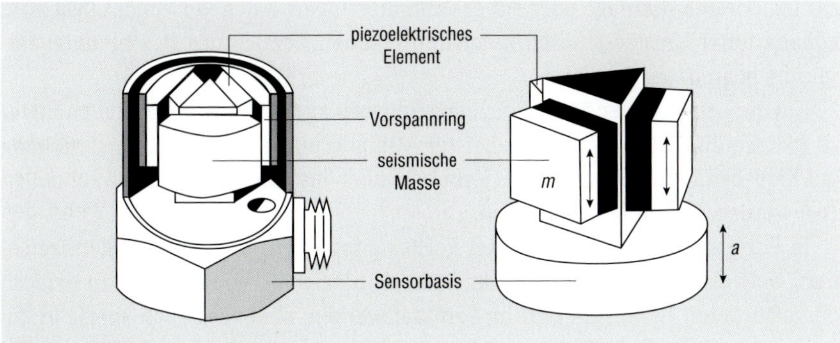

Bild 12: Sensorelement im Shear-Design

Anforderungen an industrielle Sensoren

Beschleunigungssensoren für die Mess- und Prüftechnik sowie Produktentwicklung sind in der Regel klein, leicht und filigran ausgeführt. Die industriellen Ausführungen sind robust aufgebaut und auf Langlebigkeit getrimmt, um den häufig widrigen Umgebungsbedingungen standzuhalten.

Die Gehäuse industrieller Vibrationssensoren sind robust und werden aus rostfreiem Edelstahl hergestellt. Industrielle Vibrationssensoren sind „doppelwandig" ausgeführt. Das äußere Gehäuse ist nicht mit der Signalmasse und dem Sensorelement verbunden und hat die Funktion eines Faraday'schen Käfigs, der das Sensorelement vor elektromagnetischen Einstreuungen schützt.

In Kombination mit geschirmten industriellen Anschlusskabeln wird ein störungsfreier Betrieb in industrieller Umgebung sichergestellt. Industrielle Sensoren werden durch hermetisch dichte Gehäuse vor Staub und Feuchtigkeit geschützt. Modelle mit integriertem Anschlusskabel dürfen dank Schutzart IP68 unter Wasser eingesetzt werden.

Häufig werden Vibrationen an Maschinen mit hoher Betriebstemperatur gemessen. PCB® bietet daher Vibrationssensoren für Temperaturen bis 649 °C an. Mit dem passenden Montagezubehör lassen sich Sensoren auf verschiedene Arten an der Maschine befestigen. Neben der üblichen Schraubmontage sind Magnet-, Schweiß- und Klebemontage möglich.

Mit einer Schraubmontage (integrierte Bohrung oder Gewindebohrung) kann die höchste Steifigkeit erreicht werden. Dieses Verfahren ermöglicht ein breites Frequenzspektrum. Sind andere Verfahren nicht praktikabel, können auch Klebeplättchen verwendet werden. Allerdings sind einige Klebstoffe bei Anwendungen mit höheren Temperaturen nur begrenzt einsetzbar. Die Magnetbefestigung wird zur temporären Montage oder auf gekrümmten Oberflächen verwendet. Magnete können unter Umständen den nutzbaren Frequenzbereich des Beschleunigungssensors begrenzen.

Um die Lebensdauer der Kabel zu maximieren und den triboelektrischen Effekt zu reduzieren, lassen sich die Kabel zur Minimierung der Steckerbeanspruchung mit Klebeband oder Klemmen mit Kabelschlaufen installieren. Für einen schnellen Test werden Tastspitzen angeboten.

In Europa müssen Betriebsmittel RoHS-konform sein und eine CE-Kennzeichnung aufweisen. Für den Einsatz in Gefahrenbereichen, zum Beispiel in explosionsgefährdeten Bereichen und in Kernkraftwerken, sind zusätzlich spezielle Zulassungen erforderlich.

Eigensichere Sensoren

Häufig müssen Maschinen im Ex-Bereich überwacht werden. Als Ex-Bereich (oder explosionsfähiger Bereich, explosionsfähige Atmosphäre) werden Bereiche bezeichnet, in denen die Umgebungsluft mit brennbaren Gasen, Dämpfen oder Stäuben gemischt ist. Durch Einsatz ungeeigneter Anlagen oder Betriebsmittel in einem solchen Bereich kann eine Verbrennungsreaktion angestoßen werden, die sich selbstständig fortsetzt. Die ATEX-Produktrichtlinie 2014/34/EU legt die Anforderungen an Geräte (Maschinen und Betriebsmittel) für den Einsatz in explosionsgefährdeten Bereichen fest und regelt die Kennzeichnung nach dem folgenden Schema:

In Betriebsmitteln mit der Zündschutzart „Eigensicherheit“ werden Spannungen und Ströme (Leistungen) im Normalbetrieb und im Fehlerfall auf Werte begrenzt, mit denen eine Entzündung der explosionsfähigen Atmosphäre durch Erwärmung oder Funken ausgeschlossen ist. Bei Vibrationssensoren erfolgt diese Begrenzung durch Zenerbarrieren, die im Fehlerfall den Stromkreis außerhalb des Ex-Bereichs kurzschließen. Mit dieser Zündschutzart lässt sich ein sehr hohes Sicherheitsniveau erreichen, das einen Einsatz in Zone 0 gestattet.

Kabel in eigensicheren Stromkreisen müssen in der Europäischen Union blau gekennzeichnet sein. Die Zündschutzart *„nicht zündfähig“* kann durch verschiedene Maßnahmen erreicht werden. Sensoren und Transmitter mit der Kennzeichnung nL/ic (energiebegrenzte Betriebsmittel) und nA (nicht funkende Betriebsmittel) erfüllen alle Kriterien. Die Kennzeichnungen qualifizieren Betriebsmittel für den Einsatz in Zone 2.

Bei Betriebsmitteln mit Zündschutzart *„druckfeste Kapselung“* kommt ein explosionsdruckfestes Gehäuse zum Einsatz, das eine Übertragung einer eventuell im Gehäuseinneren auftretenden Explosion nach außen verhindert. Mit dieser Zündschutzart wird der Vibrationstransmitter EX641B71D mit druckfester „1“-NPT-Verschraubung für den Gebrauch in Zone 1 oder 2 angeboten.

Zu der ATEX-Produktrichtlinie 2014/34/EU sind im April 2016 die ATEX-Leitlinien zur Richtlinie 2014/34/EU erschienen. Sie sollen dazu dienen, die Anwendung der Richtlinie 94/9/EG zu erleichtern und dabei helfen, durch Konsens unter den Sachverständigen im Auftrag der Regierungen der Mitgliedstaaten und anderen betroffenen Parteien den freien Warenverkehr in der Europäischen Union innerhalb des Geltungsbereichs der ATEX-Richtlinie 2 sicherzustellen.

Sensoren mit Bergwerkszulassung

Bei Betriebsmitteln mit Zulassung für die *Gerätegruppe I* wird nicht zwischen Gas- und Staubatmosphären unterschieden, da in Bergbau-, Übertage- und Untertagebetrieben sowohl von brennbaren Stäuben als auch von Grubengas eine Gefahr ausgehen kann. Die Vibrationssensoren von PCB® mit Bergwerkszulassung bieten eine sehr hohe Sicherheit (Kategorie M1) und sind eigensicher.

Wärmebildkamera

Peter Behrends

Einführung

Seit die erste kommerzielle Wärmebildkamera 1965 für die Inspektion von Hochspannungsleitungen zum Einsatz kam, wurde sie permanent weiterentwickelt und ist heute Standard in der vorbeugenden Instandhaltung bei industriellen Anwendungen. Wärmebildkameras sind zu kompakten Systemen geworden, die äußerlich durchaus gängigen digitalen Videokameras oder Fotoapparaten ähneln. Ihre Bedienung ist einfach, und sie liefern klare Bilder mit hoher Auflösung in Echtzeit. Die Wärmebildtechnik hat sich zu einem der wertvollsten Diagnoseverfahren im Bereich der elektrischen als auch der mechanischen Instandhaltung entwickelt. Durch die frühzeitige Entdeckung von Anomalien, die für das bloße Auge normalerweise unsichtbar sind, ermöglicht die Wärmebildtechnik die Planung und Durchführung von Korrekturmaßnahmen, bevor es zu teuren Systemausfällen kommt.

Wärmebildkameras sind ein einzigartiges Werkzeug, mit dem sich im Voraus planen und festlegen lässt, wann und wo Instandhaltungsmaßnahmen erforderlich sind, da sich elektrische und mechanische Installationen häufig erwärmen, bevor sie ausfallen. Wenn diese anfangs nur leicht erwärmten Stellen mit einer Wärmebildkamera aufgespürt werden, kann man durch vorbeugende Maßnahmen kostspielige Produktionsstillstände oder sogar Brände vermeiden.

Eine Wärmebildkamera ist ein zuverlässiges, berührungsfreies Messinstrument, mit dem die Temperaturverteilung an Oberflächen von ganzen Maschinen und elektrischen bzw. mechanischen Betriebsmitteln schnell und exakt untersucht und dargestellt werden kann. Instandhaltungsprogramme mittels Thermografie haben zu beachtlichen Kosteneinsparungen beigetragen.

Bei einer Inspektion mit einer Wärmebildkamera ist auf viele Details zu achten. Neben dem Funktionsprinzip und der Bedienung der Wärmebildkamera ist es auch wichtig, die physikalischen Grundlagen der untersuchten elektrischen oder mechanischen Installation zu kennen und zu wissen, wie sie aufgebaut ist. All diese Faktoren müssen berücksichtigt werden, wenn es darum geht, Wärmebilddaten zu verstehen, korrekt zu interpretieren und zu beurteilen.

Die Funktionsweise der Wärmebildkamera

Eine Wärmebildkamera nimmt die Strahlungsstärke im Infrarotbereich des elektromagnetischen Spektrums auf und wandelt sie in ein sichtbares Bild um. Unsere Augen sind Detektoren, die für die Erkennung der elektromagnetischen Strahlung im sichtbaren Bereich des Spektrums ausgelegt sind. Alle anderen Formen elektromagnetischer Strahlung, wie die Infrarotstrahlung, sind für das menschliche Auge unsichtbar. Die Existenz der Infrarotstrahlung wurde im Jahr 1800 von dem Astronomen *Sir Frederick William Herschel* entdeckt (**Bild 1**). Er interessierte sich für den Wärmeunterschied zwischen verschieden farbigem Licht und lenkte Sonnenlicht durch ein Glasprisma, um ein Spektrum zu erzeugen. Anschließend maß er die Temperatur jeder einzelnen Farbe. Dabei fand er heraus, dass die Temperaturen der Farben vom violetten (ca. 400 nm) hin zum roten (ca. 780 nm) Teil des Spektrums zunahmen. Nachdem er dieses Muster erkannt hatte, beschloss *Herschel*, die Temperatur direkt hinter dem roten Anteil des Spektrums in einem Bereich zu messen, in dem kein Sonnenlicht sichtbar war. Zu seiner Überraschung stellte er fest, dass in diesem Bereich die höchste Temperatur herrschte. Die Wellenlänge von Infrarotstrahlung im elektromagnetischen Spektrum liegt zwischen der des (für Menschen) sichtbaren Lichtes und der von Mikrowellen.

Quelle: Wikipedia, gemeinfrei

Bild 1: *Sir William Herschel* (* 15. November 1738 in Hannover; † 25. August 1822 in Slough) war ein deutsch-britischer Astronom. Er fand im Jahre 1800 heraus, dass je größer der Wellenlängenbereich von Licht und Infrarotstrahlung wurde, auch die Temperatur der jeweiligen Strahlung stieg.

Infrarotstrahlung

Die wichtigste Quelle von Infrarotstrahlung ist Wärme oder thermische Strahlung. Jeder Gegenstand, der eine Temperatur über dem absoluten Nullpunkt besitzt (−273,15 °C oder 0 K) strahlt im Infrarotbereich. Selbst Dinge, die wir für sehr kalt halten, beispielsweise Eiswürfel, strahlen in diesem Wellenbereich. Infrarotstrahlung erfahren wir jeden Tag. Die Wärme, die wir bei Sonnenlicht, einem Feuer oder nahe einem Heizkörper empfinden, ist Ausdruck dieser Strahlung. Obwohl unsere Augen sie nicht sehen, können die Nerven in unserer Haut diese Strahlung als Wärme fühlen. Je wärmer ein Gegenstand, desto mehr Infrarotstrahlung geht von ihm aus (**Bild 2**).

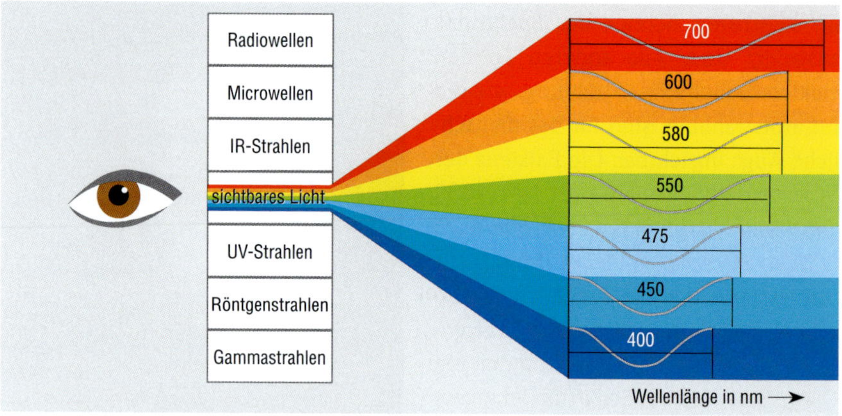

Bild 2: Sichtbares Lichtspektrum. Farbwellenlängen im Bereich zwischen ca. 400 nm und 780 nm werden vom menschlichen Auge wahrgenommen.

Die Wärmebildkamera

Die Funktionsweise einer Wärmebildkamera ist in **Bild 3** zu sehen. Die von einem Gegenstand ausgesendete Infrarotenergie (**Bild 3/A**) wird von den Optiken (**Bild 3/B**) auf einen Infrarotdetektor (**Bild 3/C**) fokussiert. Der Detektor sendet die Informationen zu einer Sensorelektronik (**Bild 3/D**), welche die Bildverarbeitung vornimmt. Die Elektronik übersetzt die vom Detektor kommenden Daten in ein Bild (**Bild 3/E**), das im Sucher oder auf einem standardmäßigen Videomonitor bzw. einem LCD-Bildschirm betrachtet werden kann. Die Infrarot-Thermografie ist die Kunst der Umwandlung eines Infrarotbildes in ein radiometrisches Bild, aus dem sich Temperaturwerte ablesen lassen, denn jeder Pixel im radiometrischen Bild ist eigentlich eine Temperaturmessung. Zu diesem Zweck sind komplexe Algorithmen in die Infrarotkamera integriert.

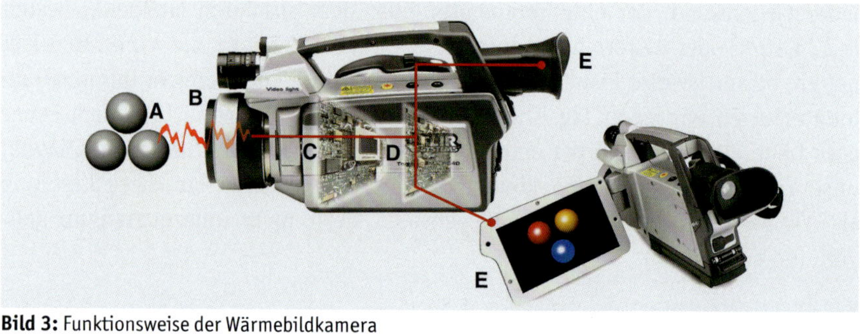

Bild 3: Funktionsweise der Wärmebildkamera

Daher ist die Wärmebildkamera das optimale Werkzeug für Inspektionen, zur vorbeugenden Instandhaltung oder Überwachung von Motoren, Pumpen, Hochspannungsanlagen, Niederspannungs-Schaltschränke oder Hochtemperaturanlagen. Die Wärmebildkamera ist das einzige Werkzeug, welches das alles wirklich *sehen* kann.

Infrarot-Thermometer vs. Wärmebildkamera

Infrarot(IR)-Thermometer sind zuverlässig und äußerst hilfreich, wenn es um das Ablesen der Temperaturwerte einzelner Punkte geht (**Bild 4**). Beim Abtasten

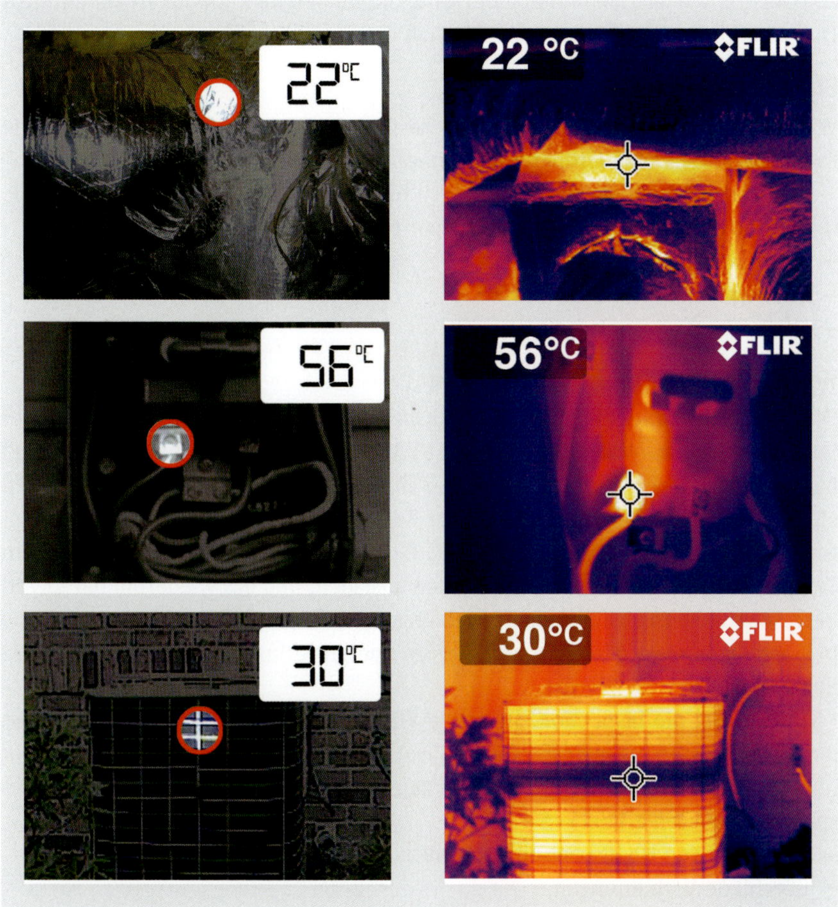

Quelle: Flir

Bild 4: Beim IR-Thermometer (links) erfolgt die Temperaturmessung an einem Punkt, die Wärmebildkamera (rechts) misst die Temperatur an 3.600 Punkten.

großer Bereiche oder Bauteile werden jedoch leicht kritische Komponenten übersehen, die eventuell kurz vor einem Ausfall stehen und repariert werden müssen. Wärmebildkameras können ganze Motoren, Bauelemente oder Schalttafeln in einem Vorgang untersuchen und übersehen dabei keine überhitzten Gefahrenstellen, wie klein sie auch sein mögen.

Mit einem IR-Punkt-Thermometer kann es leicht passieren, dass kritische Stellen übersehen werden. Eine reproduzierbare Dokumentation ist mit dieser Methode nicht möglich, da nicht exakt nachvollzogen, geschweige denn dokumentiert werden kann, wo und was gemessen wurde. Eine Wärmebildkamera (zum Beispiel eine des Herstellers Flir) untersucht ganze Komponenten und liefert unmittelbar Diagnoseergebnisse, die das volle Ausmaß der Probleme zeigen.

Elektrische Systeme

Wärmebildkameras werden gemeinhin für Inspektionen elektrischer Systeme und Komponenten in allen Größen und Formen eingesetzt.

Die Vielzahl möglicher Anwendungen für Wärmebildkameras im Bereich elektrischer Systeme lässt sich in drei Kategorien einteilen:

- Hochspannungsanlagen,
- Mittelspannungsanlagen und
- Niederspannungsanlagen.

Hoch- und Mittelspannungsanlagen

Wärme ist ein wichtiger Faktor bei Hochspannungsanlagen. Fließt ein elektrischer Strom durch einen Widerstand, entsteht Wärme ($P_v \sim I_2$). Ein höherer Widerstand hat eine größere Erwärmung zur Folge. Unter Umständen steigt der Widerstand elektrischer Verbindungen im Laufe der Zeit an, da sich zum Beispiel Verbindungen lösen und/oder Korrosion auftritt. Durch den damit zusammenhängenden Temperaturanstieg können Komponenten ausfallen, und das wiederum hat unvorhergesehene Stromausfälle oder Verletzungen zur Folge. Außerdem verursacht die in Wärme umgesetzte Energie überflüssige Energieverluste und verschlechtert die Energiebilanz.

Unterbleibt die Inspektion, steigt die Wärme möglicherweise so stark an, dass die Verbindungen schmelzen oder die Isolation von Motoren zerstört wird. Mithilfe der Wärmebildtechnik lassen sich zum Beispiel folgende Störungen in Hochspannungsanlagen entdecken:

- Oxidation von Hochspannungsschaltern,
- überhitzte Verbindungen,
- fehlerhaft befestigte Verbindungen,
- defekte Isolatoren.

Diese und andere Probleme lassen sich frühzeitig mit einer Wärmebildkamera aufspüren. Sie kann damit den Defekt exakt lokalisieren, die Schwere des Problems bestimmen und den Zeitrahmen für die Reparatur des Betriebsmittels aufstellen.

Bild 5 gibt die Aufnahme einer Trafostation wieder.

Einer der zahlreichen Vorteile der Thermografie ist die Fähigkeit, Inspektionen durchzuführen, während elektrische Systeme unter Last arbeiten. Da die Wärmebildtechnik ein berührungsfreies Diagnoseverfahren darstellt, kann ein Thermograf schnell ein bestimmtes Bauteil einer Anlage aus sicherer Entfernung untersuchen, zu seinem Büro zurückkehren und die Daten analysieren, ohne sich selbst in Gefahr zu bringen (**Bild 6**).

Einige Wärmebildkameras für die vorbeugende Instandhaltung sind portabel und batteriebetrieben. Diese können daher auch für Inspektionen im Außenbereich eingesetzt werden: Hochspannungsgeräte wie Trafostationen, Schaltanlagen, Transformatoren und Leistungsschalter im Außenbereich lassen sich schnell und effizient mit einer Wärmebildkamera untersuchen.

Quelle: Flir

Bild 5: Die Aufnahme einer Trafostation mit einem weiten Blickwinkel kann schnell Bereiche aufzeigen, in denen Verbindungen mit ungewollt hohen Übergangswiderständen vorhanden sind.

Quelle: Flir

Bild 6: Mit Wärmebildkameras ist es möglich, Hochspannungsanlagen aus sicherer Entfernung zu untersuchen und damit die Sicherheit der Mitarbeiter zu verbessern.

Niederspannungsanlagen

Wärmebildkameras werden für Inspektionen elektrischer Systeme und Komponenten in allen Größen und Formen eingesetzt. Dabei ist ihre Anwendung keineswegs nur auf große Hochspannungsanlagen beschränkt. Elektrische Schaltschränke und Motorensteuerzentralen sollte man regelmäßig mit einer Wärmebildkamera untersuchen. Neben Wackelkontakten sind elektrische Systeme anfällig für asymmetrische Belastungen, Korrosion und einen Anstieg des Widerstands (**Bild 7**). Thermografische Inspektionen können sogenannte „heiße Stellen“ schnell ausfindig machen, die Schwere des Problems bestimmen und bei der Erstellung eines Zeitrahmens für die Reparatur unterstützen. Beispiele von Störungen in Niederspannungsgeräten, die sich mithilfe der Wärmebildtechnik entdecken lassen, sind:

- Verbindungen mit hohem Übergangswiderstand,
- korrodierte Verbindungen,
- innere Beschädigung einer Sicherung,
- innere Defekte eines Trennschalters,
- schlechte Verbindungen und innere Beschädigung.

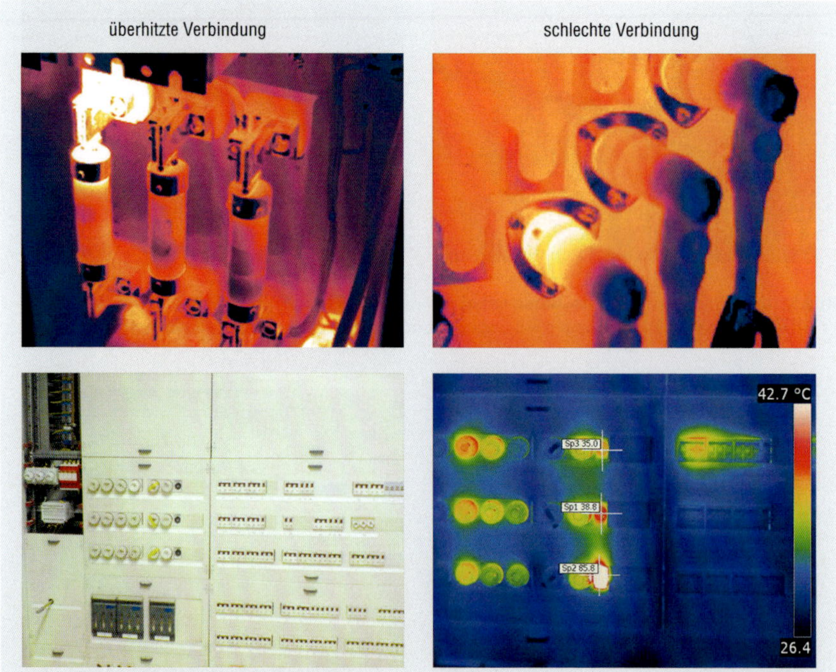

Quelle: Flir

Bild 7: Dieses Wärmebild zeigt überhitzte/schlechte Verbindungen (oben) und eine ungleichmäßige Lastverteilung in den Sicherungskästen (unten).

Mechanische Anlagen

In vielen Industrien stellen mechanische Systeme das Herz des Betriebs dar. Die mit einer Wärmebildkamera gesammelten thermischen Daten können eine außerordentlich wertvolle Quelle zusätzlicher Informationen für Schwingungsuntersuchungen bei der Überwachung mechanischer Anlagen sein. Mechanische Systeme heizen sich auf, wenn eine fehlerhafte Ausrichtung an einem Punkt des Systems vorliegt. Förderbänder sind ein gutes Beispiel dafür. Eine abgenutzte Walze ist im Wärmebild (**Bild 8**) eindeutig zu erkennen, sodass sie ersetzt werden kann. Normalerweise nehmen die Wärmeverluste zu, wenn mechanische Komponenten verschleißen und ihre Effektivität nachlässt. Folglich steigt die Temperatur fehlerhafter Anlagen oder Systeme vor einem Ausfall schnell an. Bei einem regelmäßigen Vergleich von Werten einer Wärmebildkamera mit der thermischen Charakteristik einer Maschine im Normalbetrieb ist eine Vielzahl unterschiedlicher Störungen zu erkennen.

Auch Motoren lassen sich mit einer Wärmebildkamera untersuchen. Bei typischen Defekten von Motoren, darunter beispielsweise Kontaktverschleiß der Bürs-

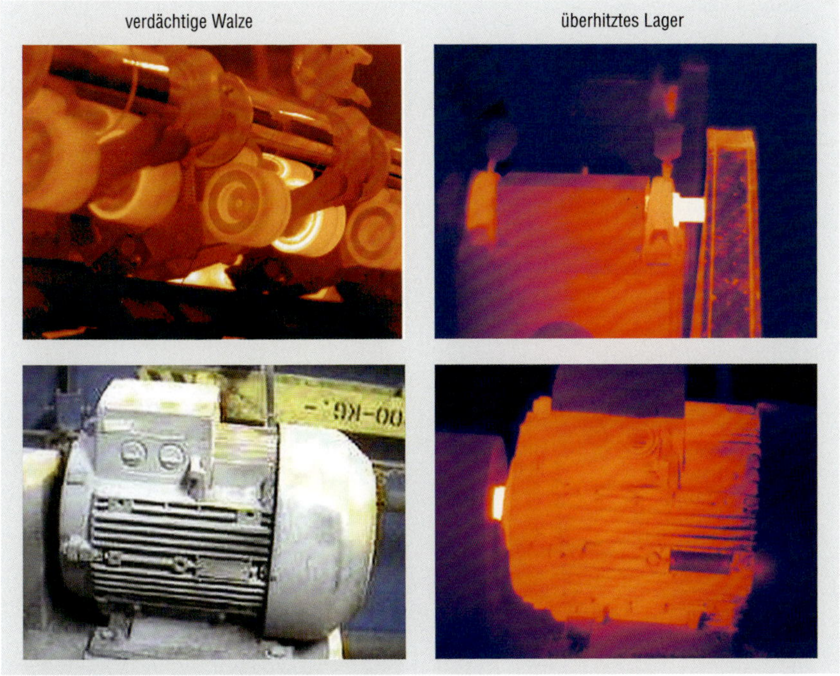

Quelle: Flir

Bild 8: Diese Wärmebilder zeigen einen auffälligen Walzenantrieb, ein überhitztes Lager (oben) und einen Motor im Normalbetrieb (unten).

ten und Kurzschluss des Ankers von Gleichstrommaschinen, tritt vor dem Ausfall normalerweise eine starke Wärmeentwicklung auf, die von einer Schwingungsanalyse nicht erkannt wird, da häufig nur wenige oder überhaupt keine zusätzlichen Schwingungen auftreten. Die Wärmebildtechnik liefert einen Gesamtüberblick und erlaubt außerdem, die Temperaturen verschiedener Motoren miteinander zu vergleichen.

Weitere mechanische Systeme, die mit Wärmebildkameras überwacht werden können, sind Kupplungen, Getriebe, Lager (**Bild 9**), Pumpen, Kompressoren, Riemen, Lüfter und Förderanlagen. Zu den typischen Beispielen für mechanische Defekte, die sich mithilfe der Wärmebildtechnik erkennen lassen, zählen:

- Schmierprobleme,
- Fluchtungsfehler,
- überhitzte Motoren (**Bild 10**),
- schwergängige Walzen,
- überlastete Pumpen,
- überhitzte Motorwellen,
- heiße Lager.

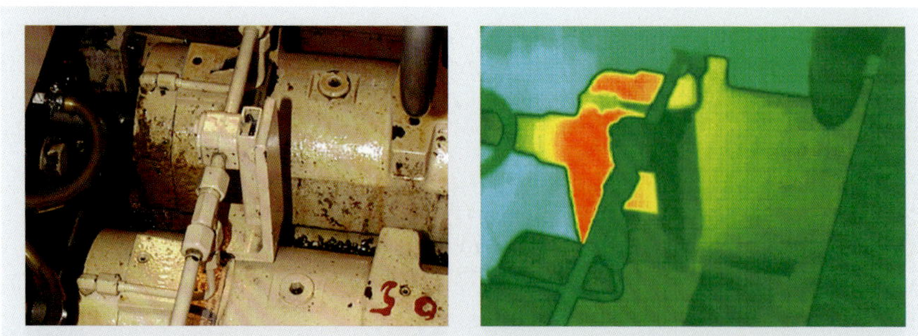

Quelle: Flir

Bild 9: Heißgelaufenes Lager

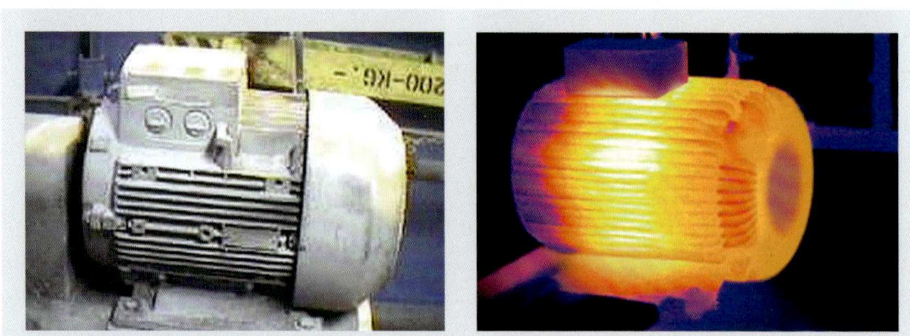

Quelle: Flir

Bild 10: Überhitzte Wicklung

Thermische Physik für die vorbeugende Instandhaltung

Um Wärmebilder korrekt interpretieren zu können, muss der Anwender wissen, in welcher Weise unterschiedliche Werkstoffe und Gegebenheiten die Temperaturwerte beeinflussen, die die Wärmebildkamera misst. Einige der wichtigsten Faktoren sind:

1. Thermische Leitfähigkeit

Unterschiedliche Werkstoffe weisen unterschiedliche thermische Eigenschaften auf. Isolierstoffe erwärmen sich eher langsam, während sich Metalle beispielsweise schnell erwärmen. Dieses Phänomen wird thermische Leitfähigkeit genannt. Unterschiede in der thermischen Leitfähigkeit von zwei verschiedenen Materialien können in bestimmten Situationen zu großen Temperaturunterschieden führen.

2. Emissionsgrad

Um korrekte Temperaturen ablesen zu können, muss auch der Emissionsgrad berücksichtigt werden. Der Emissionsgrad ist die Effizienz, mit der ein Gegenstand Infrarotstrahlung abgibt. Dies hängt sehr stark von den Materialeigenschaften ab. Es ist äußerst wichtig, dass der korrekte Emissionsgrad in der Kamera eingestellt wird. Ansonsten misst die Kamera falsche Temperaturen. Einige Wärmebildkameras besitzen vorgegebene Einstellungen für den Emissionsgrad zahlreicher Materialien. Die übrigen Werte können einer Emissionsgrad-Tabelle entnommen werden.

3. Reflexion

Einige Materialien reflektieren die Wärmestrahlung so stark, wie ein Spiegel sichtbares Licht reflektiert. Ein Beispiel dafür ist nicht oxidiertes Metall, vor allem, wenn es poliert ist. Durch Reflexionen werden Wärmebilder unter Umständen falsch interpretiert. Die Spiegelung der eigenen Wärmestrahlung des Anwenders könnte etwa zur Lokalisierung einer nicht vorhandenen heißen Stelle führen. Der Anwender sollte daher sorgfältig den Winkel wählen, in dem die Wärmebildkamera auf das Objekt gerichtet wird, um Reflexionen dieser Art zu vermeiden.

Wenn das Oberflächenmaterial des Gegenstands einen niedrigen Emissionsgrad besitzt – wie das bereits erwähnte nicht oxidierte Metall – und zwischen dem Gegenstand und der Umgebungstemperatur ein großer Temperaturunterschied besteht, beeinflusst die Reflexion der Umgebungstemperatur die von der Wärmebildkamera gemessenen Temperaturen. Zur Lösung dieses Problems haben einige Hersteller Optionen in ihre Wärmebildkameras integriert, mit denen die Umgebungstemperatur eingestellt und die reflektierte Umgebungstemperatur kompensiert werden kann.

Ein geeignetes Verfahren, mit dem sich der korrekte Emissionsgrad und die Einstellungen der Reflexion sicherstellen lassen, besteht in der Verwendung eines Streifens mit bekanntem Emissionsgrad (normalerweise in der Nähe von 1), der auch „Kalibrierungsstreifen“ genannt wird. Dieser Streifen wird am Oberflächenmaterial des Objekts befestigt und dort einige Minuten gelassen, lange genug, um dessen Oberflächentemperatur anzunehmen. Unter Verwendung des bekannten Emissionsgrads wird die exakte Temperatur des Streifens bestimmt. Da diese Temperatur mit der des Oberflächenmaterials identisch ist, kann der Anwender dann die Einstellungen des Emissionsgrads ändern (und gegebenenfalls die Einstellungen der Reflexion), sodass die gemessene Temperatur mit der kurz vorher vom Kalibrierungsstreifen abgelesenen Temperatur übereinstimmt.
In **Bild 11** ist die sogenannte „heiße Stelle“ zu erkennen.

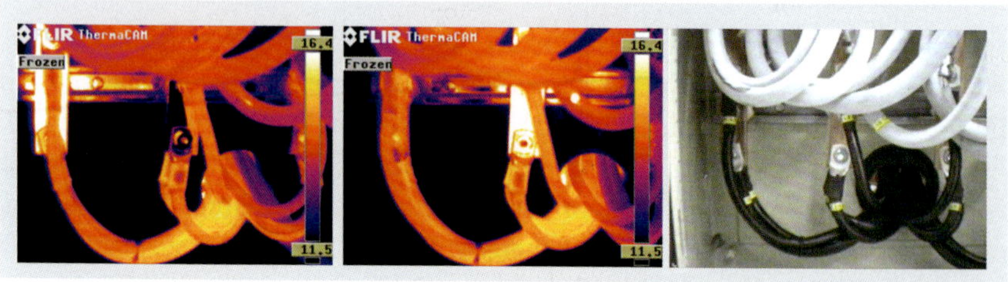

Quelle: Flir

Bild 11: Die *„heiße Stelle“* im mittleren Bildteil verschwindet, wenn die Position der Wärmebildkamera leicht verändert wird. Das ist ein deutlicher Hinweis darauf, dass diese scheinbare „heiße Stelle“ durch Reflexionen entsteht.

4. Wetterbedingungen

Umgebungstemperaturen können einen großen Einfluss auf die gemessenen Temperaturen haben. Hohe Umgebungstemperaturen können heiße Stellen überdecken, da sie das ganze Objekt aufheizen, während niedrige Umgebungstemperaturen die heißen Stellen auf eine Temperatur abkühlen könnten, die unter einem vorab festgelegten Schwellwert liegt.

Es versteht sich von selbst, dass direktes Sonnenlicht auch einen großen Einfluss hat. Direktes Sonnenlicht und Schatten beeinflussen möglicherweise das thermische Muster auf einer Oberfläche sogar noch viele Stunden nach dem Ende der Bestrahlung. Diese durch Sonnenlicht entstandenen Muster sollten nicht mit Mustern verwechselt werden, die durch Wärmeübertragung erzeugt werden. Ein weiterer Wetterfaktor, der berücksichtigt werden muss, ist der Wind. Luftströme kühlen das Oberflächenmaterial ab und verringern die Temperaturunterschiede zwischen heißen und kalten Bereichen. Ein weiterer Faktor, der Wärmebildinspektionen sinnlos machen kann, ist Regen, da er das Oberflächenmaterial abkühlt. Selbst nach dem Ende des Regens kühlt das verdampfende Wasser noch das Oberflächenmaterial ab. Dies kann unzweifelhaft irreführende Temperaturmuster zur Folge haben.

5. Messentfernung

Oftmals stellt sich die Frage, in welchem Abstand man Messungen durchführen kann. Die Antwort auf diese Frage hängt von verschiedenen Faktoren ab, unter anderem von der Auflösung, dem momentanen Sichtfeld (IFOV, Instantaneous Field of View, ist der Öffnungswinkel, in dem ein Sensorsystem elektromagnetische Strahldichtewerte aufzeichnet), dem verwendeten Objektiv und der Größe des Zielobjekts.

Am besten lässt sich das Ganze mit einem Besuch beim Optiker oder beim Augenarzt vergleichen. Ausgehend von der eigenen Position erkennt man beim Blick auf die Sehtesttafel wahrscheinlich noch, dass die kleinste Zeile Buchstaben enthält. Doch aus welcher Entfernung lässt sich noch jeder dieser Buchstaben deutlich erkennen (d.h. „messen")? Bei 100 % Sehkraft ist das auch aus größerer Entfernung kein Problem. In diesem Fall würden 100 % Sehkraft einer Wärmebildkamera mit hoher Auflösung entsprechen. Ist die Sehkraft nicht perfekt, lässt sich diese mit Gläsern verbessern (eine Lupe vor die Wärmebildkamera setzen) oder indem der Abstand zur Testtafel reduziert wird (den Abstand zum Ziel verringern).

Es ist wichtig, das Punktgrößenverhältnis richtig zu verstehen. Das Punktgrößenverhältnis ist ein Wert, der angibt, aus welcher Entfernung von einem Zielobjekt mit einer bestimmten Größe sich noch eine präzise Temperaturmessung daran ausführen lässt. Für Temperaturmessungen mit höchster Präzision müssen so viele Pixel wie möglich vom Detektor der Wärmebildkamera auf das Zielobjekt gerichtet sein. Dadurch erhält man ein detailreicheres Wärmebild. Je weiter man sich vom jeweiligen Zielobjekt entfernt, umso schwieriger bzw. unmöglicher wird es, dafür präzise Temperaturmesswerte zu ermitteln.

Je größer die Auflösung der Wärmebildkamera ist, desto wahrscheinlicher ist es, dass mehr Pixel aus größerer Entfernung auf das Zielobjekt gerichtet sind und sich präzise Messergebnisse ergeben. Da der Digitalzoom die Präzision nicht verbessert, sind eine höhere Auflösung oder ein schmaleres Sichtfeld hierfür entscheidend. Angenommen, man möchte mit der Wärmebildkamera aus 15 m Entfernung eine präzise Temperaturmessung an einem 2 cm „großen" Zielobjekt ausführen: Wie lässt sich die Feststellung treffen, ob dies mit der Wärmebildkamera möglich ist? Es wäre erforderlich, die technischen Daten der Wärmebildkamera durchzugehen und deren Sichtfeld (FOV, Field of view) und Auflösung zu kennen.

Im folgenden Beispiel wird angenommen, dass die Auflösung der Wärmebildkamera 320 x 240 Pixel beträgt und dass das Objektiv ein horizontales Sichtfeld (FOV) von 24° aufweist. Zuerst müsste man mit der nachfolgenden Formel den IFOV-Wert in Milliradiant (mrad) berechnen unter Verwendung der Anzahl von Pixeln, die zur (horizontalen/vertikalen) Ausrichtung des Sichtfelds (FOV) passen.

$$\text{IFOV} = \frac{\text{FOV}}{\text{Pixelzahl}} \cdot \frac{\pi \cdot 10^3}{180}$$

Da das Objektiv ein horizontales Sichtfeld (FOV) von 24° hat, ist die Zahl 24 durch die horizontale Pixel-Auflösung der Wärmebildkamera zu teilen – in diesem Fall 320. Dann ist diese Zahl mit 17,45 zu multiplizieren, dem Ergebnis der oberen Gleichung (3,14/180) (1.000).

$$\text{IFOV} = \frac{24}{320} \cdot \frac{\pi \cdot 10^3}{180} = 1{,}308\,\text{mrad}$$

Daraus ergibt sich, dass der IFOV-Wert 1,308 mrad beträgt, welcher anschließend in mm umzurechnen ist. Für eine Entfernung von 15 m vom Zielobjekt folgt damit:

$$\text{IFOV (in mm)} = 1{,}308 \cdot 10^3 \cdot 15 \cdot 10^{-3}\,\text{m} = 19{,}62\,\text{mm}$$

Was sagt dieser Wert aus? Das Punktgrößenverhältnis beträgt 19,62/15.000. Dieser Wert gibt die messbare Größe eines einzelnen Pixels (1 x 1) an. Einfach gesagt, bedeutet das Ergebnis dieser Berechnung, dass die Wärmebildkamera einen 19,62 mm „großen" Punkt aus 15 m Entfernung messen kann.

Diese Einzel-Pixel-Messung wird „theoretisches Punktgrößenverhältnis" genannt. Einige Hersteller geben das theoretische Punktgrößenverhältnis in den technischen Daten ihrer Produkte an. Obwohl man dieses für das tatsächliche Punktgrößenverhältnis der Wärmebildkamera halten könnte, ist es irreführend, da es nicht unbedingt die präzisesten Temperaturmesswerte liefert. Dies liegt darin begründet, dass es lediglich Temperaturmesswerte für einen sehr kleinen Bereich innerhalb eines einzelnen Pixels liefert.

Wie bereits erwähnt, lautet das Vorhaben stattdessen, stets so viele Pixel wie möglich auf das jeweilige Zielobjekt zu richten, um Messwerte mit höchster Präzision zu erhalten. Zwar können auch schon ein oder zwei Pixel ausreichen, um qualitativ zu bestimmen, dass ein Temperaturunterschied vorliegt, jedoch reichen diese nicht aus, um die Durchschnittstemperatur eines bestimmten Bereichs präzise abzubilden. Eine Messung mit nur einem einzelnen Pixel kann aus verschiedenen Gründen ungenau sein:

- Wärmebildkameras können fehlerhafte Pixel entwickeln,
- die Zielobjekte reflektieren – dann kann ein Kratzer oder eine Sonnenlichtreflexion einen falsch positiven und einen zu hohen Messwert liefern,

- ein heißes Objekt – z. B. ein Schraubenkopf – könnte ungefähr genauso breit wie ein Pixel sein; Pixel sind jedoch quadratisch, während ein Schraubenkopf sechseckig ist,
- optische Systeme sind niemals perfekt – es treten immer gewisse Verzerrungen auf, die sich auf die Messergebnisse auswirken können.

Aufgrund eines Phänomens, das optische Dispersion genannt wird, kann die von einem sehr kleinen Bereich abgegebene Wärmestrahlung dem Detektorelement nicht genügend Energie für einen korrekten Messwert liefern. Deshalb wird empfohlen, sicherzustellen, dass der heiße Bereich, in dem der jeweilige Punktwert gemessen werden soll, mindestens 3 x 3 Pixel groß ist. Hierfür multipliziert man einfach das theoretische Punktgrößenverhältnis mit der Zahl 3 – dadurch erhält man ein Punktgrößenverhältnis von 3 x 3 anstelle von 1 x 1, das präzisere Messwerte liefern wird.

Wird also der IFOV-Wert in mm (19,62) mit 3 multipliziert, erhält man: 58,86 mm. Das heißt, dass man einen 58,86 mm großen Punkt aus 15 m Entfernung messen kann.

Angenommen, man will einen 20 mm „großen" Punkt messen. Aus welcher Entfernung lässt sich ein Punkt mit dieser Größe präzise messen? Hierfür wäre die folgende Berechnung durchzuführen:

$$\text{Entfernung}_{\text{neu}} = \frac{\text{IFOV}_{\text{neu}}\ (\text{in mm})}{\text{IFOV}_{\text{alt}}\ (\text{in mm})} \cdot \text{Entfernung}_{\text{alt}}$$

$$\text{Entfernung}_{\text{neu}} = \frac{20\,\text{mm}}{58{,}86\,\text{mm}} \cdot 15\,\text{m} = 5{,}096 \approx 5{,}01\,\text{m}$$

Mit der Wärmebildkamera, die eine Auflösung von 320 x 240 Pixeln aufweist, lässt sich folglich ein 20 mm „großer" Punkt aus rund 5 m Entfernung präzise messen. Manche Hersteller geben diese Zahl möglicherweise nicht an, wenn sie auf den IFOV- oder SAR-Wert (SAR steht für Spezifische Absorptionsrate) eingehen. Doch in Wahrheit liefert dieser Wert bei einer Anomalie einen präziseren Temperaturmesswert. Letztlich kommt es immer auf das Punktgrößenverhältnis an, da es dabei hilft zu verstehen, ob die Wärmebildkamera aus der jeweiligen Entfernung zum Zielobjekt einen präzisen Temperaturmesswert liefern kann.

Sind kleine Zielobjekte aus großen Entfernungen zu messen, ist es entscheidend, das Punktgrößenverhältnis der Wärmebildkamera zu kennen und zu wissen, ob man sich innerhalb des Bereichs befindet, in dem sich präzise Messergebnisse erzielen lassen.

Bei der Planung einer Wärmebildinspektion sollte man bereits vorher bedenken, ob man sich dem Zielobjekt weit genug wird nähern können, um präzise

Messwerte zu erhalten. Präzise lässt sich als *„gut genug für eine richtige Auslegung“* interpretieren. Die sich daraus ergebende Entfernung muss also nicht einmal innerhalb des in den technischen Daten der Wärmebildkamera angegebenen Bereichs für präzise Messwerte liegen. Wird das Punktgrößenverhältnis missachtet, kann der Fehler unterlaufen, dass man einige Grad oder sogar mehrere hundert Grad danebenliegt.

Hinweis:
Um noch mehr Platz für aktuelle Fachbeiträge zu schaffen, haben wir alle weiteren Formeln und Gleichungen für Sie kostenlos zum Download bereitgestellt. Der Zugang erfolgt über

www.elektro.net/downloads-jahrbuecher-2022

Passwort: Jbem2022

Formeln und Einheiten in der Antriebstechnik

Auf Beschluss der „Generalkonferenz für Maß und Gewicht“ wurde in der ISO-Empfehlung R 1000 vom Februar 1969 ein international gültiges Einheitensystem SI (Systeme international d'Unités) eingeführt. DIN 1301 vom November 1971 ist auf dieser Basis überarbeitet, und das am 5. Juli 1970 in Kraft getretene „Gesetz über Einheiten im Messwesen“ (kurz „Einheitengesetz“) und seine Ausführungsverordnungen regeln die Einführung der neuen Einheiten im geschäftlichen und amtlichen Verkehr.

Das SI ist kohärent, das heißt, alle seine Einheiten sind durch Gleichungen verknüpft, in denen kein von 1 abweichender Zahlenfaktor vorkommt. Es ist außerdem absolut, das heißt unabhängig von den Verhältnissen auf unserer Erde (zum Beispiel der Fallbeschleunigung), und unterscheidet streng zwischen Stoffmengen (Gewichten) im Sinne von Massen mit der Einheit kg, die zum Beispiel durch vergleichende Wägung ermittelt werden, sowie den von diesen Gewichten zum Beispiel infolge der Fallbeschleunigung ausgehenden Kräften (Gewichtskraft} mit der Einheit N (Newton).

1 N ist die Kraft die einem Gewicht (Masse) von 1 kg die Beschleunigung von 1 m/s² erteilt.

Alle Länder, die vom Zollsystem zum metrischen System umgestellt haben, benutzen das SI als Grundlage ihrer nationalen Norm.

SI-Basiseinheiten

Größe	Einheit, Zeichen	Name
Länge	m	Meter
Masse	kg	Kilogramm
Zeit	s	Stunde
elektrische Stromstärke	A	Ampere
thermodynamische Temperatur	K	Kelvin
Lichtstärke	cd	Candela

Dezimale Vielfache und Teile von Einheiten

Zehnerpotenz	Vorsatz	Vorsatzzeichen
10^{12}	Tera	T
10^{9}	Giga	G
10^{6}	Mega	M
10^{3}	Kilo	k
10^{2}	Hekto	h
10	Deka	da
10^{-1}	Dezi	d
10^{-2}	Zenti	c
10^{-3}	Milli	m
10^{-6}	Mikro	µ
10^{-9}	Nano	n
10^{-12}	Piko	p
10^{-15}	Femto	f
10^{-18}	Atto	a

Das Vorsatzzeichen steht ohne Zwischenraum vor dem Einheitszeichen.

Es ist unzulässig, das Vorsatzzeichen allein für sehr kleine Einheiten zu benutzen, also

10^{-6} m = 1 µm = 1 Mikrometer

und nicht

1 µ = 1 Mikron.

Winkelfunktionen

Die Trigonometrie (griech. Dreiecksmessung) ist ein Teil der Mathematik, der sich mit der Berechnung ebener Dreiecke unter Zuhilfenahme der Winkelfunktionen befasst. Die Basis hierfür ist das rechtwinklige Dreieck. Jede andere Dreiecksform lässt sich durch Fällen einer Höhe in zwei rechtwinklige Dreiecke zerlegen.

In einem rechtwinkligen Dreieck ABC heißt die längste Seite Hypotenuse. Die dem Winkel α gegenüberliegende Seite wird als Gegenkathete (Seite a) des Winkels α bezeichnet, die am Winkel anliegende Seite als Ankathete bestimmt.

Die unterschiedlichen Seitenverhältnisse werden durch spezielle Namen gekennzeichnet:

$$\sin\alpha = \frac{\text{Gegenkathede}}{\text{Hypotenuse}}$$

$$\cos\alpha = \frac{\text{Ankathede}}{\text{Hypotenuse}}$$

$$\tan\alpha = \frac{\text{Gegenkathede}}{\text{Ankathede}}$$

$$\cot\alpha = \frac{\text{Ankathede}}{\text{Gegenkathede}} = \frac{\sin\alpha}{\cos\alpha}$$

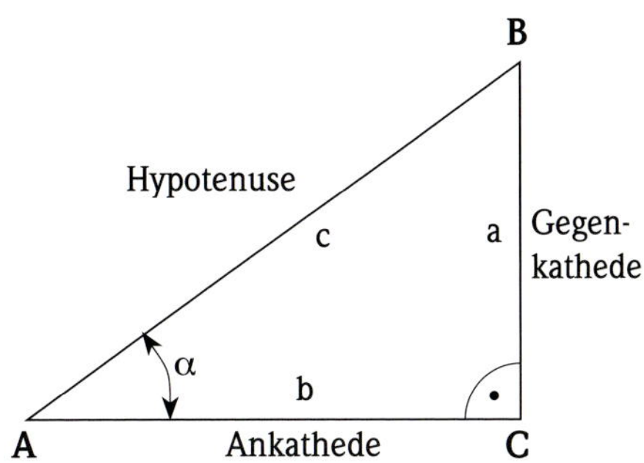

Formelzeichen und SI-Einheiten

Sachgebiet	Zeichen	Bedeutung	SI-Einheit	
			Zeichen	Name
Geometrie	A	Fläche	m^2	Quadratmeter
	a	Abstand	m	Meter
	α, β, γ	Winkel	rad	Radiant
			°	Grad
	b	Breite	m	Meter
	d, δ	Dicke	m	Meter
	d	Durchmesser	m	Meter
	h	Höhe	m	Meter
	l	Länge	m	Meter
	r	Radius	m	Meter
	s	Weg	m	Meter
	V	Volumen	m^3	Kubikmeter
Zeit	a	Beschleunigung	m/s^2	–
	α	Winkelbeschleunigung	rad/s^2	–
	f	Frequenz	Hz	Hertz
	g	Fallbeschleunigung	m/s^2	–
	n	Drehzahl	1/s	reziproke Sekunde
	ω	Winkelgeschwindigkeit	rad/s	–
	T	Zeitkonstante	s	Sekunde
	t	Zeit, Zeitspanne, Dauer	s	Sekunde
	v	Geschwindigkeit	m/s	–
Mechanik	E	Elastizitätsmodul	Pa	Pascal
	F	Kraft	N	Newton
	G	Gewichtskraft	N	Newton
	J	Massenträgheitsmoment	kgm^2	–
	M	Drehmoment	Nm	Newtonmeter
	m	Masse	kg	Kilogramm
	P	Leistung	W	Watt
	p	Druck	Pa	Pascal
	ρ	Dichte	kg/m^2	–
	σ	Zug-, Druck-, Biegespannung	Pa	Pascal
	W	Arbeit, Energie	J	Joule
	η	Wirkungsgrad	–	–
	μ	Reibungszahl	–	–

Teil 1/2

Sachgebiet	Zeichen	Bedeutung	SI-Einheit	
			Zeichen	Name
Wärme	a	Widerstandszunahmekoeffizient	1/K	reziprokes Kelvin
	T	thermodynamische (Kelvin) Temperatur	K	Kelvin
	t, ϑ	Celsius-Temperatur	°C	Grad Celsius
	ΔT, $\Delta\vartheta$	Temperaturdifferenz, Übertemperatur	K	Kelvin
Elektrizität	C	elektrische Kapazität	F	Farad
	G	elektrischer Leitwert	S	Siemens
	I	elektrische Stromstärke	A	Ampere
	J, S, G	elektrische Stromdichte	A/m^2	–
	P	Wirkleistung	W	Watt
	Q, P_q	Blindleistung	W, var	Voltampere reaktiv
	R	Wirkwiderstand	Ω	Ohm
	S, P_S	Scheinleistung	W, VA	Voltampere
	U	elektrische Spannung	V	Volt
	X	Blindwiderstand	Ω	Ohm
	Z	Scheinwiderstand	Ω	Ohm

Teil 2/2

Weitere Formelzeichen für elektrische Maschinen

Auszug nach DIN 1304 Teil 1 und 7 sowie DIN 1324 Teil 1

Formelzeichen	Bedeutung
Φ	magnetischer Fluss
B	magnetische Flussdichte (Induktion)
μ	Permeabilität
H	magnetische Feldstärke
Θ	magnetische Durchflutung
p	Polpaarzahl
m	Phasenzahl
s	Schlupf
α	Polbedeckung
l_{Fe}	Eisenlänge
h_{Ys}	Statorjochhöhe
h_{Yr}	Rotorjochhöhe
h_s	Statornuttiefe

Formelzeichen	Bedeutung
b_s	Statornutbreite
b_r	Rotornutbreite
b_{ds}	Statorzahnbreite
b_{dr}	Rotorzahnbreite
τ_s	Statornutteilung
τ_r	Rotornutteilung
τ_p	Polteilung
B_δ	Luftspaltinduktion
P_δ	Luftspaltleistung
B_{ds}	Zahninduktion
B_{Ys}	Jochinduktion
w	Windungszahl in Reihe
w_C	Windungszahl je Spule

Teil 1/2

Formelzeichen	Bedeutung
K	Anzahl der Kommutatorsegmente
q	Anzahl der Nuten je Pol und Strang
z	Gesamtzahl der Leiter
z_0	Leiterzahl je Nut
k_W	Wicklungsfaktor
k_d	Zonenfaktor
k_p	Sehnungsfaktor
k_Q	Nutfüllfaktor

Formelzeichen	Bedeutung
k_{Fe}	Eisenfüllfaktor (Stapelfaktor)
ε	Sehnungsgrad
Y_C	Kommutatorschritt
Y_Q	Wicklungsschritt (Spulenweite in Nutschritten)
I_K	Kurzschlussstromstärke
U_K	Kurzschlussspannung
ϑ_s	Umgebungstemperatur
ϑ_C	Kühlmitteltemperatur

Teil 2/2

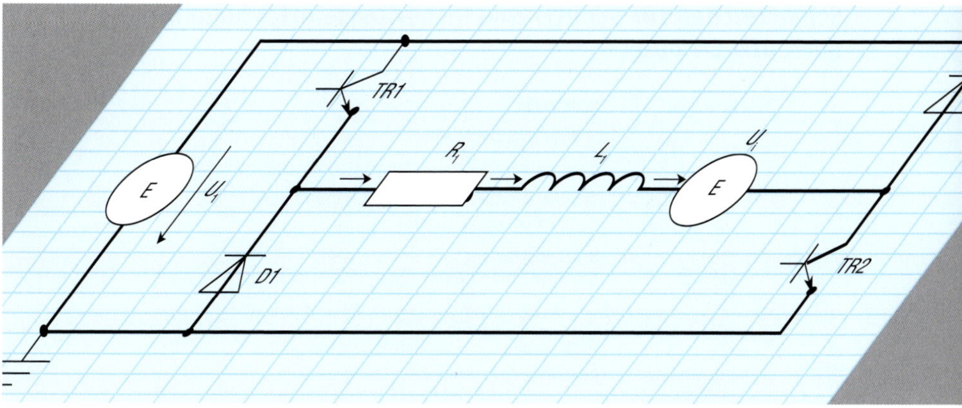
TR1
R1
L1
U1
E
E
U1
D1
TR2

Schaltzeichen für Schutz- und Sicherungseinrichtungen nach DIN EN 60617

Schaltzeichen	Benennung
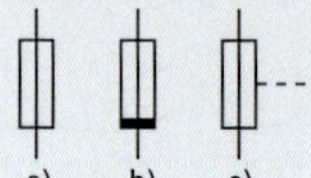	a) Sicherung, allgemein b) Sicherung mit Kennzeichnung des netzseitigen Anschlusses c) Sicherung mit mechanischer Auslösemeldung (Schlagbolzensicherung)
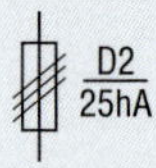	Schraubsicherung; dargestellt 10 A, Typ DII, 3-polig
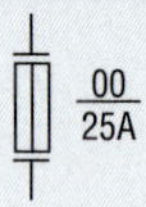	Niederspannungs-Hochleistungssicherung (NH); dargestellt 25 A, Größe 00
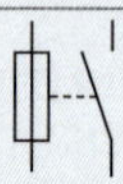	Sicherung mit getrenntem Meldekontakt
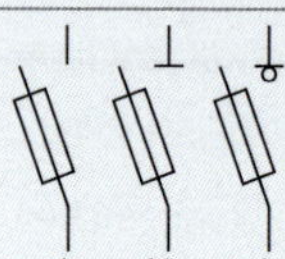	a) Sicherungsschalter b) Sicherungstrennschalter c) Sicherungs-Lasttrennschalter
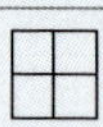	Schaltschloss mit mechanischer Freigabe
	Motorschutzschalter, 3-polig mit thermischer und magnetischer Auslösung; dargestellt 1-polig
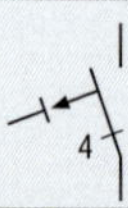	Fehlerstromschutzschalter vierpolig
	Leitungsschutzschalter
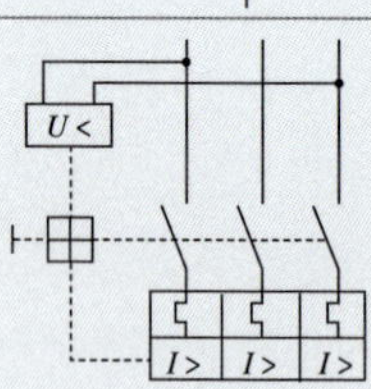	Schalter mit Schaltschloss, Motorschutzschalter, 3-polig; dargestellt mit – drei elektrothermischen Überstromauslösern – drei elektromagnetischen Überstromauslösern – Unterspannungsauslöser

Teil 1/2

Schaltzeichen	Benennung
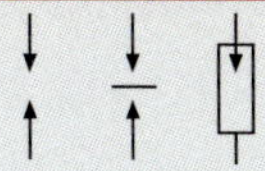 a) b) c)	a) Funkenstrecke b) Doppel-Funkenstrecke c) Überspannungsableiter
	Überspannungsableiter in einer Gasentladungsröhre
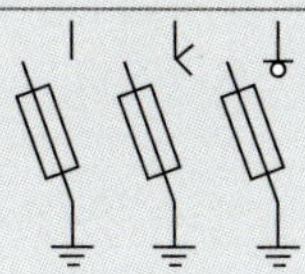 a) b) c)	a) Erdungsschalter, allgemein b) Erdungsschalter, einschaltfest c) Erdungslastschalter

Teil 2/2

Schaltzeichen für elektrische Maschinen und Anlasser nach DIN EN 60617

Schaltzeichen	Benennung
	Maschine, allgemein An die Stelle des Sterns (*) muss eines der folgenden Kennzeichen eingetragen werden: C Umformer G Generator GS Synchrongenerator M Motor MS Synchronmotor MG als Motor oder Generator nutzbare Maschine
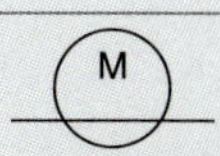	Linearmotor, allgemein
	Schrittmotor, allgemein
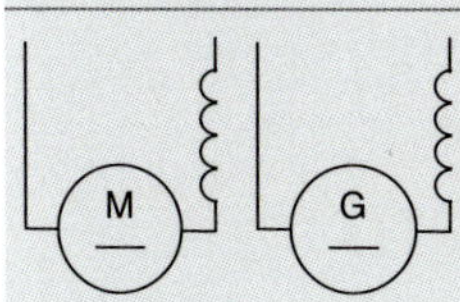 a) b)	a) Gleichstrom-Reihenschlussmotor b) Gleichstrom-Reihenschlussgenerator

Teil 1/3

Schaltzeichen	Benennung
 a)  b)	a) Gleichstrom-Nebenschlussmotor b) Gleichstrom-Nebenschlussgenerator
	Wechselstrom-Reihenschlussmotor, einphasig
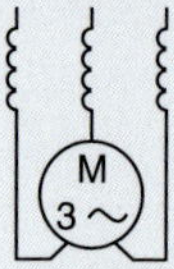	Drehstrom-Reihenschlussmotor
	Drehstrom-Asynchronmotor mit Käfigläufer
	Drehstrom-Asynchronmotor mit Schleifringläufer
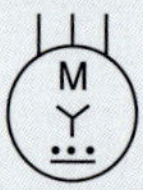	Drehstrom-Asynchronmotor in Sternschaltung mit Anlaufwicklung im Läufer
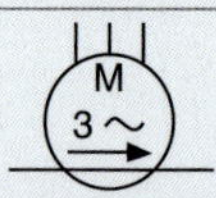	Drehstrom-Linearmotor, Bewegung in nur eine Richtung
	Drehstrom-Synchrongenerator mit Dauermagneterregung
	Drehstrom-Umformer mit Nebenschlusserregung
 a)  b)	a) Anlasser, allgemein b) Anlasser, Betätigung stufenweise (Die Anzahl der Stufen darf angegeben werden.)
 a)  b)	a) Anlasser, stetig veränderbar b) Anlasser mit selbsttätiger Auslösung

Teil 2/3

Schaltzeichen	Benennung
 a)  b)	a) Anlasser für Stern-Dreieck-Schaltung b) Anlasser für Motoren mit zwei Drehrichtungen
 a)  b)	a) Anlasser, automatisch b) Anlasser mit thermischen und magnetischen Auslösern
 a)  b)	a) Anlasser für Reihen- oder Parallel-Schaltung b) Anlasser für polumschaltbaren Motor
	Anlasser für Einphasenmotor mit kapazitiver Hilfsphase

Teil 3/3

Betriebsmittelkennzeichen

Jörg-Rainer Wurdak

Zur Klassifizierung und Kennzeichnung elektrischer Betriebsmittel mit Buchstaben in Plänen oder Listen gilt die europäische Norm DIN EN 61346-2. Sie enthält ein Klassifizierungsschema, welches für alle technischen Fachbereiche gilt, zum Beispiel für Mechanik-, Fluid- oder elektrische Objekte. Sie betrifft industrielle Systeme, Anlagen und Ausrüstungen sowie Industrieprodukte.

Anwendungshinweise

Typische elektrische Produkte mit zugeordneten Kennbuchstaben sind in **Tabelle 1** zusammengestellt. Die Kennbuchstaben beziehen sich auf den Hauptzweck oder die Hauptaufgabe eines Objektes. Beispielsweise ist einem Elektrowärmegerät mit Widerstandsheizung der Kennbuchstabe „E“ zuzuweisen, da vorrangig der Zweck „heizen“ vorliegt. Der Kennbuchstabe „R“ sollte nicht zur Anwendung kommen, weil das „Begrenzen des Stromflusses“ über den elektrischen Widerstand nicht den Hauptzweck darstellt. Bei Objekten mit Mehrfachfunktionen bestimmt die typische Hauptaufgabe vor Ort den Kennbuchstaben. So kann ein Netzspannungsschreiber den Kennbuchstaben „C“ (Speichern von Informationen) oder „P“ (Darstellen von Informationen) bekommen. Wenn bei Mehrfachfunktionen keine eindeutige Hauptaufgabe besteht, ist der Kennbuchstabe „A“ (zwei oder mehrere Zwecke/Aufgaben) einzusetzen. Das wäre bei einem Sensorbildschirm erforderlich, welcher der Eingabe und der Anzeige von Informationen dient.

Aufgrund der direkten Zuordnung der Kennbuchstaben zum Zweck des Objektes gemäß DIN EN 61346-2 können Unklarheiten im Vergleich zu den alten Festlegungen nach DIN 40719-2 auftreten. Zum Beispiel gilt der Kennbuchstabe „R“ (Begrenzen des Energie- oder Informationsflusses) jetzt gleichermaßen für die Bauelemente ohmscher Widerstand (früher R) und Drosselspule (früher L).

Viele technische Unterlagen beinhalten noch die älteren Kennzeichnungen, welche bis 12/2000 gültig waren. **Tabelle 1** gibt deshalb vergleichsweise in der ersten Spalte diese alten Kennzeichen an.

Kennbuchstabe alt	Kennbuchstabe	Zwecke und Aufgabe	Begriffe zur Beschreibung des Zweckes oder der Aufgabe	typische elektrische Produkte
A	**A**	zwei oder mehrere Zwecke oder Aufgaben		Sensorbildschirm
B (C)	**B**	Umwandlung einer physikalischen Eigenschaft in ein zur Weiterverarbeitung bestimmtes Signal	Ermitteln und Messen von Werten, Überwachen, Erfassen, Wiegen	Fühler, Sensor, Wächter, Messwandler, Bewegungsmelder, Näherungsschalter, Positionsschalter, Mikrofon, Videokamera
C (D)	**C**	Speichern von Energie oder Information	Aufzeichnen, Registrieren, Speichern	Kondensator, Pufferbatterie, Festplatte, Speicher, Schreiber
	D	reserviert für spätere Normung		
E	**E**	Bereitstellen von Strahlung und Energie	Kühlen, Heizen, Beleuchten, Strahlen	Peltierelement, Heizung, Boiler, Lampe, Leuchte, Laser
F	**F**	direkter Schutz eines Energie- oder Signalflusses, Schutz von Personal oder Einrichtungen	Absorbieren, Überwachen, Verhindern, Schützen, Sichern	Schutzanode, Sicherung, Leitungsschutzschalter, RCD, Motorschutzschalter, Überspannungsableiter
G	**G**	Initiieren eines Energie- oder Materialflusses, Erzeugen von Informationssignalen	Erzeugen, Herstellen	galvanisches Element, Batterie, Generator, Solarzelle, Oszillator, Signalgenerator
	H	reserviert für spätere Normung		
	I	nicht verwendbar		
	J	reserviert für spätere Normung		
K (V)	**K**	Verarbeitung, Bereitstellung von Signalen, Informationen	Schließen, Öffnen, Schalten von Steuer- und Regelkreisen, Regeln, Verzögern, Synchronisieren	Schaltrelais, Zeitrelais, Hilfsschütz, Analogbaustein, Binärbaustein, elektronisches Ventil, Regler, Filter, Transistor, Mikroprozessor
	L	reserviert für spätere Normung		
M (Y)	**M**	Bereitstellen von mechanischer Energie	Betätigen, Antreiben	Elektromotor, Linearmotor, Stellantrieb, Betätigungsspule, elektromagnetisches Ventil, Kupplung, Bremse
	N	reserviert für spätere Normung		
	O	nicht anwendbar		
P (H) (V)	**P**	Darstellung von Informationen	Anzeigen, Melden, Warnen, Alarmieren, Darstellen gemessener Größen, Drucken	Meldeleuchte, LED, Anzeigeeinheit, Uhr, Hupe, Klingel, Lautsprecher, Amperemeter, Voltmeter, Wattmeter, Drucker
Q (K) (V)	**Q**	kontrolliertes Schalten, Variieren eines Energie-/Materialflusses	Schließen, Öffnen, Schalten, Kuppeln eines Energieflusses	Leistungsschalter, Installationsschalter, Lastschütz, Trenner, Motoranlasser, Leistungstransistor, Thyristor, Triac, bei Hauptzweck Schutz **F** verwenden

Tabelle 1: Betriebsmittelkennzeichen (DIN EN 61346-2) (Teil 1/2)

Kennbuchstabe alt	Kennbuchstabe	Zwecke und Aufgabe	Begriffe zur Beschreibung des Zweckes oder der Aufgabe	typische elektrische Produkte
R (L) (V) (Z)	**R**	Begrenzen, Stabilisieren von Energie-/Informationsfluss	Blockieren, Dämpfen, Begrenzen, Stabilisieren	Widerstand, Drosselspule, Diode, Z-Diode
S	**S**	Umwandlung manuelle Tätigkeit in Signal	manuelles Steuern, Wählen	Steuer und Quittierschalter, Taster, Tastatur, Maus, Wahlschalter, Sollwerteinsteller
T (U) (A)	**T**	Umwandlung von Energie unter Beibehaltung der Energieart, Signalumwandlung unter Beibehaltung des Informationsgehaltes	Transformieren, Verstärken, Modulieren	Leistungstransformator, Gleichrichter, DC/DC-Wandler, Frequenzumrichter, Frequenzwandler, Verstärker, Antenne, Messumformer, Signalwandler, Modulator
	U	Halten von Objekten in definierter Lage	Tragen, Halten, Stützen	Isolator, Stützer
Z	**V**	Bearbeitung von Materialien	Filtern, Wärmebehandlung	Filter
W	**W**	Leiten, Führen von Energie oder Signalen	Leiten, Verteilen, Führen	Leitung, Kabel, Stromschiene, Sammelschiene, Informationsbus, Lichtwellenleiter
X	**X**	Verbinden von Objekten	Verbinden, Koppeln	Steckverbinder, Klemme, Klemmenleiste, Steckdose
	Y	reserviert für spätere Normung		
	Z	reserviert für spätere Normung		

Tabelle 1: Betriebsmittelkennzeichen (DIN EN 61346-2) (Teil 2/2)

Geschäftsstellen des Zentralverbandes der Deutschen Elektro- und Informationstechnischen Handwerke (ZVEH) und der Landesfach- und Innungsverbände der elektro- und informationstechnischen Handwerke

ZVEH
Haus der Deutschen Elektrohandwerke
Lilienthalallee 4
60487 Frankfurt am Main
Telefon: 069/247 747-0
Fax: 069/247 747-19
E-Mail: zveh@zveh.de
www.zveh.de

Fachverband Elektro- und Informationstechnik Baden-Württemberg
Voltastraße 12
70376 Stuttgart
Telefon: 07 11/955 906 66
Fax: 07 11/551 875
E-Mail: info@fv-eit-bw.de
www.fv-eit-bw.de

Landesinnungsverband für das Bayerische Elektrohandwerk
Infanteriestraße 8
80797 München
Telefon: 089/125 552-0
Fax: 089/125 552-50
E-Mail: info@elektroverband-bayern.de
www.elektroverband-bayern.de

Landesinnungsverband der Elektrotechnischen Handwerke Berlin/Brandenburg (LIV)
Villa Rathenau
Wilhelminenhofstraße 75
12459 Berlin
Telefon: 030/859 558-0
Fax: 030/859 558-55
E-Mail: mail@eh-bb.de
www.eh-bb.de

Fachverband Elektro- und Informationstechnik Hessen/Rheinland-Pfalz
Berta-Cramer-Ring 32
65205 Wiesbaden-Delkenheim
Telefon: 061 22/534 76-0
Fax: 061 22/534 76-10
E-Mail: info@liv-fehr.de
www.liv-fehr.de

Landesinnungsverband der Elektro- und Informationstechnischen Handwerke Mecklenburg-Vorpommern
Ellerried 1
19061 Schwerin
Telefon: 03 85/636 47-21
Fax: 03 85/636 47-29
E-Mail: liv@eh-mv.de
www.eh-mv.de

Landesinnungsverband für Elektro- und Informationstechnik Niedersachsen/Bremen
Baumschulenallee 12
30625 Hannover
Telefon: 05 11/957 57 44
Fax: 05 11/957 57 99
E-Mail: liv@eh-nb.de
www.eh-nb.de

NFE Norddeutscher Fachverband Elektro- und Informationstechnik e.V./Landesinnung der Elektrohandwerke Hamburg
Eiffestraße 450
20537 Hamburg
Telefon: 040/254 020-0
Fax: 040/254 020-15
E-Mail: nfe@nfe24.de
www.nfe24.de

Fachverband Elektro- und Informationstechnische Handwerke Nordrhein-Westfalen
Hannöversche Straße 22
44143 Dortmund
Telefon: 02 31/519 85-0
Fax: 02 31/519 85-44
E-Mail: info@feh-nrw.de
www.feh-nrw.de

Landesinnungsverband Informationstechniker Handwerk Nordrhein-Westfalen
Klosterstraße 73–75
40211 Düsseldorf
Telefon 0221/9920946
Fax: 0221/9920947
E-Mail: info@kh-duesseldorf.de
www.kh-dus.de

Informationstechniker-Innung Potsdam
Hegelallee 15
14467 Potsdam
Telefon 0331/292415
Fax: 0331/2804828
E-Mail: info@potsdamerhandwerk.de
www.potsdamerhandwerk.de

Landesinnung Saarland der Elektrohandwerke
Grülingsstraße 115
66113 Saarbrücken
Telefon: 0681/94861-0
Fax: 0681/94861-99
E-Mail: info@elektrohandwerk-saar.de
www.elektrohandwerk-saar.de

Fachverband für Elektro- und Informationstechnik Sachsen/Thüringen
Scharfenberger Straße 66
01139 Dresden
Telefon: 0351/8506-400
Fax: 0351/8506-444

und

Am Reitplatz 17
99097 Erfurt-Waltersleben
Telefon: 0361/600-300
Fax: 0351/8584569
E-Mail: post@elektro-sachsen-thueringen.de
www.elektro-sachsen-thueringen.de

Landesinnungsverband Sachsen-Anhalt der Elektrohandwerke
Gustav-Ricker-Straße 62
39120 Magdeburg
Telefon: 0391/810470-1
Fax: 0391/810470-9
E-Mail: liv@elektrohandwerk-sachsen-anhalt.de
www.elektrohandwerk-sachsen-anhalt.de

Landesinnungsverband der Elektro- und Informationstechnik Schleswig-Holstein
Kieler Straße 35 a
24768 Rendsburg
Telefon: 04331/56 66-0
Fax: 04331/56 76-0
E-Mail: liv@elektrohandwerke-sh.de
www.elektrohandwerke-sh.de

Fachverband Fernmeldebau e.V.
Secundastaße 11a
53332 Bornheim
Telefon: 02222/6489-865
Fax: 02222/6489-864
E-Mail: ffb@fachverband-fernmeldebau.de
www.fachverband-fernmeldebau.de

VAF Bundesverband Telekommunikation e.V.
Otto-Hahn-Straße 16
40721 Hilden
Telefon: 02103/700-250
Fax: 02103/700-106
E-Mail: info@vaf.de
www.vaf.de

Schulungsstätten des ZVEH und der Landesverbände

Bundestechnologiezentrum für Elektro- und Informationstechnik e.V.
bfe Oldenburg
Donnerschweer Straße 184
26123 Oldenburg
Telefon: 0441/34092-0
Fax: 0441/34092-129
E-Mail: info@bfe.de
www.bfe.de

Bildungs- und Technologiezentrum für Elektro- und Informationstechnik e.V.
Vogelsbergstraße 25
36341 Lauterbach
Telefon: 066 41/91 17-0
Fax: 066 41/91 17-27
E-Mail: info@bzl-lauterbach.de
www.bzl-lauterbach.de

Heinrich-Hertz-Schule/Elektronik und Informationstechnik
Südendstraße 51
76135 Karlsruhe
Telefon: 0721/13348-48
Fax: 0721/13348-29
E-Mail: sekretariat@hhs.karlsruhe.de
www.hhs.karlsruhe.de

Elektrobildungs- und Technologiezentrum e. V.
Scharfenberger Straße 66
01139 Dresden
Telefon: 0351/8506-300
Fax: 0351/8506-355
E-Mail: info@ebz.de
www.ebz.de

BZE Bildungszentrum Elektrotechnik Hamburg
Eiffestraße 450
20537 Hamburg
Telefon: 040/254020-47
Fax: 040/254020-15
E-Mail: bze@nfe24.de
www.bze-hamburg.de

Elektro Technologie Zentrum (etz)
Krefelder Straße 12
70376 Stuttgart
Telefon: 0711/955916-0
Fax: 0711/955916-55
E-Mail: info@etz-stuttgart.de
www.etz-stuttgart.de

Verbandsnahe Schulungsstätten des Landesinnungsverbandes des Bayerischen Elektrohandwerks
Infanteriestraße 8
80797 München
Telefon: 089/125552-0
Fax: 089/125552-50
E-Mail: info@elektroverband-bayern.de
www.elektroverband-bayern.de

Akademie für Elektro- und Informationstechnik Berlin
Mehringdamm 14
10961 Berlin
Telefon: 030/25903-422
Fax: 030/25903-478
E-Mail: merbeth@hwk-berlin.de
www.hwk-berlin.de

Berufsbildungsstätte des Fachverbandes Elektro- und Informationstechnische Handwerke Nordrhein-Westfalen
Hannöversche Straße 22
44143 Dortmund
Telefon: 0231/51985-0
Fax: 0231/51985-44
E-Mail: info@feh-nrw.de
www.feh-nrw.de

Z.E.I.T. – Zentrum für Elektro- und Informationstechnik Nürnberg
Georg-Hager-Straße 6
90439 Nürnberg
Telefon: 0911/274788-0
Fax: 0911/274788-29
E-Mail: info@zeit-nuernberg.de
www.zeit-fortbildung.de

Stichwortverzeichnis

Notizen

Notizen

Notizen